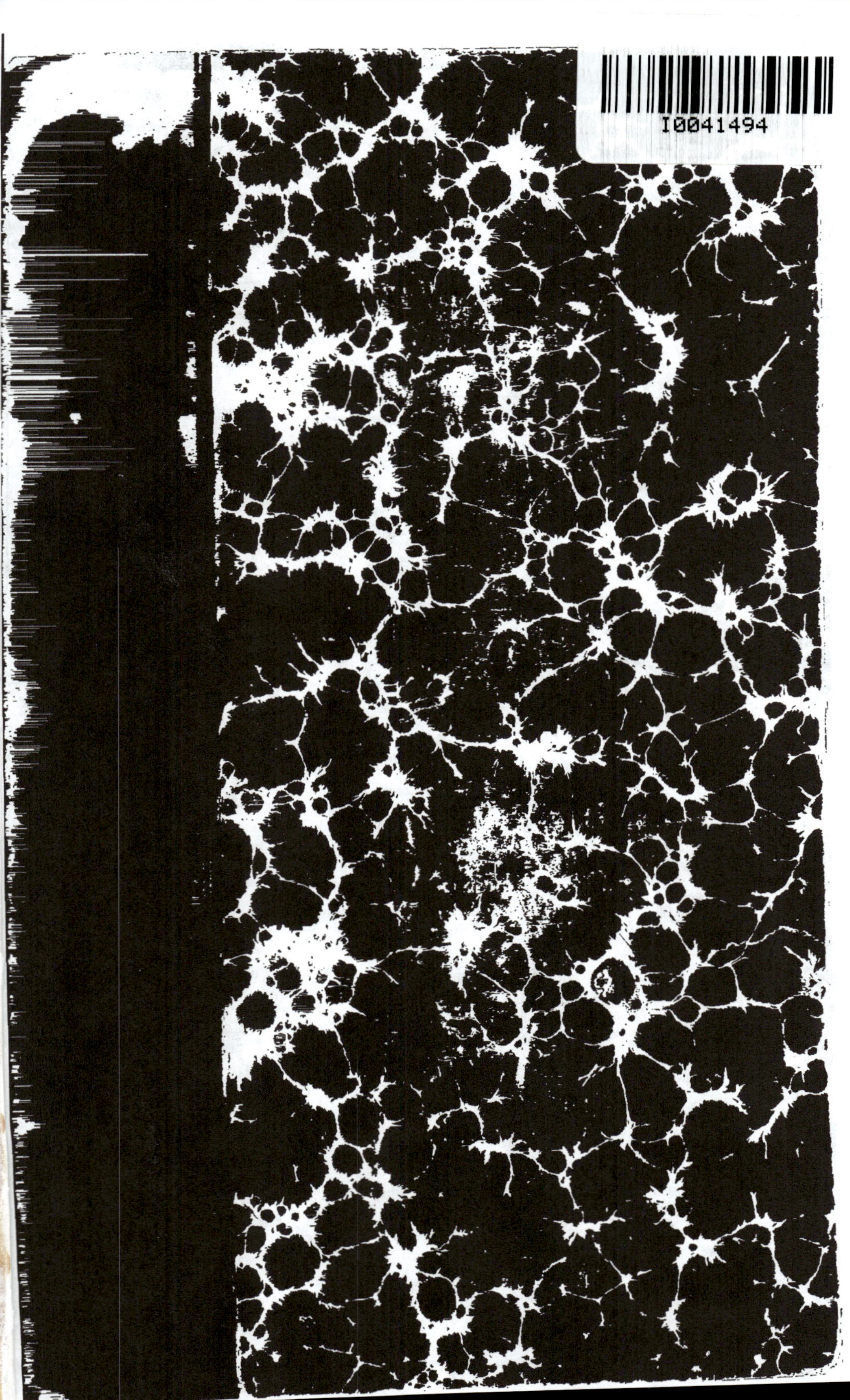
I0041494

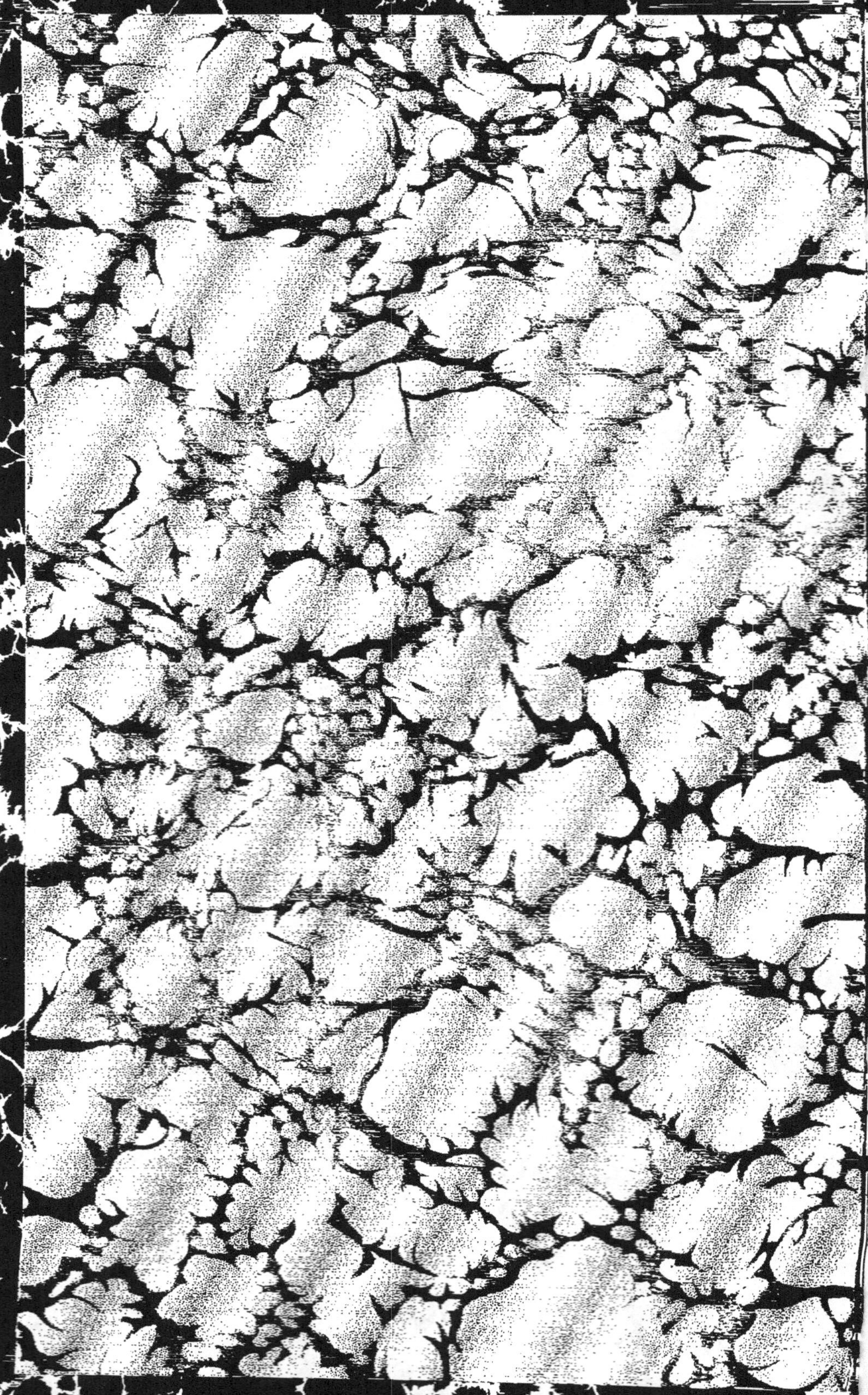

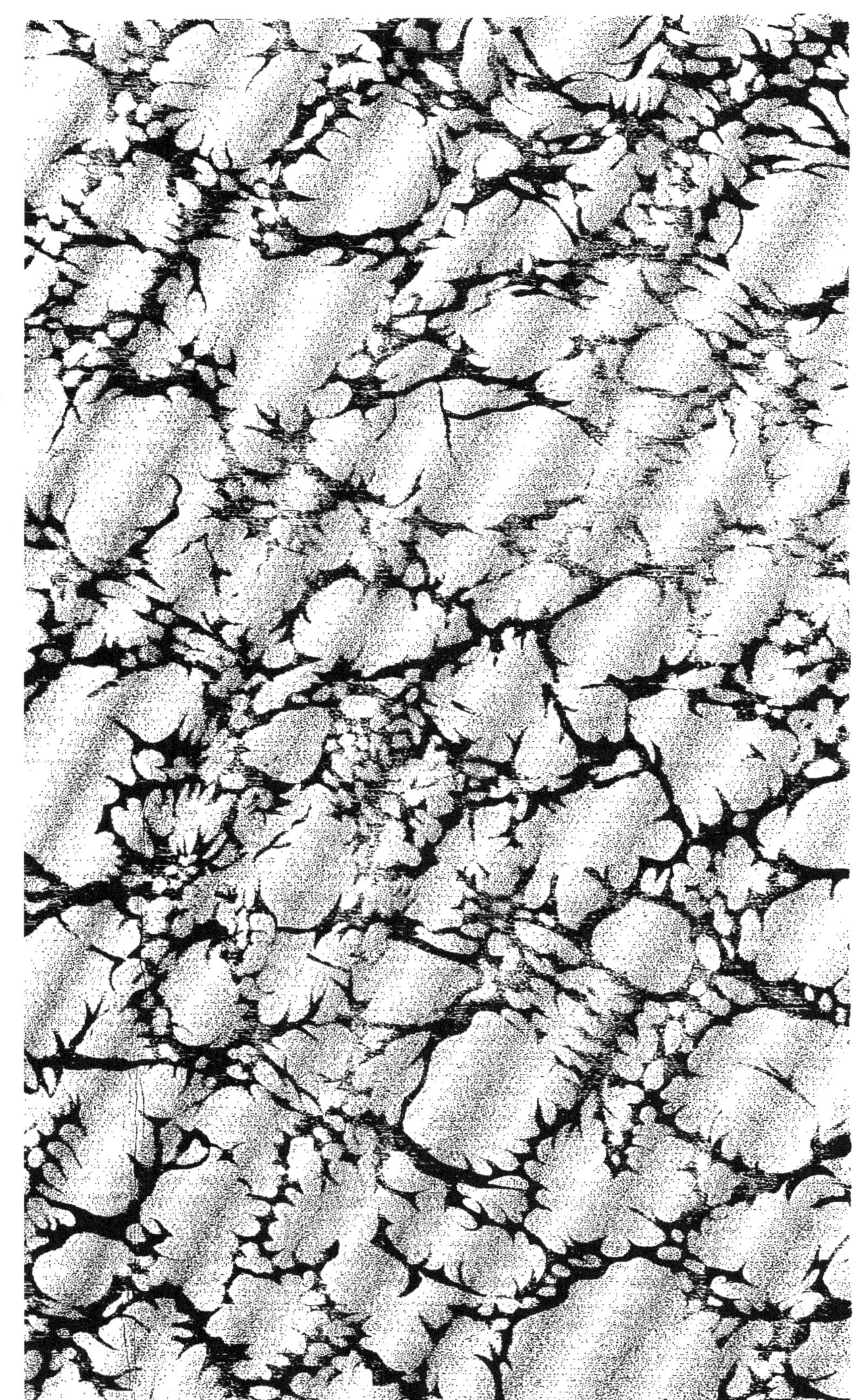

COURS DE PHYSIOLOGIE GÉNÉRALE
DU MUSÉUM D'HISTOIRE NATURELLE

LEÇONS
SUR LES
PHÉNOMÈNES DE LA VIE
COMMUNS
AUX ANIMAUX ET AUX VÉGÉTAUX

PAR

CLAUDE BERNARD

Membre de l'Institut (Académie des sciences et Académie française),
Professeur au Collège de France et au Muséum d'histoire naturelle.

TOME PREMIER

AVEC UNE PLANCHE COLORIÉE ET 45 FIGURES INTERCALÉES
DANS LE TEXTE

Deuxième édition conforme à la première édition de 1878

PARIS
LIBRAIRIE J.-B. BAILLIÈRE ET FILS
Rue Hautefeuille, 19, près le boulevard Saint-Germain.

1885

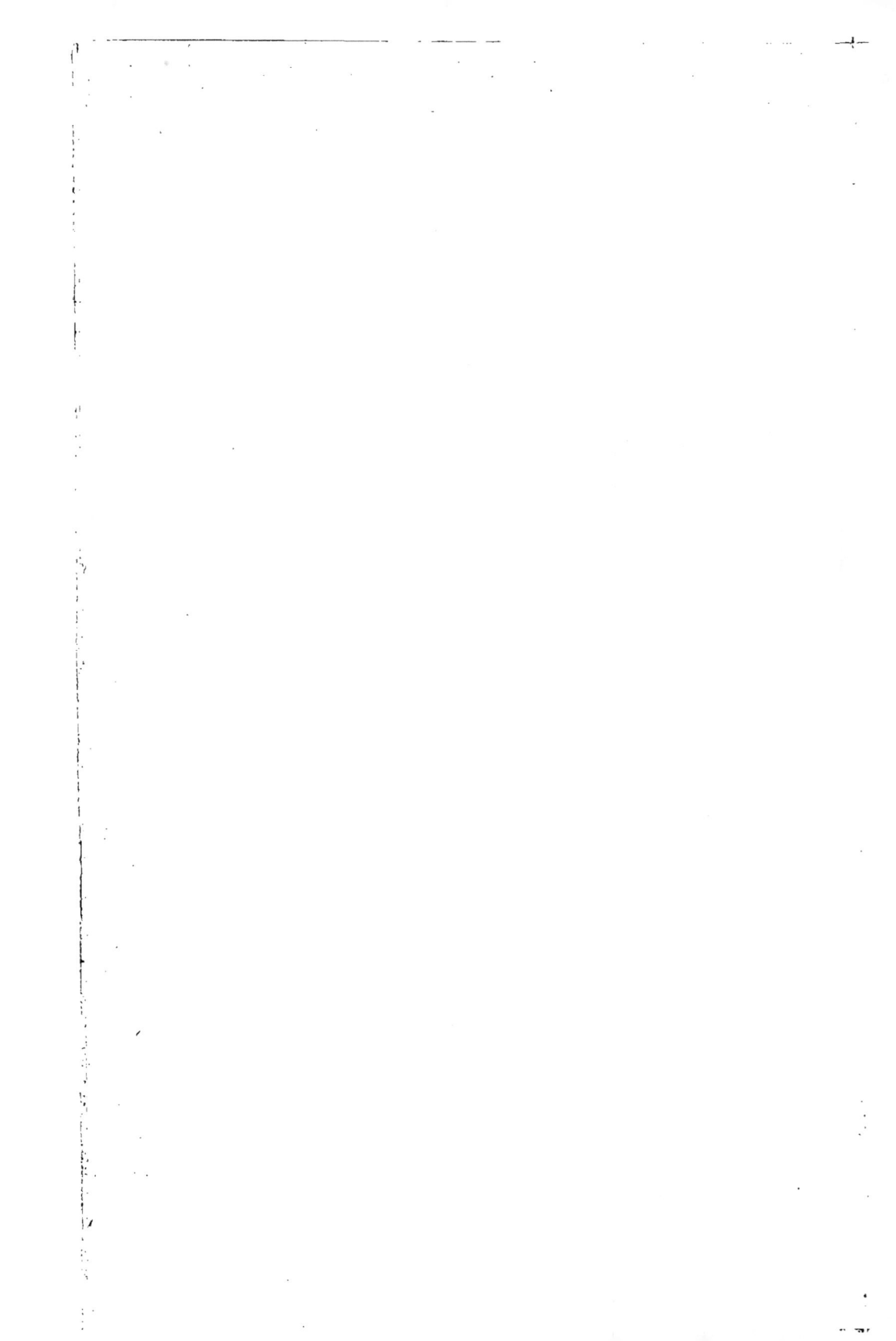

LEÇONS

SUR LES

PHÉNOMÈNES DE LA VIE

COMMUNS AUX ANIMAUX ET AUX VÉGÉTAUX

I

TRAVAUX DU MÊME AUTEUR

Cours de médecine du Collège de France.

Leçons de physiologie expérimentale appliquée à la médecine. Paris, 1854-1855, 2 vol. in-8° avec figures .... 14 fr.

Leçons sur les effets des substances toxiques et médicamenteuses. *Nouveau tirage.* Paris, 1883, 1 vol. in-8° avec figures... 7 fr.

Leçons sur la physiologie et la pathologie du système nerveux. Paris, 1858, 2 vol. in-8° avec figures .... 14 fr.

Leçons sur les propriétés physiologiques et les altérations pathologiques des liquides de l'organisme. Paris, 1859, 2 vol. in-8° avec 22 figures .... 14 fr.

Leçons de pathologie expérimentale. 2e *édition.* Paris, 1880, 1 vol. in-8° de 600 pages .... 7 fr.

Leçons sur les anesthésiques et sur l'asphyxie. Paris, 1875, 1 vol. in-8° de 600 pages avec figures .... 7 fr.

Leçons sur la chaleur animale, sur les effets de la chaleur et de la fièvre. Paris, 1876, 1 vol. in-8° de 472 pages avec figures...... 7 fr.

Leçons sur le diabète et la glycogenèse animale. Paris, 1877, 1 vol. in-8°, VIII-576 pages avec figures .... 7 fr.

Leçons de physiologie opératoire. Paris, 1879, 1 vol. in-8°, XVI-614 pages avec 116 figures .... 8 fr.

Cours de physiologie générale du Muséum d'histoire naturelle

Leçons sur les phénomènes de la vie, communs aux animaux et aux végétaux. Paris, 1878-1879, 2 vol. in-8° de 450 pages avec 4 pl. coloriées et 50 figures .... 15 fr.

Introduction à l'étude de la médecine expérimentale. Paris, 1865, 1 vol. in-8° de 408 pages .... 7 fr.

La science expérimentale, 2e *édition.* Paris, 1878, 1 vol. in-18 de 450 pages .... 4 fr.

Précis iconographique de médecine opératoire et d'anatomie chirurgicale, par Claude BERNARD et HUETTE. Paris, 1873, 1 vol. in-18 jésus de 495 pages, avec 113 pl. fig. noires. Cartonné. 24 fr.

Le même, figures coloriées .... 48 fr.

L'œuvre de Claude Bernard, introduction par Mathias DUVAL; Notices par Ernest RENAN, P. BERT et Armand MOREAU; table alphabétique et analytique de ses œuvres complètes par le Dr Roger DE LA COUDRAY, bibliographie de ses travaux scientifiques par G. MALLOISEL. Paris, 1881, 1 vol. in-8°, VIII-385 pages avec un portrait .... 7 fr.

CORBEIL. — Typ. et stér. CRÉTÉ.

COURS DE PHYSIOLOGIE GÉNÉRALE

DU MUSÉUM D'HISTOIRE NATURELLE

LEÇONS

SUR LES

PHÉNOMÈNES DE LA VIE

COMMUNS

AUX ANIMAUX ET AUX VÉGÉTAUX

PAR

CLAUDE BERNARD

Membre de l'Institut (Académie des sciences et Académie française),
Professeur au Collège de France et au Muséum d'histoire naturelle.

TOME PREMIER

AVEC UNE PLANCHE COLORIÉE ET 45 INTERCALÉES DANS LE TEXTE

Deuxième édition conforme à la première édition de 1878

PARIS
LIBRAIRIE J.-B. BAILLIÈRE ET FILS
Rue Hautefeuille, 19, près le boulevard Saint-Germain.

1885

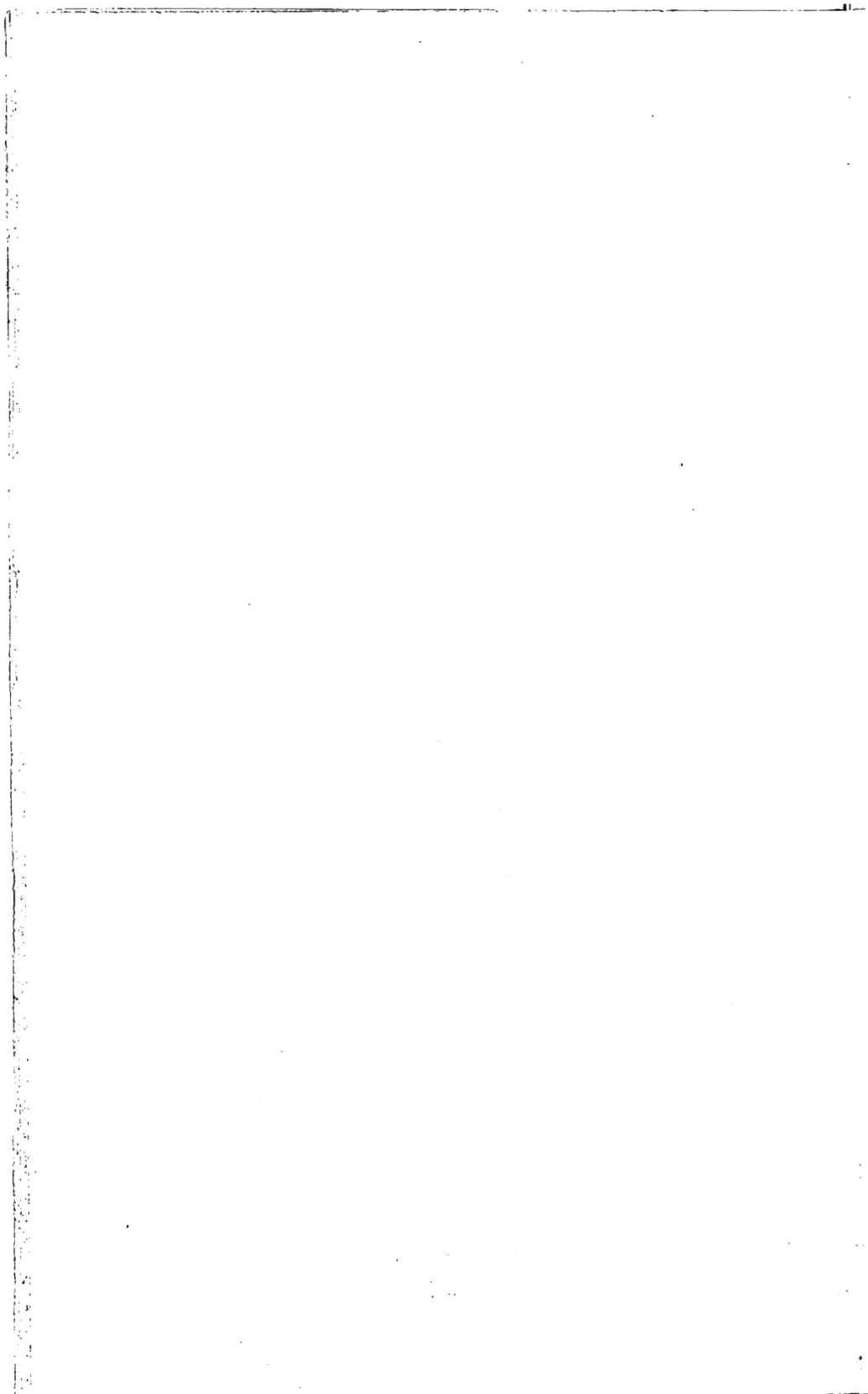

En commençant la publication du *Cours de physiologie générale* qu'il avait professé au Muséum d'histoire naturelle, M. Claude Bernard s'était proposé de donner une série parallèle au *Cours de médecine* professé au Collège de France. Dans l'un, il travaillait à fonder la médecine expérimentale; dans l'autre, il posait les bases de la physiologie générale : c'était poursuivre, sous un autre aspect, un même objet, l'étude de la vie.

La mort n'a pas permis à M. Claude Bernard de réaliser son projet; elle est venue le surprendre, le 10 février 1878, alors qu'en pleine possession de son sujet, il corrigeait les dernières épreuves du présent volume.

Le titre en a été fixé par lui : *Leçons sur les phénomènes de la vie, communs aux animaux et aux végétaux;* mais, en réalité, c'était plus que cela, c'était un *Programme de la Physiologie générale*.

M. Claude Bernard a résumé dans ce volume

l'ensemble de ses Doctrines, et c'est l'œuvre la plus complète et la plus méthodique qu'il laisse au monde savant.

Il avait déterminé lui-même la division des volumes qui devaient paraître ultérieurement; il se proposait de publier un volume sur les *Fermentations*, les *Combustions* et la *Respiration;* un deuxième sur la *Nutrition* et la *Synthèse organique;* un troisième sur la *Sensibilité* et l'*Irritabilité;* un dernier, enfin, sur la *Morphologie*.

Les matériaux qu'il avait préparés et qu'il se proposait de coordonner et de développer ne seront pas entièrement perdus pour la science.

M. Dastre, professeur suppléant de physiologie à la Faculté des sciences, qui suivait depuis de longues années les expériences du laboratoire de Claude Bernard, et qui a été associé à ses travaux, recueillera les fragments disséminés, — et donnera ses soins à leur publication, ainsi, d'ailleurs, qu'il a fait pour la publication des *Leçons sur les phénomènes de la vie*.

J.-B. Baillière et Fils.

20 février 1878.

ACADEMIE DES SCIENCES

DISCOURS DE M. VULPIAN

MEMBRE DE L'ACADÉMIE DES SCIENCES

AUX FUNÉRAILLES DE

M. CLAUDE BERNARD

LE 16 FÉVRIER 1878

Messieurs,

L'Académie des sciences, si éprouvée, il y a quelques jours à peine, par le décès de deux de ses membres les plus célèbres, M. Antoine-César Becquerel et M. Victor Regnault, vient encore d'être cruellement frappée. Le plus illustre physiologiste de notre époque, M. Claude Bernard, est mort dimanche dernier, 10 février 1878, à l'âge de soixante-quatre ans.

L'émotion qu'a provoquée cette mort dans tous les rangs de la société, l'empressement des pouvoirs publics à rendre un solennel hommage à la mémoire de M. Claude Bernard, l'unanimité avec laquelle cet hommage a été rendu, le concours d'une foule attristée à ces funérailles, tout atteste combien est grande la perte que nous venons de subir.

L'Académie des sciences m'a désigné pour adresser en son nom un suprême adieu à M. Claude Bernard. Triste tâche que j'ai dû accepter et que je ne puis accomplir d'une façon digne du corps savant dont je suis l'interprète qn'après avoir essayé de mesurer la profondeur du vide que la mort vient de creuser parmi nous!

M. Claude Bernard, né à Saint-Julien, près Villefranche, le 12 juillet 1813, vint à Paris vers 1834 pour se livrer à l'étude de la médecine et de la chirurgie, et, nommé interne des hôpitanx en 1839, il retourna dans le service auquel il avait déjà été attaché comme externe, le service de Magendie, à l'Hôtel-Dieu. C'est en assistant aux leçons de ce célèbre physiologiste, au Collège de France, qu'il découvrit sa véritable vocation.

Au lieu des cours didactiques de physiologie qu'il avait suivis jusque-là, il voyait, au Collège de France, un professeur faire des expériences devant ses auditeurs, non seulement pour confirmer des données déjà acquises, mais encore et le plus souvent pour étudier des problèmes restés sans solution. Au lieu de la physiologie racontée, c'était la physiologie animée, vivante, parlante ; c'était l'expérience elle-même saisissant avec force l'attention des assistants et imposant à leur mémoire des souvenirs ineffaçables ; c'était, en outre, une série de découvertes pleines d'intérêt, naissant pour ainsi dire sous les yeux des élèves.

L'effet de telles leçons fut décisif. M. Claude Bernard se sentit expérimentateur. Il entra comme aide bénévole dans le laboratoire de Magendie. Dès la seconde année de son internat, il devenait son préparateur attitré. A dater de cette époque, M. Claude Bernard se consacra tout entier aux recherches de physiologie, si ce n'est dans un moment de découragement, où la carrière scientifique lui parut ne jamais devoir s'ouvrir devant lui et où il revint à la chirurgie

Un mémoire publié en 1843, sous le titre de *Recherches anatomiques et physiologiques sur la corde du tympan*, et sa thèse inaugurale pour le doctorat en médecine, soutenue en 1843 et intitulée *Du suc gastrique et de son rôle dans la nutrition*, sont ses premières publications. Depuis lors, M. Claude Bernard travaille sans relâche ; les découvertes succèdent aux découvertes ; la célébrité ne tarde pas à s'attacher au nom d'un tel physiologiste. Il supplée d'abord son maître, Magendie, recherches. Il meurt donc, on peut le dire, en pleine activité de production scientifique, et, au milieu de notre tristesse et de nos regrets, nous sommes obsédés par la douloureuse pensée que la mort détruit probablement d'importantes découvertes qu'il n'eût pas tardé à nous communiquer.

Ce n'est pas ici le lieu de rappeler tous les travaux de M. Claude Bernard. Il faut me borner à mettre en saillie ses découvertes principales et à marquer l'influence qu'il a exercée sur la physiologie et sur la médecine.

Au premier rang de ses travaux se place la série de ses admirables investigations sur la formation du sucre chez les animaux. Ce sont là des recherches qui feront époque dans la science. Non seulement elles nous ont dévoilé un phénomène absolument inconnu jusque-là, la production du sucre par le foie chez tous les animaux, mais encore elles ont éclairé d'une vive lumière le mécanisme de l'influence qu'exerce le système nerveux sur la nutrition intime; en outre, elles ont été le point de départ d'une nouvelle théorie du diabète. Depuis l'époque (1849) où M. Claude Bernard faisait à la Société de biologie sa première communication sur la formation du sucre dans le foie, jusqu'à l'année dernière, pendant laquelle il nous donnait lecture de nouvelles recherches sur la glycogénie, il n'a cessé de s'occuper de cette grande question ; et l'on peut dire que tout ce que nous connaissons d'important sur elle, nous le lui devons entièrement. Après avoir trouvé que le foie forme du sucre aux dépens du sang qui le traverse et quel que soit le régime de l'animal, il montre que ce sucre est le résultat de la métamorphose d'une substance amyloïde dont il constate le premier la présence dans l'organe hépatique, substance qui se produit dans les cellules propres du foie et à laquelle il donne le nom de *matière glycogène*. Il fait voir ensuite que la quantité de sucre fournie par le foie au sang des veines hépatiques varie suivant que l'animal est en état de santé ou en état de maladie. Il découvre que la piqûre d'un point particulier du bulbe rachidien exerce une telle influence sur la formation du sucre par le foie, que le sang, chargé d'une trop grande quantité de ce principe, le laisse échapper par les reins et que l'animal devient diabétique. Cette découverte tout à fait imprévue excite dans le monde savant un profond étonnement, qui fait bientôt place à l'admiration lorsque le fait annoncé par le physiologiste français est confirmé par tous les expérimentateurs. Par une suite de recherches d'une prodigieuse sagacité, il montre par quelles voies les lésions du bulbe rachidien dont il vient d'indiquer les effets vont agir sur la glycogénie hépatique. Jamais regard plus pénétrant n'avait plongé dans les profondeurs de la nutrition intime.

Il va plus loin encore. Comme je l'indiquais tout à l'heure, il tire lui-même de ses découvertes les conséquences qui s'appliquent à la médecine. Il édifie une nouvelle théorie du diabète. Pour lui, cette maladie est due essentiellement à un trouble des fonctions du foie, à une exagération de la production de matière glycogène et à une suractivité parallèle de la métamorphose de cette matière en sucre. Ce trouble a le plus souvent pour cause une altération du fonctionnement du système nerveux central. Cette théorie de M.Claude Bernard devient le point de départ de recherches pathologiques des plus intéressantes, et, aujourd'hui, après des discussions approfondies, elle semble sur le point de triompher de la résistance de ses contradicteurs.

A côté de ce grand travail, et au même rang pour le moins, la postérité placera les recherches de M. Claude Bernard sur le grand sympathique et sur l'innervation des vaisseaux. Avant ces recherches, on ne connaissait presque rien de l'action du système nerveux sur la production de la chaleur animale.

En 1851, M. Claude Bernard publie ses premières expériences relatives à *l'influence du grand sympathique sur la sensibilité et la calorification.* Il fait voir que la section du cordon cervical du grand sympathique, d'un côté, détermine, en même temps qu'une congestion de toute la moitié correspondante de la face, une augmentation considérable de la chaleur dans cette même région.

Dans aucun des travaux de M. Claude Bernard ne se montrent peut-être avec plus de netteté l'instinct de découverte, la sagacité inventive dont il était si richement doué. De nombreux physiologistes n'avaient-ils pas sectionné le cordon cervical du grand sympathique, depuis l'époque où Pourfour du Petit avait montré que cette opération produit un resserrement de la pupille du côté correspondant? Eh bien, aucun d'eux n'avait aperçu que cette section détermine aussi une élévation de température dans les parties innervées par le cordon coupé. M. Claude Bernard a été le premier à démêler ce phénomène si remarquable. Il nous apprenait ainsi que le système nerveux influe d'une façon puissante sur la chaleur des diverses parties de l'organisme. Du même coup il découvrait l'influence de ce système sur les vaisseaux.

En montrant que la section du cordon cervical sympathique provoque une congestion de toutes les parties auxquelles se distribuent les fibres nerveuses de ce cordon, il a ouvert la voie. Peu de mois après, pendant qu'il arrivait de son côté à trouver le véritable mécanisme de cette congestion, M. Brown-Séquard y parvenait en Amérique et publiait, le premier, que les résultats de cette expérience, la congestion et l'augmentation de chaleur, sont dus à une paralysie de la tunique musculaire des vaisseaux. L'existence des nerfs vaso-moteurs était désormais hors de doute. M. Claude Bernard, poursuivant, comme il l'a toujours fait, les conséquences de cette découverte, enseignait aux physiologistes et aux médecins quel est le rôle physiologique dévolu à ces nerfs et l'importance de ce rôle. Le cœur, organe central de la circulation, lance le sang dans les artères, et ce sang, sans cesse poussé par de nouvelles ondées cardiaques, revient au cœur par les veines. Le mouvement du sang aurait les mêmes caractères dans tous les capillaires du corps si les vaisseaux qui le conduisent à ces capillaires étaient partout inertes. Mais il n'en est pas ainsi.

Grâce aux nerfs vaso-moteurs, les vaisseaux munis d'une tunique musculaire peuvent se resserrer ou se paralyser; ces modifications peuvent se produire ici et non là ; il peut y avoir congestion ou anémie dans un organe pendant que la circulation ne subit aucun changement dans les autres parties. La face peut rougir ou pâlir sous l'influence des émotions, sans que le reste de l'appareil circulatoire soit notablement affecté; la membrane muqueuse de l'estomac peut se congestionner d'une façon pour ainsi dire isolée, lors de la digestion, pour fournir aux besoins de la sécrétion du suc gastrique, et revenir ensuite à l'état normal; le cerveau lui-même, dans les moments d'activité intellectuelle, peut devenir le siège d'une irrigation sanguine plus abondante, sans qu'il en résulte un trouble notable pour le reste de la circulation ; il peut en être ainsi de tous les organes. Ce sont là des phénomènes dont le mécanisme n'a plus de secrets pour nous depuis les travaux de M. Claude Bernard.

Mais ce n'est pas tout : il était réservé à M. Claude Bernard de faire encore, relativement à la physiologie des nerfs vaso-moteurs, une découverte sinon plus importante, assurément plus inattendue que celle dont je viens de dire quelques mots.

Les nerfs vaso-moteurs qui modifient le calibre des vaisseaux, en produisant un resserrement de leur tunique contractile ou en cessant d'agir sur cette tunique, ne sont point les seuls qui exercent une influence sur ces canaux. M. Claude Bernard a trouvé qu'il existe d'autres nerfs qui, lorsqu'ils sont soumis à une excitation fonctionnelle ou expérimentale, agissent aussi sur les vaisseaux, mais y déterminent alors une dilatation. Ce sont des nerfs vaso-dilatateurs, comme on les a appelés par opposition aux nerfs dont l'excitation provoque une constriction vasculaire, et que l'on a nommés vaso-constricteurs.

C'est en poursuivant des recherches du plus haut intérêt sur la physiologie des glandes salivaires que M. Claude Bernard a été conduit à cette remarquable découverte. Comme M. Ludwig, et sans connaître ses travaux, M. Claude Bernard avait constaté que l'électrisation de la corde du tympan détermine une exagération de la sécrétion de la glande sous-maxillaire; mais il reconnut, ce qui avait échappé au physiologiste de Leipzig, que cette électrisation produit en même temps une dilatation considérable des vaisseaux de la glande. Ces nerfs vaso-dilatateurs, véritables *nerfs d'arrêt*, n'ont encore été trouvés que dans un petit nombre de régions : peut-être, comme l'a pensé M. Claude Bernard, existent-ils partout et jouent-ils un rôle considérable dans l'état de santé et dans l'état de maladie.

Les études de M. Claude Bernard sur les glandes salivaires ont été fructueuses pour la science : je ne signalerai ici, parmi les autres faits qu'il a découverts dans le cours de ces études, que les actions réflexes qui s'effectuent dans le ganglion sous-maxillaire séparé des centres nerveux céphalo-rachidiens. Il a donné ainsi, et pour la première fois, la démonstration de l'autonomie physiologique si contestée du système nerveux sympathique.

Une autre glande, le pancréas, avait aussi attiré son attention au début de sa carrière. On n'avait alors que des idées fort incomplètes sur la physiologie du pancréas; une des propriétés les plus remarquables du suc pancréatique avait échappé à peu près entièrement aux investigations des expérimentateurs, je veux parler de son action sur les matières grasses. M. Claude Bernard fit voir que, de tous les fluides qui entrent en contact avec les aliments dans le canal digestif, le suc pancréatique est celui qui exerce l'action la plus puissante sur les matières grasses, pour les émulsionner et les mettre à même d'être absorbées.

Dans un ordre très différent de recherches, M. Claude Bernard, bien que précédé par de célèbres physiologistes, par Magendie, par Flourens, a été encore un véritable initiateur. Je veux parler de ses belles recherches sur les substances toxiques et médicamenteuses. C'est à lui, en effet, que nous devons les vraies méthodes à l'aide desquelles on étudie l'action physiologique de ces substances, et, par les découvertes les plus brillantes, il nous a fait voir tout le parti qu'on peut tirer de ces méthodes. Par une suite d'expériences décisives, il nous montre que le curare abolit les mouvements volontaires, en paralysant les extrémités périphériques du nerf moteur, tout en respectant les centres nerveux, les muscles et les nerfs sensitifs. D'autre part, il nous apprend que l'oxyde de carbone tue les animaux vertébrés par asphyxie en se fixant dans les globules rouges du sang, en y prenant la place de l'oxygène et en les rendant impropres à toute absorption nouvelle de ce gaz. Enfin, pour ne parler que des faits principaux, je dois rappeler ses mémorables études sur les alcaloïdes de l'opium et sur les anesthésiques.

J'ai cherché à mettre en saillie les découvertes les plus importantes de M. Claude Bernard; mais que d'autres travaux ne faudrait-il pas analyser pour rappeler tous les services qu'il a rendus à la science ! Je me borne à citer ses recherches sur le nerf pneumogastrique, sur le nerf spinal, sur le nerf trijumeau, sur le nerf oculo-moteur commun, sur la corde du tympan, sur le nerf facial, recherches dans le cours desquelles il imagine de nouveaux procédés d'expérimentation, tels que l'arrachement de ces nerfs, la section de la corde du tympan dans la caisse tympanique, procédés qui portent aujourd'hui son nom. Je ne puis malheureusement aussi mentionner ses études sur la sensibilité récurrente et sur les conditions, si intéressantes au point de vue de la physiologie générale, qui font varier ce phénomène. Je me contenterai encore d'énumérer ses recherches sur la pression du sang, sur les gaz du sang, sur les variations de couleur de ce fluide suivant l'état d'inertie ou d'activité fonctionnelle des organes qu'il traverse (glandes, muscles); sur les variations de la température des parties dans les mêmes conditions opposées de repos ou de fonctionnement, sur la différence de température entre le sang du ventricule droit du cœur et le sang du ventricule gauche chez les mammifères; sur l'élimination élective par les glandes des substances introduites dans l'économie, ou de celles qui s'accumulent dans le sang sous l'influence de certains états morbides (sucre diabétique, matière colorante de la bile); sur les caractères spéciaux et le rôle particulier de la salive de chaque glande salivaire; sur l'influence des centres nerveux sur la sécrétion de la salive; sur la sécrétion et l'action du suc gastrique et du suc intestinal; sur les modifications des sécrétions de l'estomac et de l'intestin, après l'ablation des reins; sur l'albuminurie produite par les lésions du système nerveux; sur la composition de l'urine du fœtus; sur les phénomènes électriques qui se manifestent dans les nerfs et les muscles; sur la comparaison des actes de la nutrition intime chez les animaux et les végétaux, etc.

En un mot, il n'est presque aucune partie de la physiologie dans laquelle M. Claude Bernard n'ait profondément marqué sa trace par des découvertes du plus haut intérêt.

Aussi l'influence de M. Claude Bernard sur la physiologie a-t-elle été immense. On peut dire, sans exagération, que, depuis près de trente années, la plupart des recherches physiologiques qui ont été publiées dans le monde savant n'ont été que des développements ou des déductions plus ou moins directes de ses propres travaux. A ce titre, il a été véritablement, dans le grand sens du mot, le maître de presque tous les physiologistes de son temps.

Son influence sur la médecine n'a pas été moins grande. D'innombrables travaux de pathologie ont été inspirés par ses recherches physiologiques. Du reste, il avait encore, dans cette direction, montré lui-même le chemin. Par sa théorie du diabète, par ses recherches sur l'urémie, sur les congestions, sur l'inflammation, sur la fièvre, il indiquait comment les progrès de la physiologie peuvent servir à ceux de la médecine. Ses travaux ont réellement transformé sur bien des points la partie scientifique de la médecine; son nom se trouve invoqué dans l'histoire d'un grand nombre de maladies par les théories qui ont pour but, soit d'expliquer le mode d'action des causes morbides, soit de trouver la raison physiologique des symptômes. La thérapeutique elle-même a subi l'influence de ses travaux. Les médicaments ont été, pour la plupart, soumis à de nouvelles études calquées sur ses propres recherches; la thérapeutique a pu enfin s'efforcer de mériter le titre de rationnelle auquel elle n'avait aucun droit jusque-là. De tels services ne sauraient être méconnus ; aussi la médecine, qui a toujours considéré M. Claude Bernard comme un des siens, comme une de ses lumières les plus éclatantes, regarde-t-elle sa mort comme le plus grand deuil qui puisse l'affliger.

Parlerai-je des ouvrages de M. Claude Bernard, de ses livres, où se trouvent reproduites ses leçons du Collège de France et du Muséum d'histoire naturelle ; de son *Rapport sur les progrès de la physiologie en France*, publié en 1867, à l'occasion de l'exposition universelle ? Que pourrais-je en dire que vous ne sachiez tous ? Ces livres sont entre les mains de tous les physiologistes et de tous les médecins. Ce sont, dans leur genre, des modèles achevés. Outre les découvertes originales dont ils contiennent la relation détaillée, on y trouve, presque à chaque page, des aperçus ingénieux, des vues nouvelles, d'importantes applications. On y assiste à l'évolution des recherches du maître, depuis leur premier germe jusqu'à leur complet développement et, tout en y puisant ainsi le goût des investigations personnelles, on y apprend à travailler par soi-même.

Enfin, après avoir parlé du savant illustre, ne

dois-je pas dire un mot de l'homme? N'est-ce pas un devoir, et le plus doux des devoirs, de rappeler que ce physiologiste de génie fut en même temps le meilleur des hommes? La simplicité de ses manières, son affabilité, la sûreté de ses relations, tout attirait vers lui et le faisait aimer. Dépourvu de vanité, il savait mieux que personne rendre justice au mérite d'autrui, et il était toujours prêt à tendre la main aux jeunes savants pour les aider à gravir les degrés difficiles qui mènent aux positions officielles.

Tels sont les titres de M. Claude Bernard à l'admiration du monde savant et à la reconnaissance du pays. La postérité le placera au nombre des grands hommes auxquels la physiologie doit ses progrès les plus considérables, et son nom rayonnera ainsi à côté de ceux de Harvey, de Haller, de Lavoisier, de Bichat, de Charles Bell, de Flourens et de Magendie.

Au nom de l'Académie des sciences, cher et illustre maître, je vous dis adieu!

FACULTÉ DES SCIENCES DE PARIS

DISCOURS DE M. PAUL BERT

PROFESSEUR A LA FACULTÉ DES SCIENCES

AUX FUNÉRAILLES DE

M. CLAUDE BERNARD

LE 16 FÉVRIER 1878

La Faculté des sciences de Paris, qui a eu l'honneur de compter pendant quatorze ans M. Claude Bernard au nombre de ses professeurs, ne pouvait, bien que ce maître illustre fût depuis dix années sorti de son sein, rester silencieuse aux bords de cette tombe. Elle vient, à son tour, exprimer ses regrets et revendiquer sa part légitime de gloire.

C'est en 1854 que M. Claude Bernard entra dans notre compagnie. La grande découverte de la production du sucre par les êtres animés venait de frapper le monde savant de surprise et d'admiration. Pour permettre à son auteur de développer toutes les ressources de son fertile génie, une chaire fut alors créée, qui sous le titre de Physiologie générale, vint agrandir et compléter le cadre de l'enseignement dans notre Faculté.

Le vaillant lutteur n'avait cependant obtenu qu'une partie des conditions de la libre recherche. Aucun moyen matériel d'action n'était annexé à la chaire où il allait professer : ni budget, ni laboratoire, ni préparateur. Et c'est au milieu de cette pénurie accusatrice de l'indifférence des pouvoirs publics que, de 1854 à 1868, Claude Bernard dut faire son cours. Il n'y parvint qu'en utilisant les ressources de la chaire qu'il ne tarda pas à recueillir au Collège de France dans l'héritage de Magendie.

Aussi notre Faculté ne peut-elle prétendre à l'honneur d'avoir vu éclore ces découvertes, dont l'accumulation pressée porta rapidement au plus haut degré sa réputation scientifique. C'est du laboratoire du Collège de France, bien pauvre cependant lui-même, que sont sortis ces travaux innombrables dont chacun eût suffi à illustrer son auteur.

Mais si c'est au Collège de France que se déploya, dans le domaine des recherches expérimentales, le génie créateur de M. Claude Bernard, il se manifesta avec non moins de puissance et d'utilité pour le développement général de la science dans l'enseignement de la Sorbonne.

La fondation, au sein de la Faculté, d'une chaire de physiologie générale, avait donné à cette science expérimentale droit de cité dans l'enseignement classique, à côté de ses sœurs aînées, la physique et la chimie. C'est à justifier cet établissement nouveau, qui n'avait pas été universellement approuvé, que s'attacha dans ses leçons M. Claude Bernard.

Jusqu'à lui, la physiologie n'avait guère été considérée que comme une annexe d'autres sciences, et son étude semblait revenir de droit, suivant le détail des problèmes, aux médecins ou aux zoologistes. Les uns déclaraient que la connaissance anatomique des organes suffit pour permettre d'en déduire le jeu de leurs fonctions, c'est-à-dire la physiologie ; les autres ne voyaient dans celle-ci qu'un ensemble de dissertations, propres à satisfaire l'esprit de système sur les causes, la nature et le siège des diverses maladies. Presque tous n'attachaient à ses enseignements qu'une valeur variable d'une espèce vivante à une autre, ou pour la même espèce, suivant des circonstances indéterminables, qu'une valeur subordonnée aux caprices d'une substance mystérieuse et indomptable, déniant ainsi, en réalité, à la physiologie jusqu'au titre de science.

Claude Bernard commença par le lui restituer. Il montra, prenant le plus souvent pour exemple ses propres découvertes, que si elle soulève des questions plus complexes que les autres sciences expérimentales, elle est, tout autant que celles-ci, sûre d'elle-même, lorsque, le problème posé, ses éléments réunis, ses variables éliminés, elle expérimente, raisonne et conclut.

Il montra que de l'infinie variété des phénomènes fonctionnels, en rapport avec la diversité sans nombre des formes organiques, se dégagent des vérités fondamentales, universelles, qui relient en un faisceau commun tout ce qui a vie, sans distinction d'ordres ni de classes, de vie animale ni de vie végétale : le foie faisant du sucre comme le fruit, la levure de bière s'endormant comme l'homme sous l'influence des vapeurs éthérées.

Il montra que, même pour la physiologie des mécanismes, la déduction anatomique est insuffisante et souvent trompeuse, et que l'expérimentation seule peut conduire à la certitude.

Il montra que les règles de cette expérimentation sont les mêmes dans les sciences de la vie que dans celles des corps bruts, et qu'« il n'y a pas deux natures contradictoires donnant lieu à deux ordres de sciences opposées. »

Il montra que le physiologiste expérimentateur non seulement analyse et démontre, mais domine et dirige, et qu'il peut espérer devenir, au même titre que le physicien ou le chimiste, un conquérant de la nature.

Il montra que si le physiologiste doit sans cesse recourir aux notions que lui fournissent l'anatomie, l'histologie, la médecine, l'histoire naturelle, la chimie, la physique, il doit en rester le maître, les subordonner à ses propres visées ; si bien qu'il a besoin d'une éducation spéciale, de moyens spéciaux de recherches, de chaires spéciales, de laboratoires spéciaux.

C'est ainsi que Claude Bernard assura les bases de la physiologie, délimita son domaine, en chassa les entités capricieuses, la débarrassa de l'empirisme, détermina son but, formula ses méthodes, perfectionna ses procédés, indiqua ses moyens d'action ; lui assigna son rang parmi les sciences expérimentales, réclama pour elle sa place légitime dans l'enseignement public ; qu'en un mot il la mit en possession d'elle-même, l'individualisa et la caractérisa comme science, vivant en elle, s'identifiant avec elle, et à tel point qu'un savant étranger a pu dire : « Claude Bernard n'est pas seulement un physiologiste, c'est la Physiologie. »

Telle est la part, et elle n'est pas petite, que notre Faculté peut réclamer, pour s'en parer avec orgueil, dans l'œuvre de l'illustre physiologiste. Telle fut, en effet, la matière de l'enseignement qu'il y donna jusqu'en 1868, époque à laquelle il quitta la Sorbonne pour le Muséum d'histoire naturelle.

C'est à celui de ses élèves qui fut appelé à lui succéder dans la chaire de Physiologie que la Faculté a confié aujourd'hui l'honneur de la représenter. Qu'il lui soit permis maintenant de dépouiller son rôle officiel et, au nom des élèves de Claude Bernard, d'adresser l'adieu filial au maître qui n'est plus. Aussi bien, celui qui lui doit le plus, puisqu'il lui doit tout, pourrait presque revendiquer comme un droit ce douloureux privilège.

Certes, la Science et la Patrie ont sujet d'être en deuil. Mais quelle douleur profonde s'ajoute à ces sentiments universels, dans le cœur de ceux qui ont profité de ses leçons, reçu les marques de sa bonté, éprouvé les effets de sa protection paternelle ! Bienveillant et sympathique à tous, il fut, pour ceux qu'il appelait à son lit de mort sa famille scientifique, le plus affectueux et le plus dévoué des maîtres : non d'une affection sans ressort, car, abondant en conseils et en encouragements, il se montrait critique aussi sévère pour nos travaux que pour les siens; non d'un dévouement sans sacrifice, car il souffrait en quittant spontanément cette chaire de la Sorbonne pour la laisser à l'un de ses élèves. Jamais, parmi les incidents quotidiens du laboratoire, un mot impatient; jamais un mot amer, parmi tant de douleurs physiques et morales si courageusement supportées; jamais un reproche à ceux dont la reconnaissance s'est éteinte trop tôt ! Jusqu'aux derniers jours, aux dernières paroles, en face de cette mort inattendue, affection, conseils, sourires; il nous remerciait de nos soins, nous qui lui devions au centuple ! Vous travaillerez, disait-il, et il parlait de cette science qui fut sa vie.

Oui, maître, nous travaillerons ; nous sentons tous, parmi notre douleur, le devoir qui grandit. Nous serrerons nos rangs. Nous marcherons, suivant votre trace lumineuse, dans le sillon inachevé.

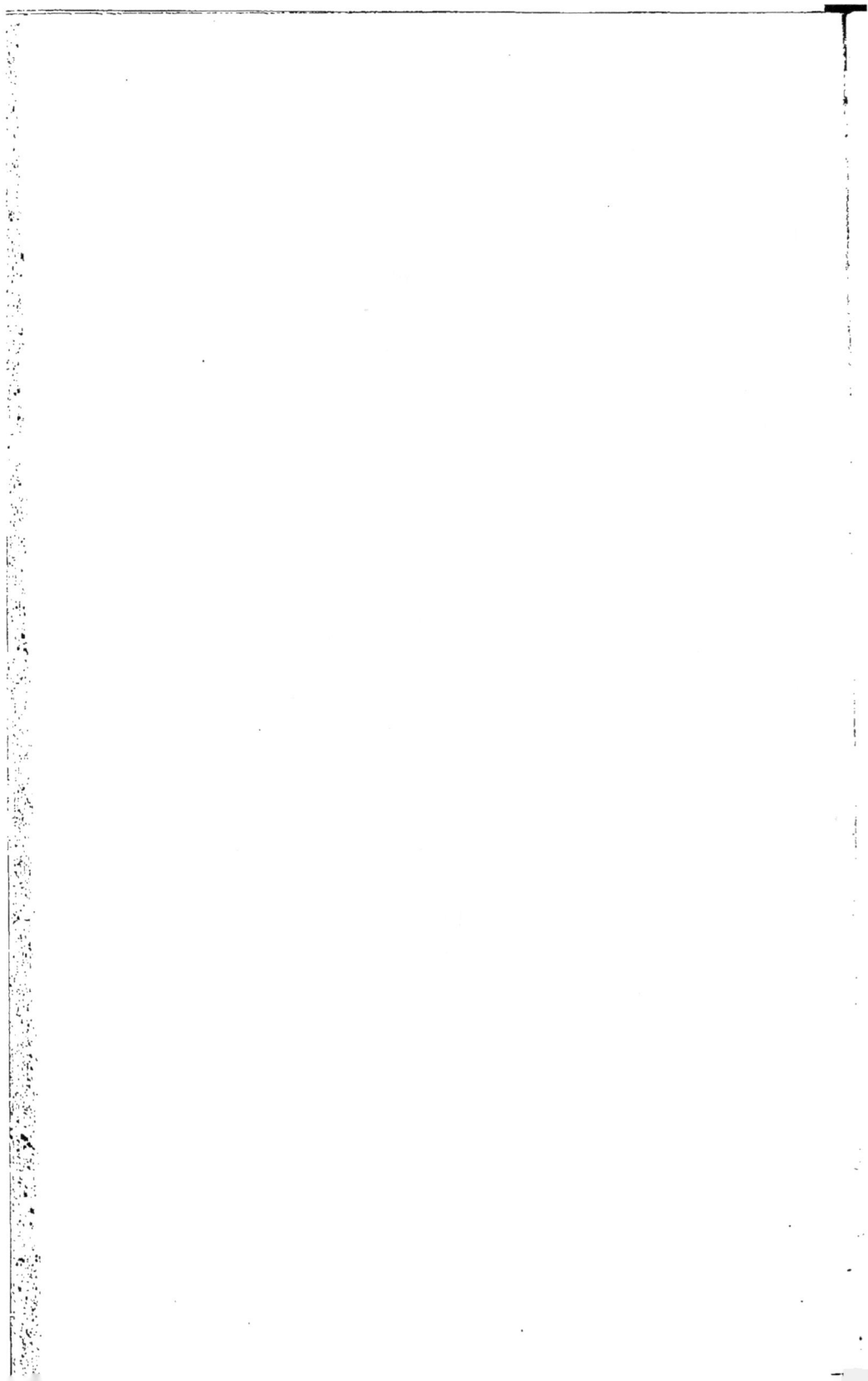

MUSÉUM D'HISTOIRE NATURELLE

COURS DE PHYSIOLOGIE GÉNÉRALE

LEÇON D'OUVERTURE [1]

SOMMAIRE : Inauguration de la physiologie générale au Muséum — Raisons du transfert de ma chaire de la Sorbonne au Jardin des plantes. — La physiologie devient aujourd'hui une science autonome qui se sépare de l'anatomie. — Elle est une science expérimentale. — Définition du domaine de la physiologie générale. — Initiation de la France. — Développement de la physiologie dans les pays voisins. — Les installations de laboratoires. — Ce n'est pas tout : il faut surtout une bonne méthode et une saine *critique* expérimentale.

En commençant le cours de physiologie générale au Muséum d'histoire naturelle, je crois nécessaire d'indiquer les circonstances qui m'y ont amené. L'introduction de la physiologie générale dans l'établissement célèbre qui abrite les sciences naturelles, la création d'un laboratoire annexé à la chaire marquent un progrès notable dans l'enseignement de la physiologie expérimentale. Cette science toute moderne, née en France sous l'impulsion féconde de Lavoisier, Bichat, Magendie, etc., était jusqu'à présent restée, il faut le dire, à peu près sans encouragements, tandis qu'elle en recevait, par contre, de considérables dans les pays voisins. La dotation de la physiologie se trouvait chez nous hors de proportion avec ses besoins; et je suis heureux de constater que les dispositions en vertu

(1) Semestre d'été 1870. Voy. *Revue scientif.*, n° 17, 1871.

desquelles j'ai été appelé au Muséum d'histoire naturelle sont un commencement de satisfaction à des nécessités devenues évidentes.

C'est la seule considération de ces intérêts supérieurs qui m'a déterminé à transporter ici l'enseignement que je faisais à la Faculté des sciences depuis l'année 1854, époque à laquelle fut créée la chaire de *physiologie générale* dont j'ai été le premier titulaire.

En 1867, M. Duruy, ministre de l'instruction publique, me demanda d'exposer, dans un rapport, les progrès de la physiologie générale en France, et d'indiquer les améliorations qui pourraient contribuer à son avancement. Quoique souffrant à cette époque, j'acceptai la tâche; je fis de mon mieux en comparant le développement de notre science en France et à l'étranger, et j'arrivai à cette conclusion, que la physiologie française était mal pourvue, mais non pas insuffisante ; c'est qu'en effet les moyens de travail seuls lui manquaient, le génie physiologique ne lui avait jamais fait défaut. — Une conclusion de même nature pouvait, du reste, se généraliser pour la plupart des sciences physiques et naturelles, et les nombreux et excellents rapports publiés par mes collègues avaient mis cette situation en pleine évidence (1).

Justement ému et désireux de remédier à cet état de choses, M. Duruy institua l'École pratique des hautes études ; en même temps le ministre me proposa, dans cette création, la direction d'un laboratoire public de

(1) Voyez la collection des rapports. Paris, 1867.

physiologie. L'état de ma santé et quelques considérations me firent tout d'abord décliner cet honneur ; mais au nom de la science le ministre insista, et je crus qu'il y avait devoir pour moi de céder à des instances aussi honorables. — Il fut convenu que ma chaire de la Sorbonne serait transférée au Jardin des plantes à la place de la chaire de physiologie comparée, qui sera sans doute rétablie plus tard. Le problème de la physiologie comparée étant d'étudier les mécanismes de la vie dans les divers animaux, la place de cette science est marquée dans un établissement qui offre, à cet égard, des ressources aussi complètes que le Muséum d'histoire naturelle de Paris.

Je n'ai donc pas à continuer ici les traditions d'un prédécesseur ; j'inaugure en réalité l'enseignement de la physiologie générale que je professais depuis seize ans dans la Sorbonne.

Nous avons au Muséum un laboratoire spécial et une installation qui nous manquaient à la Faculté des sciences. Je me propose aujourd'hui de vous démontrer d'une manière rapide que ces moyens nouveaux d'étude ont été rendus indispensables par l'évolution même de la science physiologique qui réclame un perfectionnement expérimental croissant pour atteindre son but et résoudre le problème qui lui incombe.

La physiologie est la science de la vie ; elle décrit et explique les phénomènes propres aux êtres vivants.

Ainsi définie, la physiologie a un problème qui lui est spécial et qui n'appartient qu'à elle. Son point de vue, son but, ses méthodes, en font une science autonome et indépendante; c'est pourquoi elle doit avoir des moyens propres de culture et de développement.

Il sera nécessaire de faire bien comprendre le mouvement général qui s'accomplit sous nos yeux et qui tend à l'émancipation de la science physiologique et à sa constitution définitive. Cette évolution semble, il faut le dire, être restée inaperçue pour beaucoup de personnes qui prétendent faire de la physiologie une dépendance ou une partie de la zoologie et de la phytologie, sous prétexte que la zoologie embrasse toute l'histoire des animaux et que la phytologie comprend toute l'histoire des plantes. On ne voit pas cependant les minéralogistes contester l'indépendance de la physique ou de la chimie ; et pourtant ils auraient autant de raisons de proclamer l'existence d'une science unique des corps bruts, que les naturalistes peuvent en avoir de proclamer l'existence d'une science unique des animaux, qui serait la zoologie, ou d'une science unique des plantes, qui serait la botanique. Toutes les sciences, d'abord confondues, ne sont point constituées seulement suivant les circonscriptions plus ou moins naturelles des objets étudiés, mais aussi selon les idées qui président à cette étude. Elles se séparent non seulement par leur objet, mais aussi par leur point de vue ou par leur problème.

Au début, la physiologie était confondue avec l'anatomie et elle ne possédait pas d'autre laboratoire que l'amphithéâtre de dissection. Après avoir décrit les organes, on tirait de leur description et de leurs rapports des inductions sur leurs usages. Peu à peu le problème physiologique s'est dégagé de la question anatomique, et les deux sciences ont dû se séparer définitivement, parce que chacune d'elles poursuit un but spécial.

Bien que le développement de la physiologie, qui aboutit aujourd'hui à son autonomie, ait été successif et pour ainsi dire insensible, nous distinguerons cependant deux périodes principales dans son évolution. La première commence, dans l'antiquité, à Galien et finit à Haller. La seconde commence avec Haller, Lavoisier et Bichat, et se continue de notre temps.

Dans la première période, la physiologie n'existe pas à l'état de science propre; elle est associée à l'anatomie, dont elle semble être un simple corollaire. On juge des fonctions et des usages par la topograpie des organes, par leur forme, par leurs connexions et leurs rapports, et lorsque l'anatomiste appelle à son secours la vivisection, ce n'est point pour expliquer les fonctions, mais bien plutôt pour les localiser. On constate qu'une glande sécrète, qu'un muscle se contracte; le problème paraît résolu, on n'en demande pas l'explication; on a un mot pour tout : c'est le résultat de la *vie*. On enlève des parties, on les lie, on les supprime, et on décide, d'après les modifications phénoménales qui surviennent, du rôle dévolu à ces parties. Depuis Galien jusqu'à nos jours cette méthode a été mise en pratique pour déterminer l'usage des organes. Cuvier a préféré à cette méthode les déductions de l'anatomie comparée (1).

Avant la création de l'anatomie générale, on ne con-

(1) Voyez *Lettre à Mertrud; Leçons d'anatomie comparée*, an VIII.

naissait pas les éléments microscopiques des organes et des tissus, et il ne pouvait être question de faire intervenir comme agents de manifestations vitales les propriétés physico-chimiques de ces éléments. Une force vitale mystérieuse suffisait à tout expliquer : le nom seul changeait : suivant les temps on l'appelait ψυχή, *anima*, *archée*, *principe vital*, etc. Quoique des tentatives eussent été faites dans divers sens pour expliquer les phénomènes vitaux par des actions physico-chimiques, cependant la méthode anatomique continuait à dominer. Haller, qui clôt la période dont nous parlons et qui ouvre l'ère nouvelle, a bien résumé, dans son immortel *Traité de physiologie*, les découvertes anatomiques, les idées et les acquisitions de ses prédécesseurs.

La seconde période s'ouvre, avons-nous dit, à la fin du siècle dernier. A ce moment, trois grands hommes, Lavoisier, Laplace et Bichat, vinrent tirer la science de la vie de l'ornière anatomique où elle menaçait de languir et lui imprimèrent une direction décisive et durable. Grâce à leurs travaux, la confusion primitive de l'anatomie et de la physiologie tendit à disparaître, et l'on commença de comprendre que la connaissance descriptive de l'organisation animale n'était pas suffisante pour expliquer les phénomènes qui s'y accomplissent. L'anatomie descriptive est à la physiologie ce qu'est la géographie à l'histoire, et de même qu'il ne suffit pas de connaître la topographie d'un pays pour en comprendre l'histoire, de même il ne suffit pas de connaître l'anatomie des organes pour comprendre leurs fonctions. Un vieux chirurgien, Méry, comparait familièrement les anatomistes à ces commissionnaires que l'on voit dans les grandes villes et qui connaissent le nom des rues et les numéros des maisons, mais ne savent pas ce qui se passe dedans. Il se passe en effet dans les tissus, dans les organes, des phénomènes vitaux d'ordre physico-chimique dont l'anatomie ne saurait rendre compte.

La découverte de la combustion respiratoire par Lavoisier a été, on peut le dire, plus féconde pour la physiologie que la plupart des découvertes anatomiques. Lavoisier et Laplace établirent cette vérité fondamentale, que les manifestations matérielles des êtres vivants rentrent dans les lois ordinaires de la physique et de la chimie générales. Ce sont des actions chimiques (combustion, fermentation) qui président à la nutrition, qui produisent de la chaleur au dedans des organismes, qui entretiennent la température fixe des animaux supérieurs. Et à ce sujet l'anatomie ne pouvait rien nous apprendre; elle pouvait tout au plus localiser ces manifestations, mais non les expliquer.

D'un autre côté, Bichat, en fondant l'anatomie générale et en rapportant les phénomènes des corps vivants aux propriétés élémentaires des tissus, comme des effets à leurs causes, vint établir la vraie base solide sur laquelle est assise la physiologie générale; non pas que les propriétés vitales des tissus aient été considérées par Bichat comme des propriétés physico-chimiques spéciales qui ne laissaient plus de place aux agents mystérieux de l'animisme et du vitalisme; son œuvre a uniquement consisté dans une décentralisation du principe vital. Il a localisé les phénomènes de la vie dans les tissus; mais il n'est pas entré dans la voie de leur véritable explication. Bichat a encore admis avec Stahl et les vitalistes l'opposition des phénomènes vitaux et des phénomènes physico-chimiques; les travaux et les découvertes de Lavoisier contenaient, ainsi que nous le verrons, la réfutation de ces idées erronées.

En résumé, la physiologie a présenté deux phases successives: d'abord anatomique, elle est devenue physico-chimique avec Lavoisier et Laplace. La vie était d'abord centralisée, ses manifestations considérées comme les modes d'un principe vital unique; Bichat l'a décentralisée, dispersée dans tous les tissus anatomiques.

Toutefois ce n'est pas sans difficultés que les idées de cette décentralisation vitale ont pénétré dans la science.

Dans ce siècle il est encore des expérimentateurs qui cherchaient le siège de la force vitale, le point où elle résidait et d'où elle étendait sa domination sur l'organisme tout entier. Legallois expérimente pour saisir le siège de la vie, et il le place dans les centres nerveux, dans la moelle allongée. Flourens cantonne le principe vital dans un espace plus circonscrit qu'il appelle le nœud vital. D'après les idées de Bichat, au contraire, la vie est partout, et nulle part en particulier. La vie n'est ni un être, ni un principe, ni une force, qui résiderait dans une partie du corps, mais simplement le consensus général de toutes les propriétés des tissus.

Après Lavoisier et Bichat, la physiologie s'est donc en quelque sorte constituée, poussant deux racines puissantes, l'une dans le terrain physico-chimique, et l'autre dans le terrain anatomique. Mais ces deux racines se développèrent séparément et isolément par les efforts des chimistes successeurs de Lavoisier et des anatomistes continuateurs de Bichat. Je pense qu'elles doivent désormais unir leur sève, alimenter un seul tronc et nourrir une science unique, la physiologie nouvelle.

Jusque-là la physiologie naissante manquait d'asile qui lui appartînt et demandait l'hospitalité à la fois aux chimistes et aux anatomistes.

Pourtant, Magendie, poussé dans la voie physiologique par les conseils de Laplace, continuait les saines traditions qu'il avait puisées dans la fréquentation de ce célèbre savant. Il introduisait l'expérimentation dans les recherches physiologiques; il attendait d'elle seule, pour la science qu'il cultivait, les bénéfices que les sciences physiques et chimiques ont elles-mêmes retirés de cette méthode. Il y avait bien eu en France des expérimentateurs physiologistes : Petit (de Namur), Housset, Legallois, Bichat lui-même. Mais par sa persévérance, en dépit de toutes les contradictions et des plus grandes difficultés, Magendie réussit à faire triompher la méthode qu'il préconisait. C'est à lui que revient l'honneur d'avoir exercé une influence décisive sur la marche de la physiologie et de l'avoir définitivement rendue tributaire de l'expérimentation.

Il n'est pas inutile de rappeler que, pendant que ce mouvement d'idées se produisait en France, les nations voisines, qui ont si bien su en profiter, n'apportaient aucun appui à cet essor. L'Allemagne sommeillait ou rêvait dans les nuages de la philosophie de la nature ; elle discutait la légitimité des connaissances expérimentales et se perdait dans les abstractions de la méthode *a priori*. L'Angleterre ne nous suivait que de loin.

C'est donc de notre pays qu'est partie l'impulsion ; et si le mouvement de rénovation ne s'y est point développé, tandis qu'il s'étendait en Allemagne et qu'il y portait tous ses fruits, nous pouvons au moins revendiquer le rôle honorable d'en avoir été les initiateurs.

Magendie, lui-même, n'avait à sa disposition que des moyens fort restreints. Il faisait des cours privés de physiologie expérimentale fondée sur les vivisections. Ce n'est qu'après 1830 que, nommé professeur de médecine au Collège de France, il y établit le laboratoire très insuffisant qui y existe encore aujourd'hui et qui a été le seul laboratoire officiel qu'ait d'abord possédé la France. Cet enseignement expérimental de Magendie, à ses débuts, était d'ailleurs unique en Europe : des élèves nombreux le suivaient, et parmi eux beaucoup d'étrangers qui s'y sont imbus des idées et des méthodes de la physiologie expérimentale.

Par ses relations avec Laplace, Magendie, qui était anatomiste, se trouva engagé dans la voie de cette physiologie moderne qui tend à ramener les phénomènes de la vie à des explications physiques et chimiques; aussi Magendie est-il le premier physiologiste qui ait écrit un livre sur *les phénomènes physiques de la vie*.

Magendie ayant été mon maître, j'ai le droit de m'enorgueillir de ma descendance scientifique, et j'ai le devoir de chercher, dans la mesure de mes forces, à poursuivre l'œuvre à laquelle resteront attachés les noms des hommes illustres que j'ai cités.

Devenu successeur de Magendie au Collège de France (1), j'ai lutté comme lui contre le défaut de ressources ; j'ai maintenu contre les difficultés le laboratoire de médecine du Collège de France, qu'on voulait supprimer sous ce prétexte erroné que la médecine n'était pas une science expérimentale. Malgré l'exiguïté des moyens dont je pouvais disposer, j'y ai reçu des élèves nombreux qui sont aujourd'hui professeurs de physiologie ou de médecine dans diverses universités de l'Europe et du nouveau monde. A cette époque, le laboratoire du Collège de France était le seul qui existât. Depuis, des installations splendides ont été données à la physiologie et à la médecine expérimentale en Allemagne, en Russie, en Italie, en Hongrie, en Hollande, et le laboratoire du Collège de France, qui fut chez nous le berceau de la physiologie et de la médecine expérimentale, n'a pas encore été l'objet des améliorations auxquelles son passé lui donne tant de droits.

En définitive la physiologie est une science devenue aujourd'hui distincte, autonome, et, pour se constituer et se développer, il faut qu'elle ait une installation à elle, séparée de celles des anatomistes et des chimistes. Il faut, son problème particulier étant bien défini, qu'elle possède les moyens spéciaux d'en poursuivre l'étude.

(1) Voyez *Leçons de physiologie expérimentale appliquée à la médecine*. Paris, 1855-1856.

L'avancement de toutes les sciences se fait par deux voies distinctes : d'abord par l'impulsion des découvertes et des idées nouvelles; en second lieu, par la puissance des moyens de travail et de développement scientifiques, en un mot, par la culture qui fait produire aux germes créés par le génie inventif les fruits qu'ils contiennent cachés. Au début, ainsi que nous l'avons déjà dit, lorsque la physiologie n'était qu'une dépendance de l'anatomie, l'amphithéâtre de dissection était le laboratoire commun à l'une et à l'autre. Avec Lavoisier et Laplace, la physique et la chimie ont pénétré dans l'étude des phénomènes de la vie, et les expérimentateurs ont dû faire usage des instruments et des appareils de la physique et de la chimie. A mesure que la science marche, on sent de plus en plus la nécessité d'installations particulières où soit rassemblé l'outillage nécessaire aux expériences physiques, chimiques et aux vivisections, à l'aide desquelles la physiologie pénètre dans les profondeurs de l'organisme. La méthode qui doit diriger la physiologie est la même que celle des sciences physiques ; c'est la méthode qui appartient à toutes les sciences expérimentales ; elle est encore aujourd'hui ce qu'elle était au temps de Galilée. Finalement, la plupart des questions de science sont résolues par l'invention d'un outillage convenable : l'homme qui découvre un nouveau procédé, un nouvel instrument, fait souvent plus pour la physiologie expérimentale que le plus profond philosophe ou le plus puissant esprit généralisateur. On a donc cherché à étendre de plus en plus la puissance des instruments de recherche. Pour obtenir ce résulat, les instituts physiologiques de l'étranger ont su s'imposer des sacrifices.

L'utilité des laboratoires spéciaux de physiologie ne se prouve plus par des raisonnements, elle s'établit par des faits. Elle est appréciée dans tout le monde savant, et il me suffira de faire ici l'énumération des établissements de cette nature installés à l'étranger, où les chaires d'anatomie et de physiologie, partout confondues il y a vingt ans, sont aujourd'hui partout séparées.

Joh. Müller professait autrefois l'anatomie et la physiologie à Berlin : le régime de la dualité s'est depuis longtemps introduit, et l'anatomie est actuellement confiée à Reichert, la physiologie à Dubois-Reymond.

A Würzburg, Kölliker enseignait au début l'anatomie microscopique et la physiologie; il a conservé l'anatomie, et la physiologie a été donnée à Ad. Fick.

A Heidelberg, l'enseignement de l'anatomiste Arnold a été également scindé : Arnold resta anatomiste, et la physiologie fut confiée à l'illustre Helmholtz.

Dans la petite université de Halle, l'enseignement de Volkmann est encore resté indivis; c'est là une exception qui ne tardera pas à disparaître (1).

A Copenhague, la physiologie est représentée par Panum, bien connu par ses recherches sur le sang, par ses études d'embryogénie tératologique et par beaucoup d'autres travaux importants.

L'Écosse a suivi l'exemple du Danemark : à Édimbourg, Bennett ne conservera au semestre prochain

(1) Aujourd'hui cette séparation est effectuée.

que sa chaire d'anatomie, la physiologie formera un enseignement séparé.

De tous côtés on se rend à l'évidence, et cette transformation est devenue un élément considérable de progrès. Dans mon rapport de 1867, j'avais insisté sur l'utilité de cette séparation, et fait voir que la France ayant été le point de départ de ce mouvement scientifique, il y avait pour elle honneur et intérêt à ne pas rester en arrière.

D'autre part, M. Wurtz, doyen de la Faculté de médecine, fut envoyé en Allemagne pour y visiter les laboratoires. En sa qualité de chimiste, il donna beaucoup à la chimie; son attention toutefois se porta sérieusement sur les instituts physiologiques. Il visita tour à tour l'institut d'Heidelberg que dirige Helmholtz, celui de Berlin confié à Dubois-Reymond, celui de Gœttingue où travaillait autrefois Rodolph Wagner, et qui a aujourd'hui à sa tête le physiologiste Meissner. Il ne pouvait oublier les établissements du même genre situés à Leipzig et à Vienne, l'un placé sous la haute direction de Ludwig, l'autre sous celle de Brücke. — L'institut physiologique de Munich dirigé par Pettenkofer et Voit, attira son attention d'une manière spéciale; il put voir dans cet établissement un magnifique appareil destiné à étudier les produits de la respiration, vaste et belle installation où l'on peut, heure par heure, jour par jour, mesurer la combustion et faire une statique exacte des phénomènes chimiques de la vie.

L'Allemagne n'a pas seule marché dans cette voie :

Saint-Pétersbourg possède de beaux instituts physiologiques. — En Hollande, les villes d'Utrecht et d'Amsterdam ont dignement confié à Donders à Kühne (1) l'enseignement de la physiologie. — A Florence, à Turin, le même honneur a été réservé à Moritz Schiff (2), à Moleschott, etc.

Je mets sous vos yeux le plan d'un de ces laboratoires, c'est celui de Leipzig dirigé par Ludwig, qui est ici tracé dans le beau rapport de M. Wurtz : je veux que vous voyiez par cet exemple la richesse de ces installations scientifiques dont nous n'avons pas même l'idée en France. Au sous-sol se trouvent des caves, des salles pour recherches à température constante, des appareils à distillation, une machine à vapeur qui entretient partout le mouvement, l'atelier d'un mécanicien attaché au laboratoire, un magasin pour les produits chimiques, un hôpital pour les chiens. — Au premier étage sont situés les laboratoires de vivisection, ceux de physique et de chimie biologique, les chambres où l'on emploie le mercure, les salles pour les microscopes, pour les études histologiques, pour le spectroscope, etc. (3). — La bibliothèque, la salle des cours, le logement du pro-

(1) Aujourd'hui Kühne est à Heidelberg dans la chaire occupée avant lui par Helmholtz.

(2) Schiff est actuellement à Genève.

(3) Il est très important pour une bonne économie expérimentale d'avoir des pièces séparées pour les expériences qui réclament une instrumentation spéciale. On évite ainsi toutes les pertes de temps qu'exigerait une nouvelle installation et la réunion de matériaux quelquefois très difficiles à rassembler. Cette disposition, qui n'est au fond qu'une bonne administration du temps, pourrait d'ailleurs s'étendre à tous les travaux scientifiques.

fesseur, font partie du même bâtiment; joignons à cela une écurie, une volière, de nombreux aquariums, et nous aurons énuméré les parties essentielles de ce magnifique établissement élevé à la science.

Le professeur Ludwig a prononcé, à l'époque où il ouvrit son laboratoire, un discours dans lequel il insistait sur l'utilité des travaux pratiques d'expérimentation pour lesquels il est richement doté; Dubois-Reymond, Kühne, Czermack, se sont tous exprimés dans le même sens, et moi-même je ne suis ici que l'écho du mouvement physiologique qui partout se produit (1).

Le laboratoire du physiologiste est nécessairement complexe, en raison de la complexité des phénomènes qui y sont étudiés. Il est disposé naturellement pour trois ordres de travaux différents : 1° les travaux de *vivisection;* 2° les travaux *physico-chimiques;* 3° les travaux *anatomo-histologiques*. S'agit-il, par exemple, d'étudier la digestion, il faudra d'abord faire une vivisection pour établir une fistule stomacale ou pan-

(1) Depuis l'époque (1870-1871) à laquelle a été faite et publiée cette leçon, beaucoup de changements sont effectués, beaucoup de nouvelles installations physiologiques ont eu lieu. En Hongrie, on vient encore de bâtir des laboratoires qui dépassent, dit-on, tout ce qu'on avait fait jusqu'alors. A Genève on a également de splendides instituts. La France seule, qui a eu cependant l'initiative dans cette science qui sera l'honneur du XIXe siècle, reste attardée quoique des améliorations aient été introduites, elles sont encore bien insuffisantes. Nous ne voulons pas dire que la physiologie française ait décliné pour cela; elle tient toujours sa place honorable dans le monde savant. S'il est utile d'avoir de grands et beaux laboratoires, cela ne suffit pas pour faire de grandes découvertes; il faut encore fonder une saine critique physiologique, suivre une bonne méthode, avoir de bons principes. Il faut, en un mot, un bon instrument et un habile ouvrier.

créatique, etc., puis procéder à une analyse chimique des sécrétions, et enfin se rendre compte de la structure intime des glandes qui sécrètent ces sucs digestifs. Il faut, en un mot, descendre dans les profondeurs de l'organisme par une analyse de plus en plus intime, et arriver aux conditions organiques élémentaires dont la connaissance nous explique le mécanisme réel des phénomènes vitaux.

Porter l'investigation physiologique et physico-chimique dans le corps vivant jusque dans ses particules les plus ténues, jusque dans ses replis les plus cachés, tel est le problème que nous avons à résoudre. Vous voyez les difficultés expérimentales qui se dressent devant nous et vous comprenez l'importance des procédés opératoires, l'utilité de l'outillage, la nécessité du laboratoire en un mot, dans cet ordre de recherches.

La seule voie pour arriver à la vérité dans la science physiologique est la voie expérimentale; si nous ne pouvons y avancer que lentement, nous ne devons pas nous décourager malgré les obstacles et les difficultés, nous rappelant toujours ces paroles de Bacon : « Un boiteux marche plus vite dans la bonne voie qu'un habile coureur dans la mauvaise. »

Après avoir insisté sur la nécessité d'être convenablement installé pour suivre en physiologie la méthode expérimentale, nous devons terminer par une remarque générale.

Grâce aux moyens nouveaux d'étude et aux progrès mêmes de l'expérimentation, les recherches se sont infiniment multipliées depuis quelques années; aujourd'hui il importe moins d'augmenter le nombre des expériences physiologiques que de les réduire à une petite quantité d'épreuves décisives.

La science des êtres vivants a trouvé sa voie; elle est définitivement expérimentale; c'est là un progrès considérable: il s'agit de compléter la méthode, de lui donner toute la fécondité qui est en elle, de lui faire porter tous ses fruits en en réglant l'application. Cela ne peut se faire qu'en soumettant l'expérimentation à une discipline rigoureuse.

Cette nécessité sera comprise par tous ceux qui suivent dans sa marche quotidienne le développement de la physiologie. Le terrain est déjà encombré d'une multitude de recherches qui prouvent souvent plus de zèle que de véritable intelligence de la méthode expérimentale. Il est urgent que la critique s'exerce sur ces matériaux incohérents et les ramène aux conditions d'exactitude que comportent les expériences physiologiques.

Les études des phénomènes de la vie sont soumises à de grandes difficultés. Il faut que le physiologiste puisse apprécier toutes les conditions d'une expérience afin de savoir s'il les réalise toutes et de discerner celles qui ont varié d'une expérience à l'autre.

Lorsque les conditions expérimentales sont identiques, en physiologie, comme en physique ou en chimie, le résultat est univoque: si le résultat est différent, c'est que quelque condition a changé. Ce n'est donc point l'exactitude qui est moindre dans les phénomènes de la vie comparés aux phénomènes des corps bruts; ce sont les conditions expérimentales qui sont plus nombreuses, plus délicates, plus difficiles à connaître ou à maintenir. Ce n'est pas la vie ou l'influence de quelque agent capricieux qui intervient : c'est la complexité seule des phénomènes qui les rend plus difficiles à saisir et à préciser.

Les principes de l'expérimentation appliquée aux êtres vivants ne pourront être dévoilés que par de longues études et un travail opiniâtre. Pour aborder les difficultés de la critique expérimentale et arriver à connaître toutes les conditions d'un phénomène physiologique, il faut avoir tâtonné longtemps, avoir été trompé mille et mille fois, avoir, en un mot, vieilli dans la pratique expérimentale.

LEÇONS

SUR LES

PHÉNOMÈNES DE LA VIE

DANS LES ANIMAUX ET DANS LES VÉGÉTAUX

PREMIÈRE LEÇON

Sommaire : I. Définitions dans les sciences ; Pascal. Les définitions de la vie : Aristote, Kant, Lordat, Ehrard, Richerand, Tréviranus, Herbert Spencer, Bichat. La *vie* et la *mort* sont deux états qu'on ne comprend que par leur opposition. — Définition de l'*Encyclopédie*. — On peut caractériser la vie, mais non la définir. — Caractères généraux de la vie : organisation, génération, nutrition, évolution, caducité, maladie, mort. — Essais de définitions tirées de ces caractères. — Dugès, Béclard, Dezeimeris, Lamarck, Rostan, de Blainville, Cuvier, Flourens, Tiedemann. — Le caractère essentiel de la vie est la *création organique*.

II. Hypothèses sur la vie : hypothèses spiritualistes et matérialistes ; Pythagore, Platon, Aristote, Hippocrate, Paracelse, Van Helmont, Stahl ; Démocrite, Épicure ; Descartes, Leibnitz. — École de Montpellier. — Bichat, etc. — Nous repoussons également hors de la physiologie les hypothèses matérialistes et spiritualistes, parce qu'elles sont insuffisantes et étrangères à la science expérimentale. — L'observation et l'expérience nous apprennent que les manifestations de la vie ne sont l'œuvre ni de la matière ni d'une force indépendante ; qu'elles résultent du conflit nécessaire entre des conditions organiques préétablies et des conditions physico-chimiques déterminées. — Nous ne pouvons saisir et connaître que les conditions matérielles de ce conflit, c'est-à-dire le *déterminisme* des manifestations vitales. — Le déterminisme physiologique contient le problème de la science de la vie ; il nous permettra de maîtriser les phénomènes de la vie, comme nous maîtrisons les phénomènes des corps bruts dont les conditions nous sont connues.

III. Du déterminisme en physiologie. — Il est absolu en physiologie comme dans toutes les sciences expérimentales. — On a voulu à tort exclure le déterminisme de la vie. — Distinction du déterminisme philosophique et du déterminisme physiologique. — Réponses aux objections philosophiques ; le déterminisme physiologique est une condition indispensable de la liberté morale au lieu d'en être la négation. — Séparation nécessaire des questions physiologiques et des questions philosophiques ou théologiques. — Il n'y a pas de conciliation possible entre ces divers problèmes ; ils dérivent de besoins différents de l'esprit et se résolvent par des méthodes opposées. — Les uns et les autres ne peuvent rien gagner à être rapprochés.

I. La physiologie étant la science des phénomènes de la vie, on a pensé que cette définition en impliquait une autre, celle de la vie elle-même. C'est pourquoi l'on trouve dans les ouvrages des physiologistes de tous les temps un grand nombre de définitions de la vie.

Devons-nous les imiter et croirons-nous nécessaire de débuter dans nos études par une entreprise de ce genre? Oui, nous commencerons comme eux, mais dans le but bien différent de prouver que la tentative est chimérique, étrangère et inutile à la science.

Pascal, dans ses réflexions sur la géométrie, parlant de la méthode scientifique par excellence, dit qu'elle exigerait de n'employer aucun terme dont on n'eût préalablement expliqué nettement le sens : elle consisterait à tout définir et à tout prouver.

Mais il fait immédiatement remarquer que cela est impossible. Les vraies définitions ne sont en réalité, dit-il, que des *définitions de noms*, c'est-à-dire l'imposition d'un nom à des objets créés par l'esprit dans le but d'abréger le discours.

Il n'y a pas de définition de choses que l'esprit n'a pas créées, et qu'il n'enferme pas tout entières ; il n'y a pas, en un mot, de définition des *choses naturelles*. Lorsque Platon, dit Pascal, définit l'*homme :* « un animal à deux jambes, sans plumes », loin de nous en donner une connaissance plus claire qu'auparavant, il nous en fournit une idée inutile et même ridicule, puisque, ajoute-t-il, « un homme ne perd pas l'humanité en perdant les deux jambes, et un chapon ne l'acquiert pas en perdant ses plumes.

La géométrie peut définir les objets de son étude, parce qu'ils sont une pure création de l'entendement : la définition est alors une convention que l'esprit est libre d'établir. Quand on définit le *nombre pair*, « un nombre divisible par deux, » on donne une définition géométrique selon Pascal, parce qu'on emploie un nom que l'on destitue de tout autre sens, s'il en a, pour lui donner celui de la chose désignée.

On procède de même en philosophie, parce que l'on y traite surtout des conceptions de l'intelligence; et encore là y a-t-il des termes primitifs que l'on ne peut définir.

La même chose arrive d'ailleurs en géométrie, où les notions primitives d'*espace*, de *temps*, de *mouvement* et autres semblables, ne sont pas définies. On les emploie sans confusion dans le discours, parce que les hommes en ont une intelligence suffisante et une idée assez claire pour ne pas se tromper sur la chose désignée, si obscure que puisse être l'idée de cette chose considérée dans son essence. Cela vient, dit encore Pascal, de ce que la nature a donné à tous les hommes les mêmes idées primitives sur ces choses primitives. C'est ce que rappelait spirituellement le célèbre mathématicien Poinsot : « Si » quelqu'un me demandait de définir le *temps*, je lui » répondrais : « Savez-vous de quoi vous parlez? » S'il

» me disait : « Oui. — Eh bien, parlons-en. » S'il me » disait : « Non. — Eh bien, parlons d'autre chose. »

Quand on veut définir ces notions primitives, on ne peut jamais les éclairer par rien de plus simple; on est toujours obligé d'introduire dans la définition le mot même à définir. Le temps est une *succession.....*, disait Laplace. Mais qu'est-ce qu'une succession, si l'on n'a déjà l'idée de temps? Ces définitions ne rappellent-elles pas celle dont se moquait Pascal : « La » lumière est un mouvement luminaire des corps » lumineux? »

On ne saurait rien définir dans les sciences de la nature; toute tentative de définition ne traduit qu'une simple hypothèse. On ne connaît les objets que successivement, sous des points de vue différents et divers; ce n'est pas au commencement de ces sciences que l'on en possède une connaissance intégrale et complète, telle qu'une définition la suppose; c'est à la fin, et comme terme idéal et inaccessible de l'étude.

La méthode qui consiste à définir et à tout déduire d'une définition peut convenir aux sciences de l'esprit, mais elle est contraire à l'esprit même des sciences expérimentales.

C'est pourquoi il n'y a pas à définir la vie en physiologie. Lorsque l'on parle de la vie, on se comprend à ce sujet sans difficulté, et c'est assez pour justifier l'emploi du terme d'une manière exempte d'équivoques.

Il suffit que l'on s'entende sur le mot *vie*, pour l'employer; mais il faut surtout que nous sachions qu'il est illusoire et chimérique, contraire à l'esprit même de la science, d'en chercher une définition absolue. Nous devons nous préoccuper seulement d'en fixer les caractères en les rangeant dans leur ordre naturel de subordination.

Il importe aujourd'hui de nettement dégager la physiologie générale des illusions qui l'ont pendant longtemps agitée. Elle est une science expérimentale et n'a pas à donner des définitions *a priori*.

Si, après ces préliminaires, nous rappelons néanmoins les principaux essais de définition de la vie donnés à diverses époques, ce sera pour en montrer l'insuffisance ou l'erreur. Cette étude aura d'ailleurs pour nous un autre intérêt; elle nous aidera à chercher, par l'analyse de tous ces efforts de l'esprit, la meilleure conception que nous puissions avoir aujourd'hui des phénomènes de la vie.

Aristote dit : « La vie est la nutrition, l'accroisse-
» ment et le dépérissement, ayant pour cause un prin-
» cipe qui a sa fin en soi, l'entéléchie. » Or, c'est ce principe qu'il faudrait saisir et connaître.

Burdach rappelle que pour la *philosophie de l'absolu*, « la vie est l'âme du monde, l'équation de l'univers. » Il dit encore que « dans la vie la matière n'est que l'accident, tandis que l'activité est sa substance. » Nous ne nous arrêterons pas à des considérations si transcendentales qui n'ont rien de tangible pour le physiologiste.

Kant a défini la vie « un principe intérieur d'action ». Dans son Appendice sur la téléologie, ou science des causes finales, il dit: « *L'organisme est un tout résultant d'une intelligence calculatrice qui réside dans son intérieur.* »

Cette définition, qui rappelle celle d'Hippocrate, a été acceptée, sous une forme plus ou moins modifiée, par un grand nombre de physiologistes. Mais la raison qui l'a fait adopter n'est précisément au fond, ainsi que nous le verrons plus loin, que spécieuse ou apparente. Le principe d'action des corps vivants n'est pas intérieur : on ne saurait le séparer, l'isoler des conditions atmosphériques ou cosmiques extérieures, et il n'y a aucun phénomène que l'on puisse lui attribuer exclusivement. La spontanéité des manifestations vitales n'est qu'une fausse apparence bientôt démentie par l'étude des faits. Il y a constamment des agents extérieurs, des stimulants étrangers qui viennent provoquer la manifestation des propriétés d'une matière toujours également inerte par elle-même. Chez les êtres supérieurs, ces stimulants résident à la vérité dans ce que nous appelons un *milieu intérieur;* mais ce milieu, quoique profondément situé, est encore extérieur à la partie élémentaire organisée, qui est la seule partie réellement vivante.

Lordat admet un principe vital quand il dit : « La
» vie est l'alliance temporaire du sens intime et de
» l'agrégat matériel, cimentée par une ἐνορμὸν ou cause
» de mouvement qui nous est inconnue. »

Tréviranus a eu en vue, comme Kant, l'indépendance apparente des manifestations vitales d'avec les conditions extérieures : « La vie est, pour lui, l'unifor-
» mité constante des phénomènes sous la diversité des
» influences extérieures. »

Müller paraît admettre une sorte de principe vital.

Il y a, selon lui, deux choses dans le germe, la matière du germe, plus le principe vital.

Ehrard considère la vie comme un principe moteur : » la faculté du mouvement destinée au service de ce » qui est mû. »

Richerand reconnaît implicitement l'existence d'un principe vital comme cause d'une succession limitée de phénomènes dans les êtres vivants : « La vie, dit-il, est » une collection de phénomènes qui se succèdent pen- » dant un temps limité dans les corps organisés. »

Herbert Spencer a proposé plus récemment une définition de la vie, que j'ai citée déjà (1) d'une manière qui a provoqué les réclamations du philosophe anglais. A la page 709 de la traduction française de ses *Principes de psychologie*, nous avons lu cette phrase :

« Donc, sous sa forme dernière, nous énoncerons » comme étant notre définition de la vie, *la combinaison* » *définie de changements hétérogènes à la fois simultanés* » *et successifs*. »

Cette définition que j'avais reproduite intégralement doit être complétée, à ce qu'il paraît, par l'addition de ces mots : *en correspondance avec des coexistences et des séquences externes*.

D'après le traducteur d'Herbert Spencer, M. Cazelles, qui a exprimé cette critique (2), la pensée du philosophe serait défigurée sans l'adjonction du second membre de phrase. La définition est ainsi faite en plu-

(1) Cl. Bernard, *Revue des Deux Mondes*, tome IX, 1875, et *La science expérimentale*, 2e édition. Paris, 1878.

(2) *Revue scientifique*, n° 33, février 1876.

sieurs temps, par degrés successifs, et cette façon de procéder, qui n'est pas habituelle, est bien capable d'égarer le lecteur.

En résumé, ajoute le traducteur, le trait essentiel par lequel M. Herbert Spencer veut définir la vie, c'est *l'accommodation continue des relations internes aux relations externes.*

Bichat nous propose une idée plus physiologique et plus saisissable. Sa définition de la vie a eu un grand retentissement : « *La vie est l'ensemble des fonctions » qui résistent à la mort.* »

La définition de Bichat comprend deux termes qui s'opposent l'un à l'autre : la *vie*, la *mort*. Il est impossible, en effet, de séparer ces deux idées ; ce qui est vivant mourra, ce qui est mort a vécu.

Mais Bichat a voulu être plus clair : il est descendu plus avant dans le problème et il y a rencontré l'erreur. Il a fait en quelque sorte de la vie et de la mort deux êtres, deux principes continuellement présents et luttant dans l'organisme. Il a beau répudier le *principe vital* en tant que principe unique : il nous en donne l'équivalent dans ses propriétés vitales. Ces principes vitaux subalternes, ces propriétés vitales, sont les agents de la vie ; au contraire, les propriétés physiques qui les combattent sont pour ainsi dire les agents de la mort.

Tous les contemporains de Bichat ont partagé sa façon de voir et paraphrasé sa formule. Un chirurgien de l'École de Paris, Pelletan, enseigne que la vie est la résistance opposée par la matière organisée aux causes qui tendent sans cesse à la détruire. Cuvier lui-même développe, dans un passage souvent cité, cette pensée que la vie est une force qui résiste aux lois qui régissent la matière brute : la mort est la défaite de ce principe de résistance, et le cadavre n'est autre chose que le corps vivant retombé sous l'empire des forces physiques.

Ainsi, non seulement les propriétés physiques, suivant Bichat, sont étrangères aux manifestations vitales et doivent être négligées dans l'étude, mais il y a plus, elles leur sont opposées.

Ces idées d'antagonisme entre les forces extérieures générales et les forces intérieures ou vitales avaient déjà été exprimées par Stahl dans un langage obscur et presque barbare : exposées par Bichat avec une lumineuse netteté, elles séduisirent et entraînèrent tous les esprits.

La science, il faut le dire, a condamné cette définition, d'après laquelle il y aurait deux espèces de propriétés dans les corps vivants : les propriétés physiques et les propriétés vitales, constamment en lutte et tendant à prédominer les unes sur les autres. En effet, il résulterait logiquement de cet antagonisme, que plus les propriétés vitales ont d'empire dans un organisme, plus les propriétés physico-chimiques y devraient être atténuées, et réciproquement que les propriétés vitales devraient se montrer d'autant plus affaiblies que les propriétés physiques acquerraient plus de puissance. Or, c'est l'inverse qui est vrai : les découvertes de la physique et de la chimie biologique ont établi, au lieu de cet antagonisme, un accord intime, une harmonie parfaite entre l'activité vitale et l'intensité des phénomènes physico-chimiques.

En somme, la conception de Bichat renferme deux idées : la première établissant une relation nécessaire entre la vie et la mort ; la seconde admettant une opposition entre les phénomènes vitaux et les phénomènes physico-chimiques.

La dernière partie est une erreur.

Quant à la première, elle avait été exprimée déjà plus simplement sous une forme qui en fait presque une naïveté dans la définition de l'*Encyclopédie :* « La » vie est le contraire de la mort. »

C'est qu'en effet nous ne distinguons la vie que par la mort et inversement. En comparant le corps vivant au même corps à l'état de cadavre, nous apercevons qu'il a disparu quelque chose que nous appelons la vie.

Les citations que nous avons faites précédemment nous montrent une grande variété apparente dans les définitions de la vie ; elles présentent toutes cependant un fond commun qui constitue précisément leur défaut. Presque tous les auteurs ont admis implicitement ou explicitement que les manifestations de la vie ont pour cause un *principe* qui leur donne naissance et les dirige. Or, admettre que la vie dérive d'un principe vital, c'est définir la vie par la vie ; c'est introduire le défini dans la définition.

Il est vrai que d'autres physiologistes ont admis, sans en donner de meilleures définitions, que la vie, au lieu d'être un principe recteur immatériel, n'est qu'*une résultante* de l'activité de la matière organisée.

C'est ainsi que pour Béclard, « la vie est l'organi- » sation en action. »

Pour Dugès, « la vie est l'activité spéciale des êtres » organisés. »

Pour Dezeimeris, « la vie est la manière d'être des » corps organisés. »

Pour Lamarck, « la vie est un état de choses qui » permet le mouvement organique sous l'influence des » excitants. »

Cet *état de choses*, c'est évidemment l'organisation, avec la condition de la sensibilité.

Rostan, qui avait placé dans l'organisation la caractéristique de la vie et formulé *l'organicisme*, s'exprime dans les termes suivants :

« Le créateur ne communique pas une force qu'il » ajoute à l'être organisé, ayant mis dans cet être avec » l'organisation la disposition moléculaire apte à la dé- » velopper. C'est l'horloger qui a construit l'horloge, » et en la montant lui a donné le pouvoir de parcourir » les phases successives, de marquer les heures, les » minutes, les secondes, les époques de la lune, les » mois de l'année, tout cela pendant un temps plus ou » moins long; mais ce pouvoir n'est autre que *celui* » *qui résulte de sa structure;* ce n'est pas une propriété » à part, une qualité surajoutée; c'est la machine » montée. »

La vie, c'est la *machine montée :* les propriétés dérivent de la structure des organes. Tel est *l'organicisme.*

Toutefois cette conception a quelque chose de vague : la structure n'est pas une propriété physico-chimique, ni une force qui puisse être la cause de rien par elle-même, car elle supposerait une cause à son tour.

En définitive, toutes les vues *a priori* sur la vie, soit qu'on la considère comme un *principe* ou comme un *résultat*, n'ont fourni que des définitions insuffisantes, et cela devait être, puisque les phénomènes de la vie ne peuvent être connus qu'*a posteriori*, comme tous les phénomènes de la nature.

La méthode *a priori* est ainsi frappée de stérilité, et ce serait temps perdu que de continuer à chercher le progrès de la science physiologique dans cette voie.

Renonçant donc à définir l'indéfinissable, nous essayerons simplement de caractériser les êtres vivants par rapport aux corps bruts. Cette façon de comprendre le problème nous conduira à des formules qui exprimeront des faits, et non plus seulement des idées ou des hypothèses.

Ce n'est pas que nous rejetions les hypothèses de la science ; elles n'en sont dans tous les cas que les échafaudages ; la science se constitue par les faits ; mais elle marche et s'édifie à l'aide des hypothèses.

Examinons maintenant quels sont les caractères généraux des êtres vivants. On peut les ramener à cinq, savoir :

L'organisation ;
La génération ;
La nutrition ;
L'évolution ;
La caducité, la maladie, la mort.

A. L'*organisation* résulte d'un mélange de substances complexes réagissant les unes sur les autres. C'est pour nous, l'arrangement qui donne naissance aux propriétés immanentes de la matière vivante, arrangement qui est spécial et très complexe, mais qui n'en obéit pas moins aux lois chimiques générales du groupement de la matière. Les propriétés vitales ne sont en réalité que les propriétés physico-chimiques de la matière organisée.

B. La faculté de se reproduire ou la *génération*, c'est-à-dire l'acte par lequel les êtres proviennent les uns des autres, les caractérise d'une manière à peu près absolue. Tout être vient de parents, et à un certain moment il est capable d'être parent à son tour, c'est-à-dire de donner origine à d'autres êtres.

C. L'*évolution* est peut-être le trait le plus remarquable des êtres vivants et par conséquent de la vie. L'être vivant apparaît, s'accroît, décline et meurt. Il est en voie de changement continuel : il est sujet à la mort. Il sort d'un germe, d'un œuf ou d'une graine, acquiert par des différenciations successives un certain degré de développement ; il forme des organes, les uns passagers et transitoires, les autres ayant la même durée que lui-même, puis il se détruit.

L'être brut, minéral, est immuable et incorruptible tant que les conditions extérieures ne changent point.

Ce caractère d'évolution déterminée, de commencement et de fin, de marche continuelle dans une direction dont le terme est fixé, appartient en propre aux êtres vivants.

A la vérité, les astronomes acceptent aujourd'hui

l'idée d'une mobilité et d'une évolution continuelle du monde sidéral. Mais il y a dans cette évolution possible des corps sidéraux, comparée à l'évolution rapide des corps vivants, une différence de degré qui, au point de vue pratique, suffit à les distinguer. Relativement à nous, le monde, les astres, n'offrent que des changements insensibles ; les êtres vivants, au contraire, une évolution saisissable.

La *mort* est également une nécessité à laquelle est fatalement soumis l'individu vivant, qui fait retour par là au monde minéral. Il est sujet, en outre, à la *maladie*, et capable de rétablissement. Les philosophes médecins et naturalistes ont été frappés vivement de cette tendance de l'être organisé à se rétablir dans sa forme, à réparer ses mutilations, à cicatriser ses blessures, et à prouver ainsi son unité, son individualité morphologique.

Cette tendance à réaliser et à réparer une sorte de plan architectural individuel ferait de l'être organisé, suivant certains physiologistes, un tout harmonique, une sorte de petit monde dans le grand ; ce serait là un caractère exclusif aux corps doués de vie. « Les corps » inorganiques, dit Tiedemann, n'offrent absolument » aucun phénomène que l'on puisse considérer comme » effet de la régénération ou de la guérison. Nul cristal » ne reproduit les parties qu'il a perdues, nul ne ré» pare les solutions survenues dans sa continuité, nul » ne revient lui-même à son état d'intégrité. »

Cela n'est pas exact ; les cristaux, comme les êtres vivants, ont leurs formes, leur plan particulier, et lorsque les actions perturbatrices du milieu ambiant les en écartent, ils sont capables de les rétablir par une véritable *cicatrisation* ou *rédintégration* cristalline. M. Pasteur a vu « que lorsqu'un cristal a été brisé sur l'une « quelconque de ses parties et qu'on le replace dans son » eau mère, on voit, en même temps que le cristal » s'agrandit dans tous les sens par un dépôt de particules » cristallines, un travail très actif avoir lieu sur la par- » tie brisée ou déformée; et en quelques heures il a » satisfait, non seulement à la régularité du travail » général sur toutes les parties du cristal, mais au réta- » blissement de la régularité dans la partie mutilée... » De sorte que la force physique qui range les particules cristallines suivant les lois d'une savante géométrie a des résultats analogues à celle qui range la substance organisée sous la forme d'un animal ou d'une plante. Ce caractère n'est donc pas aussi absolu que le croyait Tiedemann ; toutefois, il a, tout au moins, un degré d'intensité et d'énergie qui spécialise l'être vivant. D'autre part, comme nous l'avons dit, il n'y a pas dans le cristal l'évolution qui caractérise l'animal ou la plante.

D. Enfin, la *nutrition* a été considérée comme le trait distinctif, essentiel, de l'être vivant ; comme la plus constante et la plus universelle de ses manifestations, celle par conséquent qui doit et peut suffire par elle seule à caractériser la vie.

La nutrition est la continuelle mutation des particules qui constituent l'être vivant. L'édifice organique est le siège d'un perpétuel mouvement nutritif qui ne laisse de repos à aucune partie ; chacune, sans cesse ni trêve, s'alimente dans le milieu qui l'entoure et y rejette ses déchets et ses produits. Cette rénovation moléculaire est insaisissable pour le regard ; mais, comme nous en voyons le début et la fin, l'entrée et la sortie des substances, nous en concevons les phases intermédiaires, et nous nous représentons un courant de matière qui traverse incessamment l'organisme et le renouvelle dans sa substance en le maintenant dans sa forme.

L'universalité d'un tel phénomène chez la plante et chez l'animal et dans toutes leurs parties, sa constance, qui ne souffre pas d'arrêt, en font un signe général de la vie, que quelques physiologistes ont employé à sa définition.

C'est ainsi que de Blainville a dit :

« *La vie est un double mouvement interne de composi-*
» *tion et de décomposition à la fois général et continu.* »

Cuvier s'exprime de la même manière :

« L'être vivant, dit-il, est un tourbillon à direction
» constante, dans lequel la matière est moins essen-
» tielle que la forme. »

Flourens a paraphrasé cette idée du *tourbillon vital* ou du circulus matériel, en disant :

« La vie est une forme servie par la matière. »

Enfin, Tiedemann, en admettant également le double mouvement de composition et de décomposition des êtres vivants, le rattache à un principe vital qui le gouverne.

« *Les corps vivants*, dit-il, *ont en eux leur principe*
» *d'action qui les empêche de tomber jamais en indiffé-*

» *rence chimique.* » La définition tirée de ce caractère mérite de nous arrêter un instant.

Nous avons déjà dit que les manifestations de la vie ne pouvaient être considérées comme régies directement par un principe vital intérieur. L'activité des animaux et des plantes est certainement sous la dépendance des conditions extérieures. Cela est bien visible chez les végétaux et chez les animaux à sang froid, qui s'engourdissent dans l'hiver et se réveillent pendant les chaleurs de l'été. Nous verrons plus tard que si l'homme et les animaux à sang chaud paraissent libres dans leurs actes et indépendants des variations du milieu cosmique, cela tient à ce qu'il existe chez eux un mécanisme complexe qui entretient autour des particules vivantes, fibres et cellules, un milieu en réalité invariable, le sang, toujours également chaud et semblablement constitué. Ils sont indépendants du milieu extérieur parce que, grâce à cet artifice, le milieu intérieur ne change pas autour de leurs éléments actifs et vivants. En réalité il y a toujours, chez l'être vivant, des agents extérieurs, des stimulants étrangers, extra cellulaires, qui viennent provoquer la manifestation des propriétés d'une matière toujours également inactive et inerte par elle-même.

Si un principe intérieur existait et était indépendant, pourquoi la vie serait-elle plus énergique l'été que l'hiver chez certains êtres vivants, plus vigoureuse en présence de l'oxygène qu'en son absence, plus active en présence de l'eau qu'après dessiccation?

Il n'est pas exact de dire, d'un autre côté, que les corps vivants sont incapables de tomber en état d'indifférence chimique. A la vérité, quel que soit dans les circonstances ordinaires l'engourdissement dans lequel soit plongé le végétal ou l'animal à sang froid, la vie n'a pas cessé en lui, l'organisme n'est pas tombé dans l'inertie absolue, dans l'état réel d'indifférence chimique. Mais nous prouverons que ce cas est réalisé dans l'être en état de *vie latente*. Voici une graine ; elle est inerte comme un corps minéral. Dans certaines conditions, sa constitution reste invariable et elle restera ainsi pendant des mois, des siècles. Vit-elle ? Non, d'après la définition de Tiedemann, puisque cette graine est en complète indifférence chimique. Et cependant, qu'on lui fournisse les conditions extérieures de la germination, la chaleur, l'humidité, l'air, et elle va germer et développer une plante nouvelle. Nous vous montrerons qu'il en est de même des animaux ressuscitants ou reviviscents, des rotifères et des anguillules, qui peuvent revivre après avoir été plongés, pendant un temps théoriquement indéfini, dans la plus complète inertie.

Que conclure de là, sinon que les phénomènes vitaux ne sont point les manifestations de l'activité d'un principe vital intérieur, libre et indépendant ? On ne peut saisir ce principe intérieur, l'isoler, agir sur lui. On voit au contraire les actes vitaux avoir constamment pour condition des circonstances physico-chimiques externes, parfaitement déterminées et capables ou d'empêcher ou de permettre leur apparition.

En résumé le tourbillon vital n'est pas la manifestation unique d'un *quid intus*, ni le seul effet de conditions physico-chimiques extérieures. La vie ne saurait en conséquence être caractérisée exclusivement par une conception vitaliste ou matérialiste. Les tentatives qu'on a faites à ce sujet de tout temps sont illusoires et n'ont pu aboutir qu'à l'erreur.

Devons-nous rester sur cette négation ?

Non. Une critique négative n'est pas une conclusion. Il faut nous former à notre tour une idée, chercher un caractère, dont la valeur, bien qu'elle ne soit pas absolue, soit capable de nous éclairer dans notre route sans jamais nous tromper.

Les caractères que nous avons précédemment rappelés correspondent à des réalités ; ils sont bons, utiles à connaître. Je dirai de mon côté la conception à laquelle m'a conduit mon expérience.

Je considère qu'il y a nécessairement dans l'être vivant deux ordres de phénomènes :

1° Les phénomènes de *création vitale* ou de *synthèse organisatrice ;*

2° Les phénomènes de mort ou de *destruction organique.*

Il est nécessaire de nous expliquer en quelques mots sur la signification que nous donnons à ces expressions *création* et *destruction* organiques.

Si, au point de vue de la matière inorganique, on admet avec raison que rien ne se perd et que rien ne se crée ; au point de vue de l'organisme, il n'en est pas de même. Chez un être vivant, tout se crée morphologiquement, s'organise et tout meurt, se détruit. Dans l'œuf en développement, les muscles, les os, les nerfs apparaissent et prennent leur place en répétant une forme antérieure d'où l'œuf est sorti. La matière ambiante s'assimile aux tissus, soit comme principe nutritif, soit comme élément essentiel. L'organe est créé, il l'est au point de vue de sa structure, de sa forme, des propriétés qu'il manifeste.

D'autre part, les organes se détruisent, se désorganisent à chaque moment et par leur jeu même ; cette désorganisation constitue la seconde phase du grand acte vital.

Le premier de ces deux ordres de phénomènes est seul sans analogues directs ; il est particulier, spécial à l'être vivant : cette synthèse évolutive est ce qu'il y a de véritablement vital. — Je rappellerai à ce sujet la formule que j'ai exprimée dès longtemps : « La *vie, c'est la création* » (1).

Le second, au contraire, la destruction vitale, est d'ordre physico-chimique, le plus souvent le résultat d'une combustion, d'une fermentation, d'une putréfaction, d'une action, en un mot, comparable à un grand nombre de faits chimiques de décomposition ou de dédoublement. Ce sont les véritables phénomènes de *mort* quand ils s'appliquent à l'être organisé.

Et, chose digne de remarque, nous sommes ici victimes d'une illusion habituelle, et quand nous voulons désigner les phénomènes de la *vie*, nous indiquons en réalité des phénomènes de *mort*.

Nous ne sommes pas frappés par les phénomènes de la vie. La synthèse organisatrice reste intérieure, silen-

(1) Voyez *Introduction à l'étude de la médecine expérimentale*, p. 161, 1865.

cieuse, cachée dans son expression phénoménale, rassemblant sans bruit les matériaux qui seront dépensés. Nous ne voyons point directement ces phénomènes d'organisation. Seul l'histologiste, l'embryogéniste, en suivant le développement de l'élément ou de l'être vivant, saisit des changements, des phases qui lui révèlent ce travail sourd : c'est ici un dépôt de matière, là une formation d'enveloppe ou de noyau, là une division ou une multiplication, une rénovation.

Au contraire, les phénomènes de destruction ou de mort vitale sont ceux qui nous sautent aux yeux et par lesquels nous sommes amenés à caractériser la vie. Les signes en sont évidents, éclatants : quand le mouvement se produit, qu'un muscle se contracte, quand la volonté et la sensibilité se manifestent, quand la pensée s'exerce, quand la glande sécrète, la substance du muscle, des nerfs, du cerveau, du tissu glandulaire se désorganise, se détruit et se consume. De sorte que toute manifestation d'un phénomène dans l'être vivant est nécessairement liée à une destruction organique ; et c'est ce que j'ai voulu exprimer lorsque, sous une forme paradoxale, j'ai dit ailleurs : *la vie c'est la mort* (1).

L'existence de tous les êtres, animaux ou végétaux, se maintient par ces deux ordres d'actes nécessaires et inséparables : l'*organisation* et la *désorganisation*. Notre science devra tendre, comme but pratique, à fixer les conditions et les circonstances de ces deux ordres de phénomènes.

(1) *Revue des Deux Mondes*, t. IX, 1875, et *la Science expérimentale* 2me édition. Paris, 1878.

Cette division des manifestations vitales que nous avons adoptée est, selon nous, l'expression même de la réalité ; c'est le résultat de l'observation des phénomènes. A cet avantage d'être une vérité de fait, elle joint celui non moins appréciable d'être utile à l'intelligence des phénomènes, d'être profitable à l'étude, de projeter une vive clarté dans l'appréciation des modalités de la vie. C'est ce que nous nous efforcerons de démontrer dans la suite de notre cours ; ce sera là notre programme.

Nous sommes ainsi arrivé, croyons-nous, aux deux faits généraux les plus caractéristiques des êtres vivants ; mais cela ne suffit pas, l'esprit a besoin de sortir du fait : il se sent entraîné au delà, et il édifie des hypothèses auxquelles il demande l'explication des choses et le moyen de les pénétrer plus profondément.

C'est pourquoi, à côté de l'observation des phénomènes, il y a toujours eu des hypothèses, des vues exprimées à propos de la vie par les philosophes, les naturalistes et les médecins depuis la plus haute antiquité jusqu'à notre époque. Ce sont ces hypothèses que nous allons maintenant examiner.

II. Toutes les interprétations si variées dans leur forme et toutes les hypothèses qui ont été fournies sur la vie aux différentes époques peuvent rentrer dans deux types ; elles se sont présentées sous deux formes, se sont inspirées de deux tendances : la forme ou la tendance *spiritualiste*, *animiste* ou *vitaliste*, la forme ou la tendance *mécanique* ou *matérialiste*. En un mot, la vie a été considérée dans tous les temps à deux points de vue différents : ou comme l'expression d'une *force spéciale*, ou comme le résultat *des forces générales* de la nature.

Nous devons nous hâter de déclarer que la science ne donne raison ni à l'un ni à l'autre de ces systèmes, et en tant que physiologiste nous devrons rejeter à la fois les hypothèses vitalistes et les hypothèses matérialistes.

Les spiritualistes animistes ou vitalistes ne considèrent dans les phénomènes de la vie que l'action d'un principe supérieur et immatériel se manifestant dans la matière inerte et obéissante; ils ne voient que l'intervention d'une force extraphysique, spéciale, indépendante : *mens agitat molem*. Telle est la pensée de Pythagore, Platon, Aristote, Hippocrate, acceptée par les savants mystiques du moyen âge, Paracelse, Van Helmont; soutenue par les scolastiques et formulée dans son expression la plus outrée, de *l'animisme*, par Stahl.

D'autre part, l'école *matérialiste* de Démocrite et d'Épicure rapporte tout à la matière, qui par ses lois générales constitue à la fois les corps inorganiques et les corps vivants, sans l'intervention actuelle et toujours présente d'une force active, d'une intelligence motrice. L'être vivant, dans le grand ensemble de l'univers, va de soi-même par la structure, l'arrangement et l'activité même de la matière universelle.

Il est remarquable d'autre part que des philosophes très convaincus, en tant que philosophes, de la spiritualité de l'âme, aient été en tant que physiologistes profondément matérialistes. C'est ainsi que Descartes et Leibnitz attribuent nettement au jeu des forces physiques toutes les manifestations saisissables de l'activité vitale. La raison de cette apparente contradiction réside dans la séparation presque absolue qu'ils établirent entre l'âme et le corps, entre la métaphysique et la physique : l'âme est, pour Descartes, le principe supérieur qui se manifeste par la pensée; la vie n'est qu'un effet supérieur des lois de la mécanique. Il considère le corps comme une machine faite pour elle-même, que l'âme ne peut atteindre ni troubler dans son fonctionnement, mais qu'elle peut seulement contempler en simple spectatrice. Ce qui agit réellement, ce sont des rouages mécaniques, des ressorts, des leviers, des canaux, des filtres, des cribles, des pressoirs, etc.

De même, au point de vue physiologique, Leibnitz se montre matérialiste. Comme Descartes, il sépare l'âme du corps, et quoiqu'il admette entre eux une concordance préétablie, il leur refuse toute espèce d'action réciproque. « Le corps, dit-il, se développe mécaniquement, et les lois mécaniques ne sont jamais violées » dans les mouvements naturels; tout se fait dans les » âmes comme s'il n'y avait pas de corps, et tout se fait » dans le corps comme s'il n'y avait pas d'âme. »

En recourant ainsi alternativement aux deux hypothèses spiritualiste et matérialiste, Descartes et Leibnitz ont en quelque sorte implicitement reconnu l'insuffisance de l'une et de l'autre pour expliquer les phénomènes de la vie.

Ces doctrines spiritualistes et matérialistes peuvent être agitées en philosophie : elles n'ont pas de place en physiologie expérimentale; elles n'ont aucun rôle utile à y remplir, parce que le critérium unique dérive de l'expérience. Les partisans de l'une et de l'autre de ces doctrines ont pu également faire des découvertes utiles; toutefois ce n'est pas en leur nom que les plus grands progrès se sont présentés dans la science. Personne ne sait ou ne s'occupe de savoir si Harvey, si Haller étaient spiritualistes ou matérialistes; on sait seulement qu'ils étaient de grands physiologistes, et leurs observations ou leurs expériences seules sont parvenues jusqu'à nous.

Aujourd'hui la physiologie devient une science exacte; elle doit se dégager des idées philosophiques et théologiques qui pendant longtemps s'y sont trouvées mêlées. On n'a pas plus à demander à un physiologiste s'il est spiritualiste ou matérialiste qu'à un mathématicien, à un physicien ou à un chimiste. Nous ne voulons pas, nous le répétons, nier pour cela l'importance de ces grands problèmes qui tourmentent l'esprit humain, mais nous voulons les séparer de la physiologie, les distinguer, parce que leur étude relève de méthodes absolument différentes. La tendance, qui semble se raviver de nos jours, à vouloir immiscer dans la physiologie les questions théologiques et philosophiques, à poursuivre leur prétendue conciliation, est à mon sens une tendance stérile et funeste, parce qu'elle mêle le sentiment et le raisonnement, confond ce que l'on reconnaît et accepte sans démonstration physique avec ce que l'on ne doit admettre qu'expérimentalement et après démonstration complète. En réalité, on ne peut être spiritualiste ou matérialiste que par sentiment; on est physiologiste par démonstration scientifique.

La philosophie et la théologie ont la liberté de traiter les questions qui leur incombent par les méthodes qui leur appartiennent, et la physiologie n'intervient ni pour les soutenir ni pour les attaquer. Elle aussi, elle a sa liberté d'action, ses problèmes particuliers et ses méthodes spéciales pour les résoudre. Ce sont donc des domaines séparés dans lesquels chaque chose doit rester en sa place ; c'est la seule manière d'éviter la confusion et d'assurer le progrès dans l'ordre physique, intellectuel, politique ou moral.

Ici nousserons seulement physiologiste et, à ce titre, nous ne pouvons nous placer ni dans le camp des vitalistes ni dans celui des matérialistes.

Nous nous séparons des vitalistes, parce que la *force vitale*, quel que soit le nom qu'on lui donne, ne saurait rien faire par elle-même, qu'elle ne peut agir qu'en empruntant le ministère des forces générales de la nature et qu'elle est incapable de se manifester en dehors d'elles.

Nous nous séparons également des matérialistes; car, bien que les manifestations vitales restent placées directement sous l'influence de conditions physico-chimiques, ces conditions ne sauraient grouper, harmoniser les phénomènes dans l'ordre et la succession qu'ils affectent spécialement dans les êtres vivants.

Nous resterons en face des phénomènes de la vie comme des hommes de science expérimentale : observateurs des faits, sans idée systématique préconçue. Nous chercherons à déterminer exactement les conditions de manifestation des phénomènes de la vie, afin de nous en rendre maîtres comme le physicien et le chimiste se rendent maîtres des phénomènes de la nature inorganique (1).

Tel est le problème de la physiologie moderne, et nous ne saurions certainement arriver à sa solution ni au moyen des doctrines spiritualistes ou vitalistes, ni à l'aide des doctrines matérialistes.

Il y a au fond des *doctrines vitalistes* une erreur irrémédiable, qui consiste à considérer comme force une personnification trompeuse de l'arrangement des choses, à donner une existence réelle et une activité matérielle, efficace à quelque chose d'immatériel qui n'est en réalité qu'une notion de l'esprit, une direction nécessairement inactive.

L'idée d'une cause qui préside à l'enchaînement des phénomènes vitaux est sans doute la première qui se présente à l'esprit, et elle paraît indéniable lorsque l'on considère l'évolution rigoureusement fixée des phénomènes si nombreux et si bien concertés par lesquels l'animal et la plante soutiennent leur existence et parcourent leur carrière. En voyant l'animal sortir de l'œuf et acquérir successivement la forme et la constitution de l'être qui l'a précédé et de celui qui le suivra ; en le voyant exécuter au même instant un

(1) Voyez à ce sujet : *Problème de la physiologie générale*. (*Revue des Deux Mondes* et *la Science expérimentale*. Paris, 1878). — *Rapport sur les progrès de la physiologie générale*. Paris, 1867.

nombre infini d'actes apparents ou cachés qui concourent, comme par un dessein calculé, à sa conservation et à son entretien, on a le sentiment qu'une cause dirige le concert de ses parties et guide dans leur voie les phénomènes isolés dont il est le théâtre.

C'est à cette cause, considérée comme force directrice, que l'on peut donner le nom d'âme physiologique ou de *force vitale*, et on peut l'accepter, à la condition de la définir et de ne lui attribuer que ce qui lui revient. C'est par une fausse interprétation qu'on a pour ainsi dire personnifié le principe vital, et qu'on en a fait comme l'ouvrier de tout le travail organique. On l'a considéré comme l'agent exécutif de tous les phénomènes, l'acteur intelligent qui modèle le corps et manie la matière inerte et obéissante de l'être animé. La raison suffisante de chaque acte de la vie était pour les vitalistes dans cette force, qui n'avait aucunement besoin du secours étranger des forces physiques et chimiques ou qui luttait même contre elles pour accomplir sa tâche.

Mais la science expérimentale contredit précisément cette vue : c'est par là qu'elle s'introduit dans le système pour en montrer la fausseté fondamentale. En effet, les recherches physiologiques nous apprennent que la force ou les forces vitales ne peuvent rien sans le concours des conditions physiques. Il y a un accord intime, une étroite liaison des phénomènes physiques et chimiques avec les phénomènes vitaux. C'est un parallélisme parfait, une union harmonique nécessaire. L'humidité, la chaleur, l'air, créent des conditions indispensables au fonctionnement de la vie. Les manifestations vitales s'exaltent ou s'atténuent, en même temps que les activités chimiques des tissus, et proportionnellement à cette action même. L'abaissement de la température entraîne un abaissement de la sensibilité, de l'intelligence, et produit un engourdissement de la vie. Par la dessiccation, certains êtres sont plongés dans un état de mort apparente qui ne cesse, ainsi que nous le verrons, que lorsque l'on vient à leur restituer l'eau et les conditions physico-chimiques qui leur sont nécessaires pour les manifestations vitales. Dans ces cas faudra-t-il dire que la chaleur exalte la force vitale, que le froid l'engourdit; que la dessiccation l'anéantit et que l'humidité la ressuscite? Mais alors ce ne serait plus elle qui commanderait à la matière de l'organisme, ce serait bien plutôt l'état matériel de l'organisme qui la gouvernerait. C'est qu'en effet la force vitale ne peut rien produire sans les conditions physico-chimiques : elle reste absolument inerte, et le phénomène vital n'apparaît que lorsque les conditions physico-chimiques déterminées pour sa manifestation sont réunies.

C'est là ce que n'ont point compris les vitalistes, ni Stahl, qui confondait et unifiait la *force vitale* avec l'âme intelligente et raisonnable ; ni Bichat, qui substituait à ce principe unique les *propriétés vitales*, c'est-à-dire une multitude de *forces vitales* résidant au sein de chaque tissu. Ces propriétés vitales, comme il les appelle, étaient opposées aux propriétés physiques, les premières changeantes et éphémères, les secondes constantes et permanentes, se rencontrant dans le corps animal comme sur un champ de bataille et luttant sans repos ni trêve, jusqu'au moment où, la victoire restant aux agents physiques, l'être vivant mourait.

Ainsi, que le vitalisme soit envisagé dans son expression la plus outrée et tel que Stahl l'a développé ou dans la forme plus adoucie et plus scientifique que Bichat lui a donnée, il est également inacceptable, parce qu'il se trouve en contradiction avec l'expérience et avec les faits de la physiologie.

Si, comme nous venons de le voir, les doctrines vitalistes ont méconnu la vraie nature des phénomènes vitaux, les *doctrines matérialistes*, d'un autre côté, ne sont pas moins dans l'erreur, quoique d'une manière opposée.

En admettant que les phénomènes se rattachent à des manifestations physico-chimiques, ce qui est vrai, la question dans son essence n'est pas éclaircie pour cela; car ce n'est pas une rencontre fortuite de phénomènes physico-chimiques qui construit chaque être sur un plan et suivant un dessin fixes et prévus d'avance, et suscite l'admirable subordination et l'harmonieux concert des actes de la vie.

Il y a dans le corps animé un arrangement, une sorte d'ordonnance que l'on ne saurait laisser dans l'ombre, parce qu'elle est véritablement le trait le plus saillant des êtres vivants. Que l'idée de cet arrangement soit mal exprimée par le nom de *force*, nous le voulons bien : mais ici le mot importe peu, il suffit que la réalité du fait ne soit pas discutable.

Les phénomènes vitaux ont bien leurs conditions physico-chimiques rigoureusement déterminées ; mais en même temps ils se subordonnent et se succèdent dans un enchaînement et suivant une loi fixés d'avance : ils se répètent éternellement, avec ordre, régularité, constance, et s'harmonisent, en vue d'un résultat qui est l'organisation et l'accroissement de l'individu, animal ou végétal.

Il y a comme un dessin préétabli de chaque être et de chaque organe, en sorte que si, considéré isolément, chaque phénomène de l'économie est tributaire des forces générales de la nature, pris dans ses rapports avec les autres, il révèle un lien spécial, il semble dirigé par quelque guide invisible dans la route qu'il suit et amené dans la place qu'il occupe.

La plus simple méditation nous fait apercevoir un caractère de premier ordre, un *quid proprium* de l'être vivant dans cette ordonnance vitale préétablie.

Toutefois l'observation ne nous apprend que cela : elle nous montre un *plan organique*, mais non une *intervention* active d'un principe vital. La seule *force vitale* que nous pourrions admettre ne serait qu'une sorte de force législative, mais nullement exécutive.

Pour résumer notre pensée, nous pourrions dire métaphoriquement : *la force vitale dirige des phénomènes qu'elle ne produit pas ; les agents physiques produisent des phénomènes qu'ils ne dirigent pas.*

La *force vitale* n'étant pas une force active, exécutive, ne faisant rien par elle-même, alors que tout se manifeste dans la vie par l'intervention des conditions physiques et chimiques, la considération de cette entité ne doit pas intervenir en physiologie expérimentale. Lorsque le physiologiste voudra connaître, provoquer les phénomènes de la vie, agir sur eux, les modifier, ce n'est pas à la *force vitale*, entité insaisissable, qu'il lui faudra s'adresser, mais aux conditions physiques et chimiques qui entraînent et commandent la manifestation vitale.

Quel que soit le sujet qu'il étudie, le physiologiste ne trouve jamais devant lui que des agents mécaniques, physiques ou chimiques. Lorsqu'il examine, par exemple, l'action des substances anesthésiques sur la sensibilité, sur l'intelligence, il constate que l'éther ou le chloroforme agissent matériellement et d'une manière physique ou chimique sur la substance nerveuse, et non point sur un principe vital, ni sur une fonction vitale, telle que la *sensibilité*, qui est insaisissable par elle-même. Comme il en est de même pour tous les phénomènes de la vie, les sciences physico-chimiques semblent comprendre dans leurs lois l'apparition des phénomènes des organismes vivants; de là l'opinion matérialiste que la vie ne serait qu'une expression des phénomènes généraux de la nature. Quoi qu'il en soit, ce que nous savons, c'est que le principe vital n'exécute rien par lui-même et qu'il emprunte ses forces au monde extérieur dans les mille et mille manifestations qui apparaissent à nos yeux.

De ce qui précède, il résulte que les conditions qui nous sont accessibles pour faire apparaître les phénomènes de la vie sont toutes matérielles et physico-chimiques. Il n'y a d'action possible que *sur* et *par* la matière. L'univers ne montre pas d'exception à cette loi. Toute manifestation phénoménale, qu'elle siège dans les êtres vivants ou en dehors d'eux, a pour substratum obligé des conditions matérielles. Ce sont ces conditions que nous appelons les *conditions déterminées* du phénomène.

Nous ne pouvons connaître que les conditions matérielles et non la nature intime des phénomènes de la vie. Dès lors, nous n'avons affaire qu'à la matière, et non aux causes premières ou à la force vitale directrice qui en dérive. Ces causes nous sont inaccessibles. Croire autre chose, c'est commettre une erreur de fait et de doctrine; c'est être dupe de métaphores et prendre au réel un langage figuré. On entend dire en effet souvent que le physicien agit sur l'électricité ou sur la lumière; que le médecin agit sur la vie, la santé, la fièvre ou la maladie : ce sont là des façons de parler. La lumière, l'électricité, la vie, la santé, la maladie, la fièvre, sont des êtres abstraits qu'un agent quelconque ne saurait atteindre ; mais il y a des conditions matérielles qui font apparaître les phénomènes que l'on rapporte à l'électricité : la chaleur, la lumière, la santé, la maladie ; nous pouvons agir sur elles et modifier par là ces différents états.

La conception que nous nous formons du but de toute science expérimentale et de ses moyens d'action est donc générale; elle appartient à la physique et à la chimie et s'applique à la physiologie. Elle revient à dire, en d'autres termes, qu'un phénomène vital a, comme tout autre phénomène, un déterminisme rigoureux, et que jamais ce déterminisme ne saurait être autre chose qu'un déterminisme physico-chimique. La force vitale, la vie, appartiennent au monde métaphysique ; leur expression est une nécessité de l'esprit : nous ne pouvons nous en servir que subjectivement. Notre esprit saisit l'unité et le lien, l'harmonie des phénomènes, et il la considère comme l'expression d'une *force;* mais grande serait l'erreur de croire que cette force métaphysique est active. Il en est d'ailleurs de même de ce que nous appelons les *forces physiques;* ce serait une pure illusion que de vouloir rien provoquer par elles. Ce sont là des conceptions métaphysiques nécessaires, mais qui ne sortent point du domaine où elles sont nées, et ne viennent point réagir sur les phénomènes qui ont donné à l'esprit l'occasion de les créer.

En un mot, cette faculté évolutive, directrice, morphologique, par laquelle on caractérise la vie, est inutile à la physiologie expérimentale, parce que, étant en dehors du monde physique, elle ne peut exercer aucune action rétroactive sur lui. Il faut donc séparer le monde métaphysique du monde physique qui lui sert de base, mais qui n'a rien à lui emprunter, et conclure en paraphrasant le mot de Leibnitz : « Chaque chose » s'exécute dans le corps vivant comme s'il n'y avait » pas de force vitale. »

III. Par ce qui précède se trouve fixé le champ et le rôle de la physiologie. Elle est une science de même ordre que les sciences physiques : elle étudie le déterminisme physico-chimique correspondant aux manifestations vitales; elle a les mêmes principes et les mêmes méthodes.

Dans aucune science expérimentale on ne connaît autre chose que les *conditions physico-chimiques* des phénomènes ; on ne travaille à autre chose qu'à déterminer ces conditions. Nulle part on n'atteint les causes premières ; les *forces physiques* sont tout aussi obscures que la *force vitale* et tout aussi en dehors de la prise directe de l'expérience. On n'agit point sur ces entités, mais seulement sur les conditions physiques ou chimiques qui entraînent les phénomènes. Le but de toute science de la nature, en un mot, est de fixer le déterminisme des phénomènes.

Le principe du *déterminisme* domine donc l'étude des phénomènes de la vie comme celle de tous les autres phénomènes de la nature.

Depuis longtemps j'ai émis cette opinion, mais lorsque j'employai pour la première fois le mot de *déterminisme* (1) pour introduire ce principe fondamental dans la science physiologique, je ne pensais pas qu'il pût être confondu avec le déterminisme philosophique de Leibnitz.

Toutefois si le mot *déterminisme*, que j'ai employé, n'est pas nouveau, l'acception que je lui ai donnée en physiologie expérimentale est nouvelle ; et cela devait être, puisque Leibnitz l'avait appliqué seulement à des objets purement métaphysiques, tandis que je l'appli-

(1) Voyez *Indroduction à l'étude de la médecine expérimentale*, p. 115. 1865.

quais au contraire à des objets physiques, pour caractériser la méthode de la science physiologique.

Lorsque Leibnitz disait : « L'âme humaine est un au- » tomate spirituel, » il formulait le *déterminisme philosophique*. Cette doctrine soutient que les phénomènes de l'âme, comme tous les phénomènes de l'univers, sont rigoureusement déterminés par la série des phénomènes antécédents, inclinations, jugements, pensées, désirs, prévalence du plus fort motif, par lesquels l'âme est entraînée. C'est la négation de la liberté humaine, l'affirmation du *fatalisme*.

Tout autre est l edéterminisme physiologique. Il est l'expression d'un fait physique. Il consiste dans ce principe que chaque phénomène vital, comme chaque phénomène physique, est invariablement déterminé par des conditions physico-chimiques qui, lui permettant ou l'empêchant d'apparaître, en deviennent les *conditions* ou les *causes matérielles immédiates ou prochaines*. L'ensemble des conditions déterminantes d'un phénomène entraîne nécessairement ce phénomène. Voilà ce qu'il faut substituer à l'ancienne et obscure notion spiritualiste ou matérialiste de *cause*.

Ce principe est fondamental dans toutes les sciences physiques. Là il est hors de conteste ; il n'a pas même besoin d'être affirmé. Il en est autrement dans les sciences de la vie. Lorsque, en effet, il faut étendre le principe du déterminisme aux faits de la nature vivante, les médecins animistes et vitalistes et les philosophes se mettent à la traverse.

Les vitalistes nient le déterminisme, parce que, selon

eux, les manifestations vitales auraient pour cause l'action spontanée efficace et comme volontaire et libre d'un principe immatériel. Les conséquences de cette erreur sont considérables : le rôle de l'homme en présence des faits vitaux devrait être celui d'un simple spectateur, non d'un acteur ; les sciences physiologiques ne seraient que conjecturales et non certaines. L'expérience ne saurait les atteindre ; l'observation ne saurait les prédire. C'est là, par excellence, on le voit, une doctrine paresseuse : elle désarme l'homme. Elle relègue les causes hors des objets : elle transforme des métaphores en des entités substantielles ; elle fait de la physiologie une sorte de métaphysiologie inaccessible.

Ainsi, on le voit, la doctrine vitaliste conclut nécessairement à l'indéterminisme.

C'est précisément la conclusion nécessaire à laquelle Bichat a été amené presque malgré lui. Quand il commence à exposer ses vues si nettes et si scientifiques (1), on croit qu'il va s'attacher solidement à ces vues, devenues les bases de la science moderne, en répudiant les idées vitalistes qu'elles contiennent. Bichat émet en effet cette idée générale, lumineuse et féconde, qu'en physiologie comme en physique les phénomènes doivent être rattachés à des propriétés inhérentes à la matière vivante comme à leur cause. « Le » rapport des propriétés comme causes avec les phé» nomènes comme effets est, dit-il, un axiome presque » fastidieux à répéter aujourd'hui en physique et en

(1) Introduction de son *Anatomie générale*.

» chimie ; si mon livre établit un axiome analogue dans » les sciences physiologiques, il aura rempli son but. »

Mais voici qu'après ce début si clair, il distingue les propriétés vitales des propriétés physiques, les unes agents de la vie, les autres agents de la mort ; il les met en lutte, les oppose. Ses propriétés vitales font la guerre aux propriétés physiques, comme faisait l'*âme* de Stahl. C'est une négation tout aussi catégorique du déterminisme en physiologie (1). Voici en effet à quelles hérésies scientifiques Bichat se trouve fatalement conduit.

« Les propriétés physiques, dit-il, étant fixes, con» stantes, les lois des sciences qui en traitent sont éga» lement constantes et invariables ; on peut les prévoir, » les calculer avec certitude. Les propriétés vitales » ayant pour caractère essentiel l'*instabilité*, toutes les » fonctions vitales étant susceptibles d'une foule de » variétés, on ne peut rien prévoir, rien calculer dans » leurs phénomènes. D'où il faut conclure, ajoute-t-il, » que des lois absolument différentes président à l'une » et l'autre classe de phénomènes. »

Bichat dit ailleurs (2) : « La physique, la chimie se » touchent, parce que les mêmes lois président à leurs » phénomènes ; mais un immense intervalle les sépare » de la science des corps organisés, parce qu'une » énorme différence existe entre ces lois et celles de » la vie. Dire que la physiologie est la physique » des animaux, c'est en donner une idée extrêmement

(1) Voyez mon article dans la *Revue des Deux-Mondes*, t. IX, 1875, et *la Science expérimentale*, 2e édition. Paris. 1878.

(2) *Recherches physiologiques sur la vie et la mort*, p. 84.

» inexacte : j'aimerais autant dire que l'astronomie est « la physiologie des astres. »

Nous pourrions multiplier les preuves de l'indéterminisme ou négation scientifique à laquelle, malgré son génie, Bichat s'est trouvé conduit par les doctrines vitalistes qui régnaient à son époque et dont il n'a pu se dégager; mais le temps a déjà commencé à séparer l'erreur de la vérité, et, comme les hommes ne sont grands que par les services rendus, Bichat n'en vivra pas moins dans la postérité par les vérités qu'il a introduites dans les sciences de la vie.

Il y a une trentaine d'années, l'École médicale de Paris était encore imbue de ces erreurs de doctrine. Je me souviens d'avoir été pris à partie à la Société philomathique, au début de ma carrière, par le professeur Gerdy, qui, invoquant son expérience chirurgicale, exprima son opinion dans les termes les plus catégoriques. « Dire en physiologie que les phénomènes » vitaux sont constamment identiques dans des con- » ditions identiques, c'est énoncer une erreur, s'écria » Gerdy; cela n'est vrai que pour les corps bruts. »

Les progrès de la science physiologique moderne et la pénétration de plus en plus profonde des sciences physico-chimiques dans sa culture ont à peu près dissipé aujourd'hui, il faut le dire, la plupart de ces idées erronées, et on ne peut contester que la physiologie actuelle marche dans une voie qui établit de plus en plus le déterminisme rigoureux des phénomènes de la vie. Il n'y a pour ainsi dire plus de divergence entre les physiologistes à ce sujet.

Mais il n'en est pas de même pour les philosophes; ils repoussent encore le déterminisme physiologique, et pensent que certains phénomènes de la vie lui échappent nécessairement : par exemple, les phénomènes moraux. Ils craignent que la liberté morale puisse être compromise si l'on admet le déterminisme physiologique absolu. Récemment même un mathématicien, voyant les progrès de cette doctrine, a cherché à établir une conciliation entre le déterminisme scientifique et la liberté morale (1).

Le malentendu entre les philosophes et les physiologistes vient sans doute de ce que le mot déterminisme est pris par eux dans le sens de *fatalisme*, c'est-à-dire dans le sens du déterminisme philosophique de Leibnitz.

Les philosophes dont nous parlons ne refusent pas d'admettre que les phénomènes inférieurs de l'animalité pourraient être soumis au déterminisme ; que le mouvement et le jeu des organes seraient réglés par lui ; mais ils exceptent de cette obligation les phénomènes supérieurs, les phénomènes psychiques. De sorte qu'il faudrait distinguer dans l'homme les phénomènes de la vie soumis au déterminisme de ceux qui ne le sont pas.

Pour nous, le déterminisme physiologique ne peut subir de restriction : tous les phénomènes qui surviennent dans les êtres vivants et dans l'homme, phénomènes supérieurs ou inférieurs, sont soumis à cette

(1) Boussinesq, *Compt. rend. de l'Académie*. — *Revue scientifique*, t. XIX, p. 986, 1877.

loi. « Toute manifestation de l'être vivant, disons-
» nous, est un phénomène physiologique et se trouve
» lié à des conditions physico-chimiques déterminées,
» qui le permettent quand elles sont réalisées, qui
» l'empêchent quand elles font défaut. »

C'est là le déterminisme absolu : il exprime que le monde psychique ne se passe point du monde physico-chimique ; et c'est là un fait d'expérience toujours vérifié. Les phénomènes de l'âme, pour se manifester, ont besoin de conditions matérielles exactement déterminées ; c'est pour cela qu'ils apparaissent toujours de la même façon suivant des *lois*, et non arbitrairement ou capricieusement, au hasard d'une spontanéité sans règles.

Personne ne contestera qu'il y ait un déterminisme de la *non-liberté* morale. Certaines altérations de l'organe cérébral amènent la folie, font disparaître la liberté morale comme l'intelligence et obscurcissent la conscience chez l'aliéné.

Puisqu'il y a un déterminisme de la non-liberté morale, il y a nécessairement un déterminisme de la *liberté* morale, c'est-à-dire un ensemble de conditions anatomiques et physico-chimiques qui lui permettent d'exister. Nous affirmons ce fait et nous disons : Bien loin que les manifestations de l'âme échappent au déterminisme physico-chimique, elles s'y trouvent assujetties étroitement et ne s'en écartent jamais, quelle que soit l'apparence contraire. Le déterminisme, en un mot, loin d'être la négation de la liberté morale, en est au contraire la condition nécessaire comme de toutes autres manifestations vitales (1).

Que serait le monde s'il n'en était pas ainsi! Les relations de ce que l'on appelle le physique avec le moral ne seraient plus soumises à l'empire de lois précises, mais seraient dans un état de tiraillement anarchique, ou de caprices, dans un état contraire à l'harmonie de la nature, sans vérité et sans grandeur.

Le déterminisme n'est donc que l'affirmation de *la loi*, partout, toujours, et jusque dans les relations du physique avec le moral : c'est l'affirmation que, suivant le mot connu de l'antiquité : « Tout est fait avec ordre, poids et mesure. »

La *loi* du déterminisme physiologique ne saurait gêner la liberté morale, tandis que, tout au contraire, le

(1) La liberté ne saurait être l'indéterminisme. Dans la doctrine du déterminisme physiologique l'homme est *forcément* libre : voilà ce que l'on peut prévoir. Je ne veux pas traiter ici la question phiosophique. Il me suffira de dire, au point de vue physiologique, que le phénomène de la liberté morale doit être assimilé à tous les autres phénomènes de l'organisme vivant. — Si toutes les conditions anatomiques et physico-chimiques normales existent dans le bras, par exemple, et dans les organes nerveux correspondants, vous pouvez prédire que vous ferez mouvoir le membre et que vous le ferez mouvoir librement dans tous les sens suivant votre volonté. Seulement, le sens dans lequel vous le ferez mouvoir existe dans un futur contingent que vous ne pouvez prévoir, mais dans lequel vous êtes libre de vous déterminer plus tard, suivant les circonstances. De même, l'intégrité anatomique et physico-chimique présumée de l'organe cérébral vous fait prédire que ses fonctions s'exerceront pleinement et que vous serez libre d'agir volontairement ; mais vous ne pouvez pas prévoir le sens dans lequel votre volonté s'exercera, parce que ce sens est, je le répète, donné par la contingence des événements que vous ignorez ou que vous ne pouvez prévoir. C'est pourquoi vous restez libre d'agir ou de choisir suivant les principes de morale ou autres qui vous animent.

fatalisme, c'est-à-dire le déterminisme philosophique, la conteste et la nie.

En résumé, nous réclamerons l'universalité du principe du déterminisme physiologique dans l'organisme vivant, et nous exprimerons notre pensée en disant :

1° Il y a des *conditions* matérielles déterminées qui règlent l'apparition des phénomènes de la vie ;

2° Il y a des *lois* préétablies qui en règlent l'ordre et la forme.

Conclusion. — Le but que nous nous sommes proposé en développant les considérations contenues dans les trois parties de cette leçon a été d'éliminer de la physiologie certains problèmes qu'on y a mêlés à tort, diverses questions qui lui sont étrangères, et par là d'en fixer l'étendue et le but.

Dans la première partie, nous avons montré qu'en physiologie il faut renoncer à l'illusion d'une définition de la vie. Nous ne pouvons qu'en caractériser les phénomènes.

Il en est d'ailleurs ainsi dans toute science. Les définitions sont illusoires ; les conditions des choses sont tout ce que nous en pouvons connaître. Dans aucun ordre de science nous n'allons au delà de cette limite, et c'est une pure illusion d'imaginer qu'on la dépasse et qu'on puisse saisir l'essence de quelque phénomène que ce soit.

Dans la seconde partie, nous avons montré que les hypothèses matérialistes ou spiritualistes se rattachent à la recherche de causes premières que la science ne saurait atteindre. En rejetant la recherche des causes premières, nous avons repoussé par cela même l'hypothèse matérialiste et l'hypothèse spiritualiste du champ de la physiologie.

Dans la troisième partie, nous avons admis le déterminisme comme un principe nécessaire de la vie physiologique. Le déterminisme fait connaître les conditions par lesquelles nous pouvons atteindre les phénomènes, les supprimer, les produire ou les modifier. Ce principe suffit à l'ambition de la science, car au fond il révèle *les rapports entre les phénomènes et leurs conditions*, c'est-à-dire la seule et la vraie *causalité immédiate réelle* et accessible.

Nous avons ainsi écarté l'objection qu'on oppose aux physiologistes de ne pas savoir ce que c'est que *la vie*. On n'est pas plus avancé ailleurs. La vie n'est ni plus ni moins obscure que toutes les autres causes premières.

En disant qu'on ne doit rechercher que les conditions de la vie, nous circonscrivons le champ de la science physiologique, nous fixons le but que nous lui assignons de conquérir et de maîtriser la nature vivante.

Enfin en caractérisant la *vie* et la *mort* par les deux grands types de phénomènes de *création organique* et de *destruction organique*, nous embrassons l'ensemble des conditions de l'existence de tous les êtres vivants et nous traçons le programme des études qui feront l'objet des leçons qui vont suivre.

DEUXIÈME LEÇON

Les trois formes de la vie.

SOMMAIRE : La vie ne saurait s'expliquer par un principe intérieur d'action ; elle est le résultat d'un conflit entre l'organisme et les conditions physico-chimiques ambiantes. Ce conflit n'est point une lutte, mais une harmonie. — La vie se présente à nous sous trois aspects qui prouvent la nécessité des conditions physico-chimiques pour la manifestation de la vie. — Ces trois états de la vie sont : 1° la vie à l'état de non-manifestation ou latente ; 2° la vie à l'état de manifestation variable et dépendante ; 3° la vie à l'état de manifestation libre et indépendante.

I. *Vie latente.* — Organisme tombé à l'état d'indifférence chimique. — Exemples pris dans le règne végétal et dans le règne animal. — La vie latente est une vie arrêtée et non diminuée. — Conditions du retour de la vie latente à la vie manifestée. — Conditions extrinsèques : eau, air (oxygène), chaleur ; intrinsèques : réserves de matériaux nutritifs. — Expériences sur l'influence de l'air (oxygène). — Expériences sur l'influence de la chaleur. — Expériences sur l'influence de l'eau. — Phénomènes de vie latente dans les animaux : infusoires, kérones, kolpodes, tardigrades, anguillules de blé niellé. — L'assimilation de la graine et de l'œuf n'est pas exacte au point de vue de la vie latente. — Existences des êtres à l'état de vie latente : levûre de bière, anguillules, tardigrades, etc. — Explication du retour de la vie latente à la vie manifestée. — Expériences de M. Chevreul sur la dessiccation des tissus. — Mécanisme du passage à la vie talente. — Mécanisme du retour à la vie manifestée. — Succession nécessaire des phénomènes de destruction et de création organique.

II. *Vie oscillante.* — Appartient à tous les végétaux et à un grand nombre d'animaux. — L'œuf offre la vie engourdie. — Mécanisme de l'engourdissement vital. — Influence du milieu extérieur sur le milieu intérieur. — Diminution des phénomènes chimiques pendant la vie engourdie. — Mécanisme de l'oscillation vitale dans l'engourdissement. — Nécessité de réserves pour la vie engourdie. — Mécanisme de l'oscillation vitale. — La cessation de la vie engourdie. — Influence de la chaleur ; elle peut amener l'engourdissement comme le froid. — Résistance des êtres engourdis. — Les animaux réveillés pendant l'engourdissement usent rapidement leurs réserves et meurent. — Phénomènes de création et de destruction pendant l'engourdissement. — L'engourdissement passager n'exige pas des réserves comme l'engourdissement prolongé.

III. *Vie constante ou libre.* — Elle dépend d'un perfectionnement organique. — Notre distinction *du milieu intérieur* et *du milieu extérieur.* —

Indépendance des deux milieux chez les animaux à vie constante. — Le perfectionnement de l'organisme chez les animaux à vie constante consiste à maintenir dans le milieu intérieur les conditions intrinsèques ou extrinsèques nécessaires à la vie des éléments. — Eau. — Chaleur animale. — Respiration. — Oxygène. — Réserves pour la nutrition. — C'est le système nerveux qui est l'agent de cette équilibration de toutes les conditions du milieu intérieur. — Conclusion relative à l'interprétation des trois formes de la vie. — On ne peut pas trouver une force, un principe vital indépendant. — Il n'y a qu'un conflit vital dont nous devons chercher à connaître les conditions.

La vie, avons-nous dit, ne saurait s'expliquer, comme on l'avait cru, par l'existence d'un principe intérieur d'action s'exerçant indépendamment des forces physico-chimiques et surtout contrairement à elles. — La vie est un conflit. Ses manifestations résultent de l'intervention de deux facteurs :

1° Les *lois préétablies* qui règlent les phénomènes dans leur succession, leur concert, leur harmonie;

2° Les *conditions physico-chimiques* déterminées qui sont nécessaires à l'apparition des phénomènes.

Sur les lois, nous n'avons aucune action, elles sont le résultat de ce que l'on peut appeler l'*état antérieur ;* elles dérivent par atavisme des organismes que l'être vivant continue et répète, et l'on peut ainsi les faire remonter jusqu'à l'origine même des êtres vivants. C'est pourquoi certains philosophes et physiologistes ont cru pouvoir dire que la vie n'est qu'un *souvenir ;* moi-même j'ai écrit que le germe semble garder la mémoire de l'organisme dont il procède.

Les conditions seules des manifestations vitales nous sont accessibles. La connaissance des conditions extérieures qui déterminent l'apparition des phénomènes vitaux suffisent, ainsi que nous l'avons déjà dit, au but de la science physiologique, puisqu'elle nous donne les moyens d'agir et de maîtriser ces phénomènes.

Pour nous, en un mot, la vie résulte d'un conflit, d'une relation étroite et harmonique entre les conditions extérieures et la constitution préétablie de l'organisme. Ce n'est point par une lutte contre les conditions cosmiques que l'organisme se développe et se maintient ; c'est, tout au contraire, par une adaptation, un accord avec celles-ci.

Ainsi, l'être vivant ne constitue pas une exception à la grande harmonie naturelle qui fait que les choses s'adaptent les unes aux autres ; il ne rompt aucun accord ; il n'est ni en contradiction ni en lutte avec les forces cosmiques générales ; bien loin de là, il fait partie du concert universel des choses, et la vie de l'animal, par exemple, n'est qu'un fragment de la vie totale de l'univers.

Le mode des relations entre l'être vivant et les conditions cosmiques ambiantes nous permet de considérer trois formes de la vie, suivant qu'elle est dans une dépendance tout à fait étroite des conditions extérieures, dans une dépendance moindre, ou dans une indépendance relative. Ces trois formes de la vie sont :

1° La *vie latente;* vie non manifestée.

2° La *vie oscillante ;* vie à manifestations variables et dépendantes du milieu extérieur.

3° La *vie constante;* vie à manifestations libres et indépendantes du milieu extérieur.

I. *Vie latente.* — La vie latente, suivant nous, est

offerte par les êtres dont l'organisme est tombé dans l'état d'*indifférence chimique*.

Tiedemann, ainsi que nous l'avons vu précédemment, croyait que la vie dérivait d'un principe intérieur d'action qui empêchait l'être de tomber jamais dans l'état d'indifférence chimique; de sorte que le cours de ses manifestations vitales ne pouvait jamais être arrêté ou interrompu.

L'observation et l'expérience ne permettent pas d'adopter cette proposition. Nous voyons des êtres qui ne vivent en quelque sorte que virtuellement, sans manifester aucun caractère de la vie. Ces êtres se rencontrent à la fois dans le règne animal et dans le règne végétal.

La vie active ou manifestée, quelque atténuée qu'elle puisse être, est caractérisée par les relations entre l'être vivant et le milieu; relations d'échange telles, que l'être emprunte et restitue à chaque instant des matériaux liquides ou gazeux au milieu cosmique. Ce qui caractérise l'état d'indifférence chimique, c'est la suppression de cet échange, la rupture des relations entre l'être et le milieu, qui restent en face l'un de l'autre, inaltérables et inaltérés. C'est ainsi qu'un morceau de marbre, par exemple, dans les conditions ordinaires, reste sans changements appréciables dans l'atmosphère : il n'en reçoit nulle action, il n'en exerce aucune sur elle qui soit capable d'en modifier la constitution chimique.

Est-il possible que les êtres vivants tombent à ce degré d'indifférence chimique absolue? Quelques physiologistes ont répugné à le croire, mais il est des cas où l'expérience nous oblige à l'admettre. Dans le règne végétal, les graines, et dans le règne animal, certains animaux reviviscents, anguillules, tardigrades, rotifères, nous montrent cet état d'indifférence chimico-vitale. Nous connaissons déjà dans les animaux et les végétaux un assez grand nombre de cas de vie latente, mais outre ces exemples caractéristiques, on peut dire sans craindre de se tromper que la vie latente est répandue à profusion dans la nature et qu'elle nous expliquera dans l'avenir un très grand nombre de faits réputés mystérieux aujourd'hui.

Les graines nous présentent les phénomènes de la vie lalente. Si toutes ne se comportent pas d'une manière identique, on peut comprendre pourquoi et par quelles conditions la vie latente se soutient plus facilement chez les unes que chez les autres. C'est en conséquence de l'altérabilité plus ou moins grande de leurs matériaux constituants par les agents atmosphériques.

On peut dire que la vie de la graine à l'état latent est purement virtuelle : elle existe prête à se manifester, si on lui fournit les conditions extérieures convenables, mais elle ne se manifeste aucunement si ces conditions font défaut. La graine a en elle, dans son organisation, tout ce qu'il faut pour vivre ; mais elle ne vit pas, parce qu'il lui manque les conditions physico-chimiques nécessaires.

On aurait tort de penser que la graine dans ce cas présente une vie tellement atténuée que ses manifestations échappent à l'observation par le degré même de leur affaiblissement. Cela n'est vrai, ni en principe, ni en fait.

En principe, nous savons que la vie résulte du concours de deux facteurs, les uns extrinsèques, empruntés au monde cosmique ; les autres intrinsèques, tirés de l'organisation. C'est une collaboration impossible à disjoindre, et nous devons comprendre qu'en l'absence d'un des facteurs, l'être ne saurait vivre. Il ne vit pas davantage lorsque les conditions de milieu n'*existent pas* que lorsqu'elles *existent seules*. La chaleur, l'humidité et l'air ne sont pas la vie : l'organisation seule ne la constitue pas davantage.

En fait, nous voyons des graines qui sont conservées depuis des années et des siècles, et qui, après cette longue inaction, peuvent germer et produire une végétation nouvelle. Ces graines sont restées, pendant toute cette période si longue, aussi inertes que si elles eussent été définitivement mortes. Si atténuées que fussent les manifestations vitales, l'accumulation et la prolongation des échanges les multiplieraient en quelque sorte, et les rendraient sensibles. Cette vie réduite devrait s'user ; or, dans les conditions convenables, elle ne s'use pas.

Ainsi, la graine possède en elle, dans son organisation intime, tout ce qu'il faut pour vivre; mais pour l'y déterminer il faut de plus un concours de circonstances extérieures.

Ces circonstances sont au nombre de quatre.

Trois conditions *extrinsèques* :

L'air (oxygène).
La chaleur.

L'humidité.

Une condition *intrinsèque :*

La réserve nutritive de la graine elle-même.

Cette réserve est constituée par les matériaux chimiques qui entrent dans la constitution de la graine et qui en font comme un réservoir de matière alimentaire que les manifestations vitales dépenseront plus tard.

Mais ce n'est pas tout. Il faut encore que ces conditions existent à un degré, à une dose déterminée ; alors la vie brillera de tout son éclat : en dehors de ces limites la vie tend à disparaître, et à mesure qu'on s'approche de ces limites, l'éclat des manifestations vitales pâlit et s'atténue.

A. *Expériences sur la vie latente des graines.* — Nous vous rendrons témoins d'expériences bien connues, mais qui ont ici un intérêt particulier ; leur objet est de démontrer que l'on ne saurait admettre dans les êtres vivants un principe vital libre puisque toutes les manifestations vitales sont étroitement liées aux conditions physico-chimiques dont l'énumération suit :

1° *Eau.* — Nous avons placé dans de la terre sèche des graines également desséchées qui sont à une température et dans une atmosphère convenables pour la végétation. Il ne leur manque qu'une seule condition, l'humidité ; dès lors elles sont inertes. Les blés conservés dans des tombeaux des Égyptiens, appelés *blés de momie*, seraient, dit-on, dans ce même cas. Si on leur fournit l'humidité qui leur manque, bientôt la germination se produit. J'ai consulté à cet égard mon savant collègue M. Decaisne, professeur de culture au Muséum. Il m'a déclaré qu'il considère comme faux tous les exemples de germinations des graines trouvées dans les Hypogées, parce que le plus ordinairement (comme j'ai pu m'en convaincre sur un échantillon) ces graines sont imprégnées de bitume ou carbonisées. La germination des espèces provenant des habitations lacustres serait également très incertaine.

Cependant, si l'on doit écarter de la science ces faits mal observés, on a constaté expérimentalement que des graines ont pu germer après plus d'un siècle. Parmi ces graines, il faudrait citer celles du haricot, du tabac, du pavot, etc.

Il faut en outre que l'humidité n'empêche pas l'accès de l'air. Les graines submergées ne germent pas, soit parce que l'oxygène dissous est bientôt consommé par la graine, soit parce qu'il n'agit pas à l'état convenable, c'est-à-dire libre. Toutefois la submersion ne détruit pas la faculté germinative ; il y a même, d'après M. Martins, des graines qui peuvent traverser les mers et aller germer d'un continent à l'autre.

L'appareil simple dont nous nous servons pour faire germer les plantes consiste en une éprouvette (fig. 1), dans laquelle nous suspendons avec un fil des éponges humides auxquelles sont adhérentes les graines que l'on veut faire germer. Nous plaçons au fond de l'éprouvette un peu d'eau en *b* pour que l'éponge ne se dessèche pas; puis on bouche ou non les tubes *d*, *d'* suivant les circonstances dans lesquelles on veut se placer, soit que l'on veuille confiner l'atmosphère de l'éprouvette ou y faire circuler un courant d'air.

2° *Oxygène.* — Voici des éprouvettes dans lesquelles des graines ont été disposées, sur des éponges, à l'humidité et à la chaleur convenables, mais dans une atmosphère impropre au développement. Dans l'une il y a une atmosphère d'azote ; dans l'autre une atmosphère d'acide carbonique.

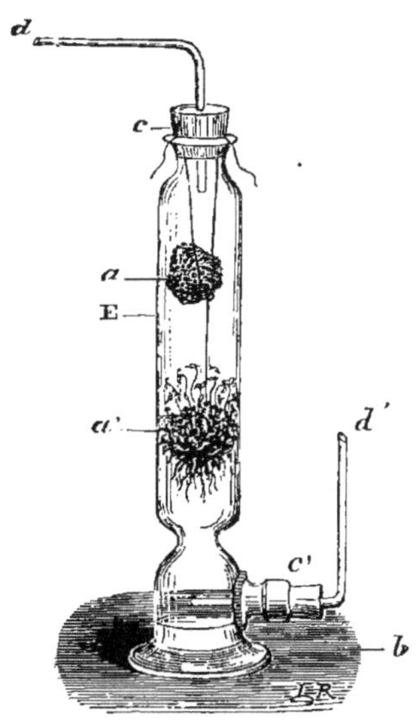

Fig. 1. — Dans cette éprouvette E, nous avons introduit par l'ouverture supérieure deux éponges humides *a* et *a'* qui sont appendues à des fils fixés par le bouchon en caoutchouc *c*. L'éponge *a* porte des graines de cresson alénois que l'on vient d'introduire dans l'appareil ; l'éponge *a'* porte des graines de cresson alénois au 4e ou 5e jour de germination. Deux bouchons en caoutchouc *c*, *c'* sont traversés par deux tubes *d*, *d'* qui font communiquer l'atmosphère intérieure de l'appareil avec l'atmosphère extérieure. Cela permet de faire passer des gaz différents dans l'appareil, si l'on veut, ou bien d'extraire les gaz qu'il renferme pour les analyser. Dans le fond de l'éprouvette, il y a une couche d'eau *b* pour que l'atmosphère intérieure reste toujours saturée d'humidité.

Nous avons choisi pour ces expériences des graines de cresson alénois, qui ont l'avantage de germer très vite. Sur une éponge humide, dans une éprouvette fermée et remplie d'azote, nous avons vu les graines se gonfler ; elles se sont entourées d'une sorte de couche mucilagineuse ; la température ambiante, de 21 à 25 degrés, était très favorable à la germination, et cependant il n'y a pas eu germination depuis deux ou trois jours que l'expérience est commencée.

Dans une autre éprouvette nous avons placé de même des graines de cresson alénois sur une éponge humide dans une atmosphère d'acide carbonique, et la germination n'a pas eu lieu non plus.

Enfin, dans une troisième éprouvette nous avons mis semblablement des graines de cresson alénois dans une atmosphère humide avec de l'air ordinaire, et la germination est déjà très évidente après un jour.

Toutefois les graines qui n'ont point encore germé dans l'atmosphère d'azote et d'acide carbonique ne soint point mortes ; la germination n'a été que suspendue, car si nous faisons disparaître ces gaz en leur substituant l'air ordinaire ou l'oxygène, la végétation reprendra bientôt.

Ces expériences démontrent que, pour manifester la vitalité, la graine a besoin de toutes les conditions que nous avons énumérées précédemment ; si l'une d'elles seulement vient à manquer, l'eau ou l'oxygène, par exemple, la germination n'a pas lieu.

Mais cet air lui-même doit être au degré convenable de richesse en oxygène. S'il en a trop peu, la germination ne se manifestera pas ; de même, s'il en contient trop, soit que l'atmosphère possède une composition centésimale trop riche en oxygène, soit qu'avec sa composition ordinaire cet air soit comprimé. Alors, dans un volume donné, la proportion du gaz vital devient trop élevée, ainsi que l'ont démontré les recherches de M. Bert.

Nous avons observé en outre un fait important sur lequel nous aurons à revenir plus tard. Les graines de cresson alénois, par exemple, ne peuvent germer que dans un air relativement riche en oxygène; en mélangeant un volume d'air avec deux volumes d'un gaz inerte, de l'hydrogène, par exemple, la germination n'a pas lieu. Chose singulière, tout l'oxygène est absorbé. Il paraît probable que si alors on ajoutait une nouvelle dose d'oxygène à celle qui a été insuffisante d'abord pour opérer la germination, elle serait suffisante la seconde fois. La respiration de la graine est donc très active, et elle paraît, jusqu'à un certain point, plus intense relativement que celle des animaux.

Cette nécessité d'un air assez riche en oxygène pour opérer la germination nous explique comment il se fait que des graines longtemps enfouies dans la terre y restent à l'état de vie latente et viennent à germer quand on les remet à la surface du sol. On a vu souvent, à la suite de profonds terrassements, apparaître une végétation nouvelle qui ne pouvait s'expliquer que de cette façon. Je tiens d'un ingénieur que dans certains terrassements exécutés lors de la création du chemin de fer du Nord, on a vu apparaître sur les talus une riche végétation de moutarde blanche qu'on n'avait pas observée auparavant. Il est probable que les mouvements de terrain avaient remis à l'air des graines de moutarde blanche enfouies dans le sol et restées à l'état de vie latente, à une profondeur qui ne permettait pas à la végétation d'avoir lieu à cause du manque d'oxygène.

3° *Chaleur*. — La température doit être contenue

dans des limites déterminées, mais ces limites sont variables pour les diverses espèces de graines. M. de Candolle (1) a publié à ce sujet des recherches très intéressantes. Le fait qui nous intéresse ici, c'est de démontrer que pour la même espèce de graines la germination peut être ralentie ou suspendue, non seulement par une température trop basse, mais aussi par une température trop élevée. Avec les graines du cresson alénois qui ont servi à nos expériences, la température qui semble la plus convenable pour une rapide germination est comprise entre 19 et 29 degrés; au delà, le développement paraît difficile.

1re *expérience.* — Dans des éprouvettes disposées comme il a été dit (voy. fig. 1) nous avons placé, ces jours derniers, des graines de cresson à la température ambiante du mois de juin, oscillant de 18 à 25 degrés. Dès le lendemain, au bout de vingt-quatre heures, la germination était très évidente, les radicelles étaient toutes poussées et les folioles commençaient à se dégager.

2e *expérience.* — Dans quatre éprouvettes disposées comme précédemment nous avons introduit des graines de cresson alénois sur des éponges humides. Nous avons modifié l'expérience en ce que dans les quatre éprouvettes nous avions une atmosphère confinée. Au lieu de laisser les tubes *d*, *d'* ouverts, nous les avons fermés en adaptant à chacun d'eux un tube de caoutchouc que nous avons comprimé avec une serre-fine.

Deux de ces éprouvettes ont été laissées à l'air am-

(1) *Bibliothèque universelle* et *Revue suisse* (nov. 1865, août et septembre 1875).

biant du laboratoire (17 à 21 degrés). Les deux autres éprouvettes ont été plongées dans un bain d'eau chauffée entre 38 et 39 degrés. Dès le lendemain les graines avaient germé dans les deux éprouvettes laissées dans le laboratoire, tandis qu'aucun développement n'avait lieu dans les éprouvettes plongées dans le bain d'eau. Le troisième jour, la germination était complète dans les éprouvettes du laboratoire, et celles plongées dans le bain d'eau étaient, comme le premier jour, sans aucun indice de germination. Alors, je retirai du bain d'eau une des deux éprouvettes et je la plaçai sur la table à côté de celle dont les graines étaient en pleine végétation. Le lendemain, on n'apercevait pas nettement des indices de germination, mais le deuxième et le troisième jour la germination se manifesta et marcha ensuite activement. Quant à l'autre éprouvette restée dans le bain de 38 à 39 degrés, le septième jour elle n'offrait encore aucune trace de germination; les graines étaient altérées, entourées de moisissures. On retira cette éprouvette du bain et on la plaça sur la table à côté des autres. La germination se manifesta, mais très lentement, elle ne commença à être évidente que le troisième ou le quatrième jour. Dans d'autres expériences où j'ai laissé les éprouvettes plus de huit jours à la température de 38 à 39 degrés, la germination n'a plus eu lieu. De sorte que j'ai lieu de croire que dans les conditions indiquées ce point marque la limite supérieure de la germination.

3° *expérience.* — J'ai placé d'autres éprouvettes contenant des graines de cresson alénois dans une étuve sèche à 32 degrés ; elles ont germé très bien quoique peut-être un peu lentement. Puis j'ai élevé l'étuve à 34°, 5 ; alors il arriva un arrêt de la germination. Quelquefois cependant deux ou trois graines poussaient bien, mais le plus souvent aucune ne germait. J'ai laissé ainsi pendant six à sept jours des graines dans l'étuve sans résultat. On les en retira, le lendemain même la germination marchait avec activité.

En résumé, on voit que de 35 à 40 degrés la germination du cresson alénois est ralentie ou suspendue, mais non pas détruite sans retour. Il y a donc une sorte d'anesthésie ou plutôt d'engourdissement produit par une température trop élevée comme par une température trop basse. Ainsi la manifestation des phénomènes vitaux exige non seulement le concours de la chaleur, mais d'un degré de chaleur fixé pour chaque être.

Je rapprocherai de ces expériences un autre fait singulier que j'ai observé depuis longtemps, à savoir qu'on anesthésie les grenouilles à cette même température de 38 degrés, qui est cependant la température de la vie normale des mammifères.

Nous devons faire ici une remarque : la graine ne saurait être comparée physiologiquement à l'œuf, ainsi qu'on le fait trop souvent. Nous verrons plus loin que l'œuf ne tombe jamais en état de vie latente. La graine n'est pas l'ovule, le germe de la plante ; elle en est l'embryon. La partie essentielle de la graine est en effet la miniature du végétal complet : on y trouve le rudiment de la racine ou *radicule*, le rudiment de la tige ou *tigelle*, du bourgeon terminal ou *gemmule*, des premières feuilles ou *cotylédons*.

C'est donc l'*embryon* qui reste en état de vie latente tant que les conditions extérieures ne se prêtent pas à son développement.

D'où il résulte que ce que nous avons dit précédemment de la vie latente ne s'applique pas à l'œuf du végétal, mais bien au végétal lui-même.

L'eau et la chaleur sont pour l'embryon végétal des conditions indispensables du retour de la vie latente à la vie manifestée. La suppression de ces conditions fait constamment disparaître la vie, leur retour la fait reparaître.

Une curieuse expérience de Th. de Saussure montre que, lors même que l'embryon a commencé son évolution germinatrice, il peut encore s'arrêter et retomber en indifférence chimique. On prend du blé germé, on le dessèche : à cet état, on peut le conserver pendant très longtemps, absolument inerte, comme on conservait la graine d'où cet embryon est sorti. L'air renfermé dans le vase qui contient l'embryon desséché n'éprouve plus de modifications et témoigne par là que l'échange est nul entre l'être rudimentaire et le milieu. En lui rendant l'humidité et la chaleur, c'est-à-dire les conditions propices, la vie reparaît. On peut renouveler ces alternatives un assez grand nombre de fois, et le résultat se produira toujours de même. La faculté de vielatente ne disparaîtra que lorsque le développement sera assez avancé pour que la matière verte se montre dans les premières feuilles.

Ces phénomènes de vie latente expliquent quelques circonstances naturelles très remarquables et qui avaient vivement frappé l'imagination de ceux qui les observaient pour la première fois.

Un grand nombre de graines véritables ou de spores (graines simples des acotylédonées) sont enfouies dans le sol ou disséminées à la surface à l'état d'inertie. Tout à coup, à la suite d'une pluie abondante, ou d'un remaniement de terrain, elles entrent en germination et le sol se couvre d'une végétation inattendue et comme spontanée.

De même, on voit dans les allées des jardins, à la suite d'une pluie d'orage, des plaques vertes formées par le développement d'une espèce d'algues, le nostoch.

Toutes ces végétations ne sont pas apparues subitement et spontanément : les germes existaient dans la profondeur du sol, ou à l'état de dessiccation dans la poussière qui le recouvrait, et ils ne se sont manifestés en se développant que lorsqu'ils ont trouvé les conditions d'aération, d'humidité et de chaleur qui sont les trois facteurs essentiels des manifestations vitales.

B. *Vie latente chez les animaux.* — Les organismes animaux offrent aussi beaucoup d'exemples de vie latente. Un grand nombre d'êtres sont susceptibles de tomber, par la dessiccation, en état d'*indifférence chimique*. Tels sont beaucoup d'infusoires, les kolpodes, entre autres, bien étudiés par MM. Coste, Balbiani et Gerbe (1). Mais les plus célèbres de ces animaux sont les

(1) *Compt. rend. de l'Acad. des sc.*, t. LIX, p. 14.

rotifères, les *tardigrades* et les *anguillules de blé niellé*.

Les *kolpodes* sont des infusoires ciliés d'une assez grande taille, ayant la forme d'un haricot, armés de cils vibratils sur toute leur surface (voy. fig. 2 *e*). On les voit sous le microscope introduire par une bouche placée dans l'échancrure de leur corps les monades, les bactéries, les vibrions dans leur estomac, et expulser

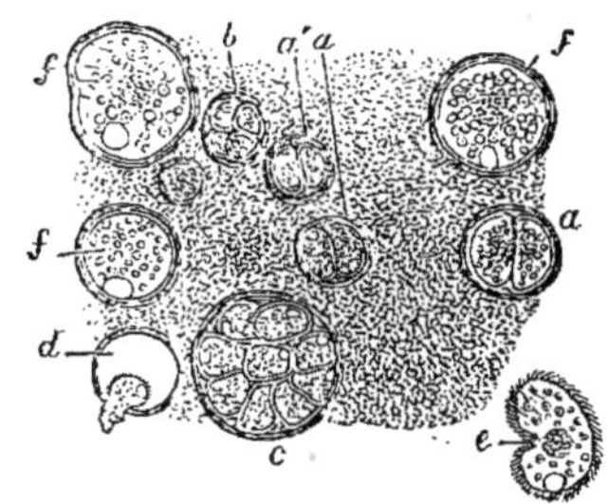

Fig. 2. — Enkystement des kolpodes.

a, *b*, *c*, kolpodes se divisant dans l'intérieur de leurs kystes en deux, quatre et plus grand nombre de kolpodes nouveaux. — *d*, kolpode sortant de son kyste. — *e*, kolpode libre. — *f*, *f*, kolpode enkysté.

par une ouverture anale placée à la grosse extrémité du corps le résidu de la digestion. Près de cette ouverture anale se trouve une vésicule contractive prise pour le cœur par certains micrographes et qui paraît être l'organe propulseur d'un appareil aquifère. Au centre du corps du kolpode apparaît un assez volumineux organe de reproduction.

Quand, à la surface des infusions, il se forme une pellicule où se développent des monades, des vibrions, des bactéries, on voit les kolpodes répandus dans le récipient se diriger vers cette pellicule pour y assouvir leur faim sur les animalcules qui la composent ou bien pour s'y mettre en contact avec l'air. Puis, parmi ces kolpodes, on en voit qui s'arrêtent tout à coup, se mettent à tourner sur place, se courbent en boule, et continuent cette giration jusqu'à ce qu'une sécrétion de leur corps se soit coagulée autour d'eux en une membrane enveloppante : ils s'enkystent, en un mot, et alors ils deviennent complètement immobiles dans leur enveloppe comme un insecte dans son cocon. Les plus petits à cette période de leur existence ont une grande ressemblance avec un ovule : c'est ce qui a pu faire croire à un œuf *spontané*.

Bientôt les kolpodes enkystés et immobiles se séparent en deux, en quatre, et quelquefois en douze kolpodes plus petits (voy. fig. 2), qui, une fois séparés et distincts, entrent en giration chacun pour leur compte sous leur commune enveloppe. Les mouvements auxquels ils se livrent finissent par user le kyste en un point quelconque, et dès qu'une fissure y est pratiquée, on les voit sortir de leur prison et se mêler à la population dont ils accroissent le nombre. Ce sont les kystes de *multiplication*, par opposition à un autre enkystement qui se rattachera à la conservation de l'individu. Telle est l'explication du peuplement des infusions.

Quand dans les infusions les kolpodes ont épuisé leur pouvoir reproducteur et que l'évaporation menace de tarir leur récipient, ils s'enkystent pour se mettre à l'abri des causes de destruction. On peut alors les faire sécher sur des lames de verre et les conserver indéfiniment en cet état; ils reviennent à la vie dès qu'on leur rend l'humidité. M. Balbiani conserve de la sorte depuis sept ans des individus qu'il rend à la vie active et qu'il dessèche chaque année.

Ces kystes de kolpodes, graines animales impalpables, s'attachent comme la poussière à la surface des corps, sur les feuilles, les branches, les écorces des arbres, sur les herbes au fond des mares taries, dans le sable ou la vase desséchée. Leur petitesse leur permet de passer à travers les filtres, et l'on ne peut s'en débarrasser. Ils rompent leur enveloppe toutes les fois que les pluies ou la rosée leur rendent l'humidité, prennent la nourriture qui se trouve à leur portée et forment un nouveau cocon dès que l'eau vient à leur manquer. Ils passent donc tour à tour dans un état de mort apparente et de résurrection sous l'influence d'une condition physique qui existe ou fait défaut.

Les *rotifères* ou rotateurs (fig. 3 et 4) sont des animaux d'organisation déjà élévée, classés soit parmi les vers (Gegenbaur), soit comme groupe à part entre les crustacés et les vers (Van Beneden).

Ces animaux ont de $0^{m},05$ à 1 millimètre : ils sont donc loin d'être microscopiques. On les trouve dans les mousses et surtout dans celles (*Bryum*) qui forment des touffes vertes sur les toitures. Leur organisation nous montre des appareils très variés : ils possèdent des organes viscéraux et locomoteurs assez compliqués (voy. fig. 3). Ils peuvent ramper ou nager et, suivant qu'ils ont recours à l'un ou l'autre mode de locomotion, l'aspect sous lequel ils se présentent change. Dans l'état le plus ordinaire, leur corps est fusiforme, aminci à la partie antérieure et terminé par une sorte de ventouse ciliée au moyen de laquelle ils se fixent aux corps solides pour progresser par reptation comme les sangsues. Ce prolongement d'autres fois est rétracté vers l'intérieur et alors on voit saillir deux lobes arrondis en forme de disques bor-

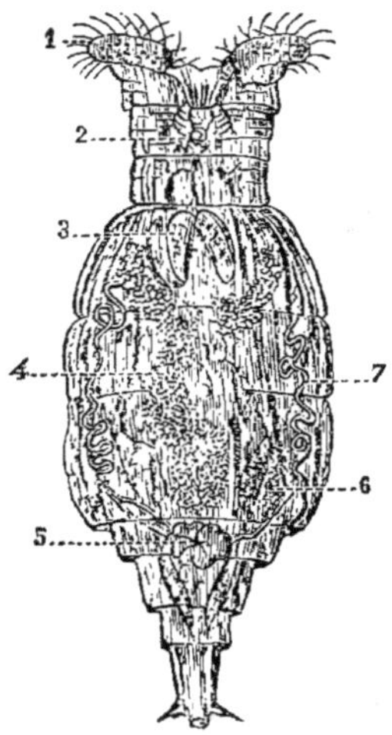

Fig. 3. — Rotifère des toits à l'état de vie active.

1, organes ciliés. — 2, tube respiratoire. — 3, appareil masticateur. — 4, intestin. — 5, vésicule contractile. — 6, ovaire. — 7, canal d'excrétion.

dés de cils. A l'état de vie latente ils sont immobiles et ramassés en boules comme on le voit dans la figure 4.

Les *tardigrades* (fig. 5), bien étudiés au point de vue de leur vie latente par M. Doyère (1), sont des animaux encore plus élevés en organisation que les précédents. Ils appartiennent à la classe des *arachnides :* c'est une famille d'*acariens*. Ils ont quatre paires de pattes

(1) Doyère, *Ann. des sc. nat.*, 1840-1841.

courtes, articulées, munies d'ongles. Leur corps apointi en avant permet de distinguer 3 ou 4 articulations.

Exclusivement marcheurs, ces animaux vivent dans

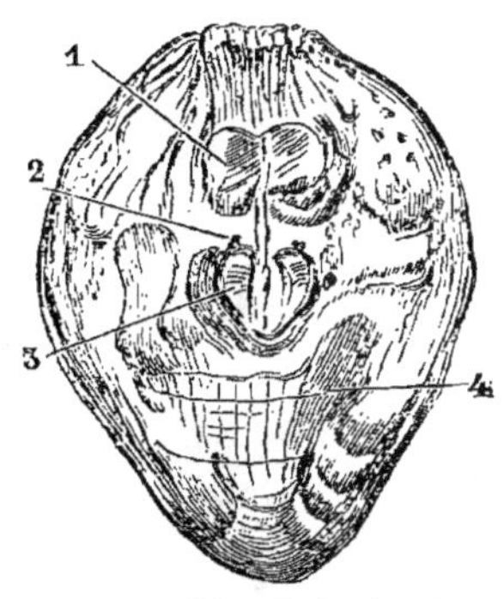

Fig. 4. — Rotifère à l'état de dessiccation.

1, organe rotateur. — 2, yeux. — 3, appareil masticateur. — 4, intestin.

Fig. 5. — Croquis de tardigrade (*Emydium testudo*) grimpant sur un grain de sable.

la poussière des toits ou sur les mousses qui y végètent. Exposés à des variations hygrométriques excessives, ils vivent tantôt dans l'eau qui baigne le sable des gouttières, comme de véritables êtres aquatiques, tantôt comme des vers de terre.

Lorsque l'eau vient à leur manquer, ils se rétractent, se racornissent, et se confondent avec la poussière voisine; ils peuvent rester plusieurs mois, et on conçoit qu'ils puissent rester indéfiniment sans manifestations appréciables de la vie, dans cet état de dessiccation.

Mais si, comme Leeuwenhœk l'a fait pour la première fois, le 27 septembre 1701, on humecte cette poussière, on voit au bout d'une heure les animaux y fourmiller actifs et mobiles : leurs organes, muscles, nerfs, viscères digestifs, se rétablissent dans leurs

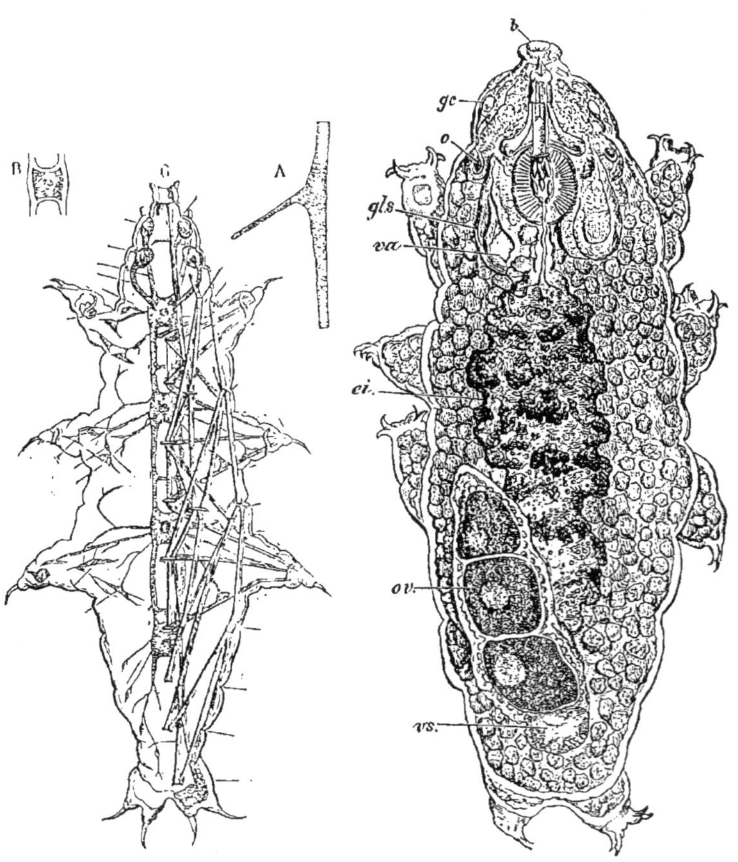

FIG. 6. — Système musculaire et nerveux d'un *Milnesium tardigradum* (figure empruntée à Doyère, Thèse de la Faculté des sciencesde Paris, 1842).

Systèmes musculaire et nerveux du tardigrade. — A, mode de terminaison des nerfs dans les muscles. — B, un ganglion nerveux de la chaîne sous-intestinale.

FIG. 7. — Système digestif du *Milnesium tardigradum* (Doyère, Thèse de la Faculté des sciences de Paris, 1842).

b, bouche. — *g l s*, glandes salivaires. — *e i*, sac digestif avec ses lobes extérieurs et sa cavité interne. — *o v*, l'ovaire rejeté sur le côté. — *v s*, vésicule séminale.

formes (voy. fig. 6 et 7); ils reprennent, en un mot, toute la plénitude de leur vitalité jusqu'à ce que la sécheresse vienne l'interrompre encore une fois.

Ces faits ont eu un très grand retentissement et ont donné lieu autrefois à des discussions relatives à la question de savoir si véritablement la vie a été complètement suspendue pendant la dessiccation, ou seulement atténuée comme cela a lieu par le froid chez les animaux hibernants. Après un débat porté devant la Société de biologie par MM. Doyère, Davaine et Pouchet, il fut bien établi que : « 1° il n'y a pas de vie » appréciable dans les corps inertes des animaux revi- » viscibles et 2° que ces corps conservent leur pro- » priété de reviviscence dans des conditions (vide sec à 100°) *incompatibles avec toute espèce de vie manifestée*.

D'après ces faits, il paraît bien certain que la vie est complètement arrêtée malgré la complexité de l'organisation de ces animaux. On y trouve en effet des muscles, des nerfs, des ganglions nerveux, des glandes, des œufs, tous les tissus en un mot qui constituent les organismes supérieurs (voy. fig. 6 et 7). Cependant on n'a jamais, à ma connaissance, fait l'expérience de les conserver pendant un très long espace de temps à l'état de vie latente. Le vrai *critérium* qui permet de décider si la vie est réellement arrêtée d'une manière absolue, c'est la durée indéterminée de cet arrêt.

Anguillules de blé niellé (fig. 8). — Les faits observés sur les anguillules du blé niellé ne sont pas moins intéressants que ceux que nous avons examinés précédemment. Ils conduisent d'ailleurs aux mêmes conclusions (1).

(1) Davaine, *Mémoires de la Société de biologie*, 1856.

La *nielle* se manifeste dans le blé, par une déformation du grain après sa maturité et par un changement de couleur. Les grains sont petits, arrondis, noirâtres et consistent en une coque épaisse et dure dont la cavité est remplie d'une poudre blanche (fig. 8, A et B). Cette maladie est provoquée par l'existence d'helmin-

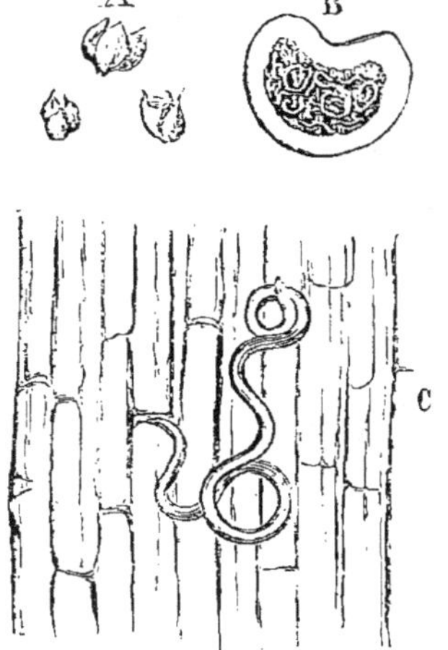

Fig. 8. — Figure d'après M. le docteur Davaine (*Mémoires de la Société de biologie*. 1856).

A, grains de blé niellé de grandeur naturelle.

B, coupe en travers du grain niellé contenant des anguillules adultes, grossi quatre fois.

C, coupe longitudinale d'une jeune tige de blé, grossie cent fois; on n'a pu figurer qu'une portion de cette coupe sur laquelle on voit une anguillule (larve), son attitude montre qu'elle n'est ni dans les vaisseaux ni dans le tissu de la feuille, mais à la surface.

thes nématoïdes très petits, existant dans chaque grain au nombre de plusieurs milliers. Ces anguillules (*anguillula tritici*) n'ont point d'organes sexuels et ne peuvent se reproduire ; mais elles proviennent d'œufs déposés par d'autres anguillules pourvues d'organes génitaux qui avaient pénétré dans le grain avant sa maturité. Celles-ci s'étaient introduites dans la jeune plante, développée par la germination, entre les gaines des feuilles, qui renferment l'épi en voie de formation (fig. 8, C).

Mais cette introduction n'est possible que si la plante est humide, car alors seulement l'anguillule est active et peut s'élever le long de la tige. Sinon l'anguillule restera dans le sol, au pied de l'épi nouveau, et le blé sera préservé de son atteinte. Aussi est-ce dans les années humides, où les pluies sont abondantes au temps de la formation de l'épi, que les blés sont sujets à la nielle. Les cultivateurs savaient cela, mais ils ne pouvaient comprendre le rapport qu'il y a entre l'humidité de la saison et la nielle du blé. On voit que ce rapport n'a rien de mystérieux ; c'est une simple condition physique qui fait que le chemin est praticable ou non pour le parasite. Il en est ainsi généralement, et toutes les harmonies naturelles se ramènent à des conditions physico-chimiques quand nous en connaissons le mécanisme.

Le grain de blé est, à cette époque, formé d'un parenchyme jeune et mou, dans lequel les diverses parties, paléoles, étamines, ovaires, ne sont point distinctes, et où l'anguillule peut pénétrer facilement. C'est là que l'animal passe de l'état de larve à l'état parfait ; ses organes sexuels, qui ne s'étaient point encore développés, apparaissent et atteignent leur perfectionnement organique ; la femelle pond des œufs qui arrivent à éclosion et vivent à l'état de larve dans la cavité qui renferme les parents destinés à périr. Les anguillules larves ne tardent point à se dessécher avec le grain lui-même et attendent, dans un état de mort apparente, les conditions nécessaires à leurs manifestations vitales : l'humidité et l'air.

Les larves d'anguillules se présentent sous forme de poussière blanche grossièrement semblable à de l'amidon, ayant une longueur moyenne de 8 dixièmes de millimètre (fig. 8, B).

La respiration de ces animaux quand ils sont dans le grain de blé est nulle. M. Davaine a maintenu dans le vide pendant vingt-sept heures des anguillules enfermées dans des épis verts, sans que ces animaux fussent modifiés bien sensiblement dans leur activité par ce traitement. On conçoit donc qu'il serait possible de conserver des anguillules desséchées indéfiniment dans le vide. Mais on ne pourrait pas agir de même sur les larves vivantes dans l'eau. Exposées dans le vide, elles tombent bientôt dans un état de mort apparente ; elles reviennent à l'activité quand on laisse l'air arriver de nouveau. Je vous ai montré qu'il suffit d'empêcher le contact de l'air avec l'eau où elles vivent, en mettant de l'huile par exemple autour de la lamelle du porte-objet du microscope, pour voir bientôt les anguillules tomber en état d'asphyxie.

M. Davaine, n'ayant trouvé dans l'intestin de ces animaux ni revêtement cellulaire auquel on pourrait attribuer des fonctions digestives, ni particules solides, en conclut que vraisemblablement la nutrition de ces animaux, comme leur respiration, s'accomplit en partie par la peau. Je pense que la nutrition doit surtout s'opérer au moyen de réserves alimentaires que renferme le corps de l'animal et non par l'absorption de substances venues du dehors.

Ces animaux se meuvent sur place, sans progresser véritablement, tant que dure leur vie. Leurs mouvements ne subissent pas d'interruption à moins que quelque condition extérieure n'intervienne. La dessiccation, la soustraction de l'air, sont les conditions ordinaires qui arrêtent ces mouvements ainsi que toutes les manifestations apparentes de la vie.

Baker, en 1771, observa que des anguillules conservées inertes depuis vingt-sept ans reprenaient leur activité dès qu'on les humectait. Pour ma part j'ai vu des anguillules revenir à la vie après avoir été conservées pendant quatre années, dans un flacon très sec et bien bouché.

Spallanzani détermina leur revivification et leur engourdissement jusqu'à seize fois de suite. Ces animaux ne peuvent pas revenir à la vie indéfiniment, parce que, à chaque reviviscence, ils consomment une partie de leurs matériaux nutritifs sans pouvoir réparer cette perte, puisqu'ils ne mangent pas. De sorte qu'à la fin la condition intrinsèque formée par la réserve des matériaux nutritifs finit par disparaître et empêcher la vie de se manifester lors même que subsistent les trois autres conditions extrinsèques : chaleur, eau, air.

Si l'on abaisse progressivement la température de l'eau qui renferme les anguillules, elles conservent leurs mouvements jusqu'à zéro. Puis les mouvements s'éteignent. Lorsque ensuite on élève de nouveau la température, c'est seulement vers 20 degrés qu'on les voit sortir de leur état de mort apparente. Elles renaissent ainsi lors même qu'elles ont subi un abaissement considérable de température, jusqu'à 15 ou 20 degrés au-dessous de zéro. Elles résistent moins bien que les rotifères aux températures élevées, et à 70 degrés au-dessus de zéro elles périssent infailliblement.

On a observé qu'il faut continuer l'action de l'humidité pendant des durées de temps très inégales pour déterminer la reviviscence des anguillules. Mais on peut faire en sorte qu'une seule des autres conditions nécessaires fasse défaut, l'aération par exemple ; si on la fait intervenir après humectation prolongée, la reviviscence se produira dans des temps sensiblement égaux. Pour réaliser l'expérience, j'humecte les grains niellés pendant vingt-quatre heures; les ouvrant alors, on observe que le même temps est à peu près nécessaire pour ramener les animaux à la possession de leurs fonctions vitales. Toutefois si on laisse les grains de nielle entiers trop longtemps immergés dans l'eau, les anguillules finissent par perdre la faculté de reviviscence.

Autres exemples de vie latente : œufs, ferments, levure de bière, etc. — Nous avons vu que la graine fournit un des exemples les plus nets de vie latente. Le substratum de la vie existe bien dans la graine ; mais si les conditions physico-chimiques externes font défaut, tout conflit, tout mouvement vital est suspendu.

On a été tenté de chercher des phénomènes analogues dans les œufs de certains animaux, en les comparant aux graines. Cette assimilation est inexacte. La graine n'est pas un œuf, nous l'avons déjà dit ; elle n'en a pas les propriétés : c'est un embryon.

Il ne faut pas s'étonner d'ailleurs que l'œuf ne puisse pas comme la graine tomber en état d'indifférence chimique, à l'état de vie latente. L'œuf est un corps en évolution, dont le développement ne saurait s'arrêter d'une manière complète. Il est seulement à l'état de vie engourdie ou oscillante, comme nous le verrons; il reste toujours en relation d'échange matériel avec le milieu. En un mot l'œuf respire; il prend de l'oxygène et restitue de l'acide carbonique; il ne reste pas inerte dans le milieu ambiant inaltéré.

L'indifférence ou l'inertie apparente de l'œuf n'est qu'une illusion produite par la lenteur, l'atténuation ou l'obscurité des phénomènes qui s'y passent. Les œufs des vers à soie, par exemple, attendent pour éclore le retour du printemps; mais on doit admettre que la vie n'y a pas été complètement suspendue. Des changements s'y accomplissent sous l'influence du froid, et, le printemps revenant, la chaleur ne trouve plus l'œuf dans le même état, avec la même constitution qu'il avait à la fin de l'automne. On comprend dès lors que la chaleur qui, à cette époque, n'avait pu déterminer le développement de l'œuf, le puisse faire maintenant.

Ces phénomènes, résultant de l'influence des conditions physiques du milieu sur la vie latente ou la vie engourdie des êtres, nous expliquent certaines adaptations harmoniques de la nature. A quoi servirait, par exemple, que l'œuf du ver à soie puisse éclore au milieu de l'hiver, puisque l'animal ne trouverait point les feuilles dont il doit se nourrir? Il est donc naturel que cet œuf n'acquière cette faculté qu'au printemps et qu'il sommeille pendant les froids de l'hiver en complétant lentement son développement. Des phénomènes analogues d'hibernation se passent sans doute dans les végétaux. Toutefois il ne faudrait pas attribuer ces phénomènes à des causes surnaturelles ou merveilleuses. L'influence du cours des saisons, l'influence de leur durée s'expliquent par le retour et les alternatives de conditions physico-chimiques déterminées. L'hiver n'a pas agi sur les œufs de ver à soie comme une condition particulière ou extra-physique ; l'hiver a agi simplement comme condition physique, comme *froid*. C'est ce qu'ont démontré les expériences de M. Duclaux. L'œuf de ver à soie pondu à la fin de l'été ne doit éclore naturellement qu'au printemps suivant parce que l'hiver et les froids apportent une condition physique favorable à un certain développement insensible qui doit précéder son éclosion. Or on peut remplacer l'hiver naturel par un hiver artificiel. Si l'on soumet ces œufs pendant vingt-quatre heures à l'action d'une température de zéro degré, puis, que l'on fasse intervenir la chaleur, le développement se fait immédiatement et sans retard.

Les *ferments*, ces agents si importants de la vie et encore si peu connus, ont la faculté de tomber en état de vie latente. Toutefois, nous devons faire ici une distinction relativement aux ferments *solubles* et aux ferments *figurés*. Les premiers ne sont pas des êtres vivants, et la propriété qu'ils nous offrent de se dessécher, puis de se redissoudre et de reprendre leur activité chimique, ne peut rappeler que de loin les phénomènes de vie latente. Les ferments figurés, au contraire, sont des êtres vivants qui se reproduisent;

après avoir été desséchés, ils revivent sous l'influence de l'humidité et manifestent non seulement leurs propriétés chimiques, mais encore leur faculté de prolifération, de reproduction ; ce sont bien là de vrais phénomènes de *vie latente.*

La levure de bière nous fournit un précieux exemple de cette double faculté. Que l'on prenne de la levure en pleine activité et qu'on la soumette à une dessiccation graduelle, elle se trouvera réduite à l'état de vie latente, on pourra l'exposer à une température fort élevée ou à l'action de l'alcool prolongée, elle résistera à ces épreuves; et lorsque ensuite on la placera dans des conditions convenables, elle revivra et pourra se développer de nouveau.

Voici un tube dans lequel nous avons mis en fermentation de la levure de bière desséchée à 40 degrés et conservée depuis deux ans ; elle s'est peu à peu imbibée d'eau et a produit la fermentation alcoolique quand on y a ajouté du sucre.

Dans un autre tube, nous avons mis de la levure de bière également desséchée et conservée dans de l'alcool absolu depuis un an et demi. Elle s'est également imbibée d'eau peu à peu et a très bien produit ensuite la fermentation alcoolique.

Dans une autre expérience, j'ai délayé de la levure de bière fraîche dans de l'alcool absolu, où elle est restée immergée trois ou quatre jours. Après ce temps, j'ai recueilli cette levure sur un filtre pour la dessécher ; mise de nouveau avec de l'eau sucrée, elle a donné lieu à une fermentation alcoolique très active.

Je dois ajouter que dans tous les cas où la levure a été préalablement desséchée, qu'elle ait été soumise ou non à l'influence de l'alcool, il faut qu'elle s'imbibe de nouveau par une macération préalable de vingt-quatre ou trente-six heures, avant que la fermentation alcoolique apparaisse avec tous ses caractères : inversion de la saccharose en glycose, dédoublement de la glycose en acide carbonique et alcool, etc. On voit ainsi que les deux ferments dont est constituée la levure de bière, le ferment inversif ou ferment soluble, et le *torula cerevisiæ*, ferment figuré, possèdent tous deux la faculté de reprendre leur propriété après dessiccation.

Explication de la vie latente. — La dessiccation est une condition de protection pour les organismes qui doivent être exposés aux vicissitudes atmosphériques. Nous avons vu les kolpodes, les rotateurs, les tardigrades, les anguillules s'enkyster, se segmenter, s'enrouler, etc., dès que l'eau nécessaire à leurs manifestations vitales vient à manquer.

Si maintenant nous cherchons à nous rendre compte des mécanismes par lesquels se produit l'état de vie latente et se fait le retour à la vie manifestée, nous verrons avec la plus grande évidence l'influence des conditions extérieures se manifester sur les deux ordres de phénomènes auxquels nous avons rattaché la vie chez tous les êtres : *la création* et *la destruction organiques*.

Occupons-nous d'abord du passage de la vie manifestée à l'état de vie latente. La condition principale que doit remplir un organisme pour tomber dans cet état, c'est *la dessiccation*. Les autres circonstances, de température, de composition de l'atmosphère gazeuse, ne sauraient agir aussi efficacement que la dessiccation pour suspendre la vie. Une graine humide soumise au froid ou exposée dans un gaz inerte finirait probablement à la longue par s'altérer. Cependant on ne pourrait pas conclure d'une manière absolue que le maintien illimité de la vie latente exige la dessiccation, car des graines enfouies dans la terre ou au fond de l'eau se sont conservées en état de vie latente pendant des temps indéterminés mais certainement très considérables (au moins un siècle).

La dessiccation a pour conséquence immédiate de faire disparaître, de rendre impossibles, les phénomènes de *destruction organique*, c'est-à-dire les manifestations fonctionnelles de l'être vivant ; il en est de même des autres conditions qui produisent la vie latente. Les propriétés physiques des tissus, leur élasticité, leur densité, leur ténacité, sont d'abord modifiées par un degré de dessiccation de la substance organisée poussée trop loin. Viennent aussi les phénomènes chimiques de la destruction vitale, dont l'action se trouve arrêtée par le fait même de la dessiccation ; car les agents de ces phénomènes, les *ferments*, en se desséchant deviennent inertes. La dessiccation amène donc la suppression de la *destruction* vitale en faisant disparaître les propriétés physiques et chimiques des tissus. La *création* vitale s'arrête alors, elle aussi, dans les cellules desséchées. En un mot, la vie, considérée sous ses deux faces, est suspendue : l'organisme est en état d'indifférence chimique, il est inerte. Il y a arrêt de la vie ou *vie latente*.

L'influence de la dessiccation sur les *propriétés physiques* des tissus et des substances de l'organisme a été mise en évidence dans un travail fondamental publié en 1819 par M. Chevreul (1).

Ces recherches, très importantes pour la physiologie, ont porté sur les tendons, les tissus fibreux, le ligament jaune et diverses substances albuminoïdes.

Les *tendons* forment les tissus par lesquels les muscles s'attachent aux os; ils se présentent à l'état normal comme des cordons souples, élastiques, d'aspect nacré, ayant une grande ténacité. Lorsqu'ils sont secs, ils perdent 50 pour 100 d'eau environ, ils deviennent jaunâtres : leur élasticité a diminué au point que si on les courbe, il se produit des déchirures, des ruptures, et le tissu est désorganisé. Mais qu'on remette le tendon dans l'eau, il absorbe de nouveau ce liquide jusqu'à en prendre à peu près sa teneur normale. La dessiccation lui a fait perdre ses propriétés; l'humectation les lui restitue.

La *fibrine* du sang se trouve dans les mêmes conditions. Elle peut perdre par la dessiccation 80 pour 100 d'eau, et avec cela disparaissent sa couleur, sa ténacité, son élasticité. Remise au contact de l'eau elle en reprend environ la même quantité et recouvre ses propriétés perdues.

(1) *Mémoires du Muséum*, t. XIII.

La *cornée* transparente offre des phénomènes analogues. Desséchée, elle devient opaque : humectée de nouveau, elle reprend sa transparence (1).

On voit donc que pour les tissus, qu'on peut considérer comme de simples matériaux physiques de l'organisation, leurs propriétés n'interviennent dans les manifestations de la vie qu'en raison de l'eau qu'ils renferment.

L'*albumine* d'œuf soluble présente des phénomènes très analogues à ceux que nous avons précédemment signalés.

Si on la dessèche lentement (au-dessous de 45 degrés) elle devient jaune, cassante, en perdant environ 90 pour 100 d'eau. Si ensuite on ajoute de l'eau, elle se redissout de nouveau. Quand l'albumine se trouve à cet état de dessiccation, on peut la soumettre à une température sèche élevée, à 100 degrés par exemple, sans qu'elle perde la faculté de se redissoudre.

L'albumine d'œuf *coagulée* par la chaleur se dessèche en laissant évaporer environ 90 pour 100 d'eau, mais si

(1) Il n'y a pas que la dessiccation qui fasse perdre à la cornée sa transparence. Quand on comprime entre les doigts l'œil d'un chien ou d'un lapin récemment extrait de l'orbite, on voit la cornée devenir opaque par la pression et reprendre sa transparence quand la compression cesse. J'ai, il y a bien longtemps, montré que ce phénomène se reproduit sur le vivant. Si avec l'extrémité du manche d'un scalpel on exophthalmise les yeux sur un chien ou sur un lapin, les deux globes oculaires font saillie avec une cornée opaque à tel point que l'animal est devenu aveugle ; mais dès qu'on fait rentrer l'œil dans l'orbite, la compression cessant, la cornée devient transparente et l'animal recouvre la vue. Ici l'opacité de la cornée doit être attribuée non à la dessiccation de la cornée, mais bien à un changement de la disposition moléculaire dans ses parties constituantes.

après dessiccation on l'humecte, on voit qu'elle a perdu sans retour la propriété de se redissoudre. Cette expérience sur la solubilité de l'albumine à ses divers états est un fait capital au point de vue du sujet qui nous occupe.

Nous voyons comment la suppression de l'humidité et des conditions extrinsèques propices peut entraîner la disparition, tout au moins la suspension, des propriétés des tissus; toute manifestation vitale qui exige la mise en jeu de ces propriétés physiques et mécaniques se trouve par là même supprimée.

Nous devons rapprocher de ces faits une expérience de M. Glénard, de Lyon, relative à la dessiccation du sang du cheval dans ses vaisseaux. Le sang de cheval se coagule lentement; on fait dessécher à une température inférieure à 45 degrés le sang contenu dans une veine jugulaire, par exemple. Après dessiccation, on constate que ce sang se redissout dans l'eau et que le plasma qui en résulte n'a pas perdu la propriété de se coaguler. Cela montre ce fait intéressant, que, chez un animal élevé, comme chez les êtres inférieurs, la fibrine soluble du plasma ne perd pas sa propriété coagulable par la dessiccation.

Nous avons dit que la dessiccation, c'est-à-dire la disparition de l'humidité nécessaire aux organismes, supprime non seulement les propriétés physiques des tissus, mais aussi les *phénomènes chimiques* qui s'y passent. Nous savons que ces phénomènes ont pour agents principaux des ferments et qu'il s'agit ici de fermentation. Or, les expériences les plus simples nous montrent que ces fermentations, comme toutes les actions chimiques, ne sauraient s'accomplir qu'au sein d'un milieu liquide. *Corpora non agunt nisi soluta.*

Il faut donc, pour l'accomplissement des fermentations, à la fois une température et un degré d'humidité convenables; faute de quoi l'action se suspend. J'ai depuis bien longtemps montré dans mes cours que les ferments ont la propriété de se dessécher et de reprendre leurs propriétés quand ils viennent à être humectés de nouveau. Voici du ferment pancréatique à l'état sec : il peut être mis en contact avec l'amidon desséché sans qu'il se produise aucune action. Si l'on ajoute de l'eau, la transformation en sucre se produira rapidement à la température convenable. Le ferment n'avait donc pas perdu le pouvoir d'agir : il était seulement dans l'impossibilité de manifester son action.

Le suc gastrique desséché ne digère plus; il peut rester indéfiniment au contact de la viande également desséchée sans l'attaquer. L'addition de l'eau, à une température voisine de celle du corps, à 40 degrés, fera reparaître la digestion suspendue.

On comprend par ces exemples que la dessiccation abolisse les deux ordres de phénomènes physiques et chimiques de l'organisme. Ces phénomènes caractérisant la destruction vitale étant empêchés, la création organique s'interrompt à son tour; l'organisme perd les caractères de la vie.

Le réveil de l'être plongé dans l'état de vie latente, son retour à la vie manifestée, s'explique tout aussi simplement.

C'est d'abord la destruction vitale qui redevient possible par le retour des phénomènes physiques et chimiques ; puis, la vie créatrice reparaît à son tour, quand l'animal reprend des aliments.

Dès que l'humidité et la chaleur sont restituées à l'organisme, les tissus, ainsi que l'ont montré les recherches de M. Chevreul, reprennent la quantité d'eau qu'ils avaient avant leur dessiccation, et leurs propriétés mécaniques et physiques, de résistance, d'élasticité, de transparence, de fluidité, reparaissent. Le retour des phénomènes chimiques a lieu tout aussitôt : les ferments desséchés, en s'humectant de nouveau, récupèrent leur activité, les fermentations interrompues reprennent leur cours dans l'organisme vivant comme en dehors de lui, ainsi que l'expérience directe nous l'a montré.

C'est donc par le rétablissement primitif des actes de destruction vitale que se fait le retour à la vie. La vie créatrice ne se montre qu'en second lieu. C'est là une loi qu'il importe de faire ressortir.

L'animal ou la plante, en renaissant, commence toujours par détruire son organisme, par en dépenser les matériaux préalablement mis en réserve. Cette observation nous fait comprendre la nécessité d'une nouvelle condition pour la reviviscence ou le retour à la vie manifestée. Il faut que l'être possède des réserves, accumulées dans ses tissus, pour pouvoir se nourrir et parer à ses premières dépenses, jusqu'au moment où, complètement revenu à l'existence, il pourra puiser au dehors, par l'alimentation, les matériaux qui lui sont nécessaires pour faire de nouvelles réserves. Nous retrouvons ici incidemment une application de cette grande loi sur laquelle nous ne cessons d'insister, à savoir que la nutrition est toujours indirecte au lieu d'être directe et immédiate. L'accumulation de réserves est donc une nécessité pour les êtres en vie latente : la reprise des manifestations vitales n'est possible qu'à ce prix.

Dès que les phénomènes de destruction vitale ont recommencé dans l'être tout à l'heure inerte, la création vitale reprend aussi son cours, et la vie se rétablit dans son intrégrité avec ses deux ordres de phénomènes caractéristiques.

II. *Vie oscillante.* — L'être vivant, considéré comme individu complexe, peut être lié au milieu extérieur dans une dépendance tellement étroite que ses manifestations vitales, sans s'éteindre jamais d'une manière complète comme dans l'état de vie latente, s'atténuent ou s'exaltent néanmoins daus une très large mesure, lorsque les conditions extérieures varient.

Les êtres dont les manifestations vitales peuvent varier dans des limites étendues sous l'influence des conditions cosmiques sont des êtres à *vie oscillante* ou *dépendante* du milieu extérieur.

Ces êtres sont fort nombreux dans la nature.

Tous les végétaux sont dans ce cas : ils sont engourdis pendant l'hiver. La vie n'est pas complètement éteinte en eux : les échanges matériels de l'assimilation et de la désassimilation ne sont pas supprimés absolument, mais ils sont réduits à un minimum. La végétation est obscure : le processus vital presque insensible. Au printemps, lorsque la chaleur reparaît, le mouvement vital s'exalte; la végétation engourdie prend une activité extrême ; la sève se met en mouvement, les feuilles apparaissent, les bourgeons s'entr'ouvrent et se développent, des parties nouvelles, racines, branches, s'étendent dans le sol ou dans l'air.

Dans le règne animal, il se produit des phénomènes analogues. Tous les invertébrés et, parmi les vertébrés, tous les animaux à sang froid, possèdent une vie *oscillante, dépendante* du milieu cosmique. Le froid les engourdit, et si pendant l'hiver ils ne peuvent être soustraits à son influence, la vie s'atténue, la respiration se ralentit, la digestion se suspend, les mouvements deviennent faibles ou nuls. Chez les mammifères, cet état est appelé *état d'hibernation :* la marmotte, le loir nous en fournissent des exemples.

C'est ordinairement l'abaissement de la température qui produit cette diminution de l'activité vitale. Quelquefois cependant son élévation peut avoir les mêmes conséquences. Nous avons déjà vu que les graines en germination et, parmi les animaux, les grenouilles s'engourdissent à une température élevée; de même, il existe un mammifère américain, le Tenrec, qui tombe, dit-on, dans un véritable état de léthargie sous l'action des plus grandes chaleurs.

Les vertébrés les plus élevés (animaux à sang chaud), qui ont un *milieu intérieur* perfectionné, c'est-à-dire des liquides circulatoires dans lesquels la température est constante, ne sont pas soumis à cette influence du milieu extérieur. Toutefois, à une certaine période de leur existence, au début, ils commencent par être des êtres à vie oscillante. Cela arrive lorsqu'ils sont à l'état d'*œuf*. Le travail évolutif dont l'œuf d'oiseau doit être le siège exige un certain degré de température assez voisin de celui de l'animal adulte : si cette température convenable n'est point offerte à l'œuf, il reste dans l'engourdissement. Il n'est pas en état d'indifférence chimique, car on peut constater qu'il respire ; il absorbe de l'oxygène et rejette de l'acide carbonique. Néanmoins cet échange matériel a peu d'activité. Que l'on prenne un œuf de poule récemment pondu et qu'on le place dans une éprouvette à pied au-dessus d'une couche d'eau de baryte : celle-ci se troublera lentement par le dépôt de carbonate de baryte résultant de l'exhalation de l'acide carbonique respiratoire. L'œuf pourra rester un certain temps dans cet état de vie engourdie, prêt à se développer en un animal nouveau si les conditions de l'incubation sont réalisées. Mais il ne pourra pas conserver indéfiniment cette aptitude : après quelques semaines il sera ce qu'on appelle *passé*, c'est-à-dire mort et devenu impropre à l'incubation. Il n'était donc pas complètement inerte : il vivait obscurément.

Si l'on soumet au contraire l'œuf à la température de 38 ou 40 degrés, l'activité vitale va s'exalter, la respiration, témoin de ce mouvement énergique, va devenir très marquée, la cicatricule va se fractionner, proliférer, les rudiments de l'embryon apparaîtront d'abord et, par suite d'une épigenèse successive, compléteront le type d'un oiseau entièrement constitué ; alors la vie n'est plus engourdie ; elle est au contraire d'une activité extrême.

On doit se demander comment se produit l'engourdissement sous l'action du froid, et par quel mécanisme le retour de la chaleur imprime une impulsion nouvelle à l'activité vitale. L'expérience établit que l'animal tombe en état d'engourdissement ou d'hibernation parce que tous ses éléments organiques sont entourés d'un milieu refroidi dans lequel les actions chimiques se sont abaissées et proportionnellement les manifestations fonctionnelles vitales. Il y a absence, chez l'animal à sang froid ou hibernant, d'un mécanisme qui maintienne autour des éléments un milieu constant en dépit des variations atmosphériques. C'est le refroidissement du milieu intérieur qui engourdit l'animal : c'est le réchauffement de ce même milieu qui le dégourdit.

Lorsqu'un animal à sang froid, une grenouille par exemple, vient à s'engourdir, on pourrait croire que l'action du froid porte primitivement sur sa sensibilité, sur le système nerveux, qui est le régulateur général des fonctions de la vie organique et de la vie animale.

Il n'en est rien. Lorsque le *milieu intérieur*, c'est-à-dire l'ensemble des liquides circulants se refroidit, chaque élément en contact avec le sang s'engourdit pour son propre compte, révélant ainsi son autonomie et les conditions de son activité propre.

En un mot, chaque système organique, chaque élément est de lui-même influencé par le froid comme l'individu tout entier. Il a les mêmes conditions d'activité ou d'inactivité que l'ensemble, et il forme un nouveau microcosme dans l'être vivant, microcosme lui-même au sein de l'univers.

De même, lorsque l'animal engourdi revient à la vie, ce n'est pas le système nerveux qui réveille les autres systèmes : et comment cela se pourrait-il, puisqu'il est dans le même état d'engourdissement qu'eux ? C'est encore le *milieu intérieur* qui reçoit l'influence du *milieu extérieur* et qui réveille chaque élément d'une manière successive selon sa sensibilité ou son excitabilité. Une expérience que j'ai exécutée autrefois met bien ces idées en pleine évidence. On prend une grenouille engourdie par le froid. La sensibilité, la motilité sont éteintes : les appareils de la vie organique fonctionnent obscurément ; le sang revient rouge des tissus où la combustion vitale est extrêmement atténuée ; le cœur ne fournit que quatre pulsations par minute au lieu de quinze à vingt comme cela a lieu pendant l'été.

Cette grenouille peut être tirée de son état léthargique. Pour cela, il suffit qu'elle soit réchauffée. Comment agit alors l'élévation de température ? Ce n'est point, avons-nous dit, par une action nerveuse portant sur la sensibilité. J'ai fait, pour m'en assurer, l'expérience suivante : On plonge dans de l'eau tiède une patte de grenouille engourdie, dont le cœur a été mis à découvert. Soit que le nerf du membre ait été sectionné, soit qu'il reste intact, la grenouille est ranimée au bout du même temps. Le cœur reprend ses battements plus rapides et tous les appareils se réveillent successivement. C'est le sang réchauffé qui a créé autour de tous les éléments la condition physique de température nécessaire au fonctionnement vital. Le sang revenant plus chaud de la patte a ravivé les battements du cœur et c'est le cœur excité qui a dégourdi l'animal.

L'influence de la température est ainsi nettement mise en lumière. On voit dans la grenouille un animal à vie oscillante ou dépendante du milieu cosmique. L'abaissement de température diminue son activité vitale, et l'élévation de la température l'exalte.

Toutefois, la proposition, énoncée en ces termes, serait trop absolue. A ce sujet nous devons rappeler des faits que j'ai déjà invoqués pour démontrer qu'il y a une mesure, une gradation et des nuances infinies dans les actions des agents physico-chimiques sur l'organisme. Il est vrai, d'une manière générale, qu'en élevant la température on exalte l'activité vitale; mais, si la température dépasse certaines limites, si, pour la grenouille, par exemple, elle atteint 37 à 40 degrés, l'animal se trouve au contraire anesthésié et engourdi. Il en est de même pour les graines qui, excitées à germer à 20 degrés, sont engourdies à 35 degrés. Nous plaçons sous vos yeux deux grenouilles, l'une que nous avons plongée dans de l'eau à 37 degrés, vous voyez qu'elle est engourdie et ne fait plus de mouvements; elle est dans le même état que la seconde qui a été plongée dans l'eau glacée. Changeons-les de bocal : elles vont se réveiller l'une et l'autre : seulement c'est le froid qui réveillera la première, c'est la chaleur qui ranimera la seconde.

Les animaux et les végétaux engourdis ou anesthésiés résistent à des agents qui les tueraient s'ils étaient dans un état de vie plus active. Cette résistance varie d'ailleurs avec la nature des agents toxiques que l'on emploie.

Les animaux engourdis résistent par suite de l'abaissement de leur vitalité à des conditions où d'autres périraient. L'engourdissement est donc aussi une condition de résistance vitale comme l'était la vie latente. Une grenouille reste pendant tout l'hiver sans prendre de nourriture : l'atténuation du processus vital permet cette longue suspension du ravitaillement matériel; l'animal ne supporterait pas l'abstinence aussi longtemps s'il était à une température plus élevée. Un très petit oiseau, dont l'activité vitale est toujours considérable, meurt de faim si on le laisse vingt-quatre heures sans nourriture.

Dans leurs belles recherches sur la respiration, MM. Regnault et Reiset ont signalé la résistance remarquable des marmottes en état d'hibernation à des conditions qui les feraient périr si elles étaient dans leur état de vie ordinaire. Une marmotte, qui respire faiblement pendant l'hibernation, peut être plongée sans inconvénient dans une atmosphère pauvre en oxygène; réveillée, elle ne tarderait pas à y périr asphyxiée. De même, cet animal, qui était resté plusieurs mois sans nourriture et qui supportait l'abstinence sans dommage, ne pourra plus la soutenir dès qu'il sera réveillé. Il faudra lui fournir des aliments abondants qu'il engloutira avec voracité, sans quoi il ne tarderait pas à périr. J'ai souvent répété cette expérience chez des loirs ou des marmottes que je réveillais; si je ne leur donnais pas de nourriture, ils succombaient bientôt, ayant rapidement épuisé les réserves dues à une nutrition antérieure.

Pour compléter l'exposé des faits relatifs à la vie *oscillante*, nous dirons que le mécanisme de l'engourdissement et le mécanisme du retour à la vie active s'expliquent aussi clairement que le cas de la vie latente.

L'influence des conditions cosmiques produit d'abord la suppression incomplète des phénomènes physiques et chimiques de la destruction vitale. Les animaux engourdis ne font plus de mouvements : leurs muscles ne subissent plus qu'une légère combustion; ils ont le sang veineux presque aussi rutilant que le sang artériel : de même, les combustions sont considérablement réduites dans les autres tissus; la chaleur produite est faible, l'acide carbonique est excrété en petite quantité. C'est donc la manifestation vitale fonctionnelle, correspondante à la destruction des organes, qui est atténuée en premier lieu. La vie créatrice subit une réduction parallèle. On peut même dire qu'elle est entièrement suspendue quant à la formation des principes immédiats qui constituent les réserves. Toutefois, certains phénomènes morphologiques, les cicatrisations, les réintégrations se produisent encore très activement. Nous aurons plus tard à expliquer ces faits.

Le retour à l'activité vitale s'explique encore de la même manière que la reviviscence.

Il faut nécessairement que l'animal hibernant ait des réserves non-seulement pour parer aux premières dépenses du réveil, mais pour suffire à la consommation qu'il fait dans l'état d'engourdissement. La destruction vitale, en effet, n'est pas suspendue, elle n'est que diminuée; quant à la création vitale, à la formation des réserves, elle n'a plus de matériaux sur lesquels elle puisse s'exercer pendant l'hibernation, puisque l'animal ne s'alimente plus au dehors.

C'est pourquoi, avant de tomber dans le sommeil hibernal ou dès qu'ils en pressentent les approches, les animaux préparent ces réserves sous diverses formes. Chez la marmotte, les tissus se chargent de graisse et de glycogène : chez la grenouille, chez tous les animaux, il s'accumule des provisions organiques de diverses substances. C'est donc sur ces épargnes prévoyantes préparées par la nature que l'animal vit pendant la période d'engourdissement; il ne fait plus que dépenser, il ne crée plus, il n'accumule plus. Ces réserves suffisent pendant un certain temps aux manifestations atténuées qu'on observe chez ces animaux engourdis, mais elles seraient vite dissipées si l'activité vitale renaissait. Aussi, est-il nécessaire que, dès leur réveil, les animaux trouvent à leur portée les matériaux alimentaires sur lesquels va s'exercer l'élaboration créatrice. Les loirs placent dans le gîte où ils s'endorment des provisions qu'ils consomment dès qu'ils se raniment. J'ai eu l'occasion de faire des expériences intéressantes sur ces animaux. Si l'on prend des loirs engourdis et que, les sacrifiant en plein sommeil, on analyse leur foie, on y trouve encore une certaine provision de glycogène; mais si on ne les sacrifie que quatre ou cinq heures après les avoir réveillés, on ne trouve presque plus de traces de cette matière. Ces quatre heures de vie active ont dépensé l'épargne qui eût encore suffi à quelques semaines de vie engourdie.

Outre l'engourdissement prolongé dont nous venons de parler et que l'animal ne supporte qu'à la condition de présenter des réserves considérables antérieurement accumulées, il y a des engourdissements en quelque sorte passagers qui n'exigent plus de telles provisions. On voit des insectes engourdis le matin, après une nuit de fraîcheur, se montrer pleins d'activité au soleil de la journée. L'abeille immobile, que l'on peut saisir impunément le matin, est en état de piquer vivement vers le midi. Il est clair que ces périodes d'activité et d'engourdissement sont trop courtes et se succèdent trop rapidement pour nécessiter des réserves considérables; mais néanmoins on doit être assuré que la grande loi de la nutrition au moyen des réserves est constante et que, au degré près, les choses se passent de la même manière dans tous les états de la vie.

III. *Vie constante ou libre.* — La vie constante ou libre est la troisième forme de la vie : elle appartient aux animaux les plus élevés en organisation. La vie ne s'y montre suspendue dans aucune condition : elle s'écoule d'un cours constant et indifférent en apparence aux alternatives du milieu cosmique, aux changements des conditions matérielles qui entourent l'animal. Les organes, les appareils, les tissus, fonctionnent d'une manière sensiblement égale, sans que leur activité éprouve ces variations considérables qui se montraient chez les animaux à vie oscillante. Il en est ainsi parce qu'en réalité le *milieu intérieur* qui enveloppe les organes, les tissus, les éléments des tissus, ne change pas; les variations atmosphériques s'arrêtent à lui, de sorte qu'il est vrai de dire que les *conditions physiques du milieu* sont constantes pour l'animal supérieur; il est enveloppé dans un milieu invariable qui lui fait comme une atmosphère propre dans le milieu cosmique toujours changeant. C'est un organisme qui s'est mis lui-même en serre chaude. Aussi les changements perpétuels du milieu cosmique ne l'atteignent point; il ne leur est pas enchaîné, il est libre et indépendant.

Je crois avoir le premier insisté sur cette idée qu'il y a pour l'animal réellement deux milieux : un *milieu extérieur* dans lequel est placé l'organisme, et un *milieu intérieur* dans lequel vivent les éléments des tissus. L'existence de l'être se passe, non pas dans le milieu extérieur, air atmosphérique pour l'être aérien, eau douce ou salée pour les animaux aquatiques, mais dans le *milieu liquide intérieur* formé par le liquide organique circulant qui entoure et baigne tous les éléments anatomiques des tissus; c'est la lymphe ou le plasma, la partie liquide du sang qui, chez les animaux supérieurs, pénètre les tissus et constitue l'ensemble de tous les liquides interstitiels, expression de toutes les nutritions locales, source et confluent de tous les échanges élémentaires. Un organisme complexe doit être considéré comme une réunion d'*êtres simples* qui sont les éléments anatomiques et qui vivent dans le milieu liquide intérieur.

La *fixité du milieu intérieur est la condition de la vie libre, indépendante :* le mécanisme qui la permet est celui qui assure dans le *milieu intérieur* le maintien de toutes les conditions nécessaires à la vie des éléments.

Ceci nous fait comprendre qu'il ne saurait y avoir de vie libre, indépendante, pour les êtres simples, dont les éléments constitutifs sont en contact direct avec le milieu cosmique, mais que cette forme de la vie est, au contraire, l'apanage exclusif des êtres parvenus au summum de la complication ou de la différenciation organique.

La fixité du milieu suppose un perfectionnement de l'organisme tel que les variations externes soient à chaque instant compensées et équilibrées. Bien loin, par conséquent, que l'animal élevé soit indifférent au monde extérieur, il est au contraire dans une étroite et savante relation avec lui, de telle façon que son équilibre résulte d'une continuelle et délicate compensation établie comme par la plus sensible des balances.

Les conditions nécessaires à la vie des éléments qui doivent être rassemblées et maintenues constantes dans le milieu intérieur, pour le fonctionnement de la vie libre, sont celles que nous connaissons déjà : l'eau, l'oxygène, la chaleur, les substances chimiques ou réserves.

Ce sont les mêmes conditions que celles qui sont nécessaires à la vie des êtres simples ; seulement chez l'animal perfectionné à vie indépendante, le système nerveux est appelé à régler l'harmonie entre toutes ces conditions.

1° *L'eau.* — C'est un élément indispensable, qualitativement et quantitativement, à la constitution du milieu où évoluent et fonctionnent les éléments vivants. Chez les animaux à vie libre il doit exister un ensemble de dispositions réglant les pertes et les apports de manière à maintenir la quantité d'eau nécessaire dans le milieu intérieur. Chez les êtres inférieurs, les variations quantitatives d'eau compatibles avec la vie sont plus étendues; mais l'être est d'autre part sans influence pour les régler. C'est pourquoi il est enchaîné aux vicissitudes climatériques : engourdi en vie latente, dans les temps secs, ranimé dans les temps humides.

L'organisme plus élevé est inaccessible aux oscillations hygrométriques, grâce à des artifices de construction, à des fonctions physiologiques qui tendent à maintenir la constance relative de la quantité d'eau.

Pour l'homme spécialement, et en général pour les animaux supérieurs, la déperdition d'eau se fait par toutes les sécrétions, par l'urine et la sueur surtout; en second lieu par la respiration, qui entraîne une quantité notable de vapeur d'eau, et enfin par la perspiration cutanée.

Quant aux gains, ils se font par l'ingestion des liquides ou des aliments qui renferment de l'eau, ou même, pour quelques animaux, par l'absorption cutanée. En tout cas, il est très vraisemblable que toute la quantité d'eau de l'organisme vient de l'extérieur par l'une ou l'autre de ces deux voies. On n'a pas réussi à démontrer que l'organisme animal produisît réellement de l'eau; l'opinion contraire paraît à peu près certaine.

C'est le système nerveux, avons-nous dit, qui forme le rouage de compensation entre les acquêts et les pertes. La sensation de la soif, qui est sous la dépendance de ce système, se fait sentir toutes les fois que la proportion de liquide diminue dans le corps à la suite de quelque condition telle que l'hémorrhagie, la sudation abondante ; l'animal se trouve ainsi poussé à réparer par l'ingestion de boissons les pertes qu'il a faites. Mais cette ingestion même est réglée, en ce sens qu'elle ne saurait augmenter au delà d'un certain degré la quantité d'eau qui existe dans le sang ; les excrétions urinaires et autres éliminent le surplus, comme une sorte de trop-plein. Les mécanismes qui font varier la quantité d'eau et la rétablissent sont donc fort nombreux ; ils mettent en mouvement une foule d'appareils de sécrétion, d'exhalation, d'ingestion, de circulation, qui transportent le liquide ingéré et absorbé. Ces mécanismes sont variés, mais le résultat auquel ils concourent est constant : la présence de l'eau en proportion sensiblement déterminée dans le milieu intérieur, condition de la vie libre.

Ce n'est pas seulement pour l'eau qu'existent ces mécanismes compensateurs ; on les connaît également pour la plupart des substances minérales ou organiques contenues en dissolution dans le sang. On sait que le sang ne saurait se charger d'une quantité considérable de chlorure de sodium, par exemple : l'excédent, à partir d'une certaine limite, est éliminé par les urines. Il en est de même, ainsi que je l'ai établi, pour le sucre qui, normal dans le sang, est, au delà d'une certaine quantité, rejeté par les urines.

2° *La chaleur.* — Nous savons qu'il existe pour chaque organisme élémentaire ou complexe des limites de température extérieure entre lesquelles son fonctionnement est possible, un point moyen qui correspond au maximum d'énergie vitale. Et cela est vrai non seulement des êtres arrivés à l'état adulte, mais même pour l'œuf ou l'embryon. Tous ces êtres subissent la vie oscillante, mais pour les animaux supérieurs. appelés animaux à sang chaud, la température compatible avec les manifestations de la vie est étroitement fixée. Cette température fixée se maintient dans le milieu intérieur, en dépit des oscillations climatériques extrêmes, et assure la continuité et l'indépendance de la vie. Il y a en un mot, chez les animaux à vie constante et libre, une fonction de calorification qui n'existe point chez les animaux à vie oscillante.

Il existe pour cette fonction un ensemble de mécanismes gouvernés par le système nerveux. Il y a des nerfs *thermiques*, des nerfs *vaso-moteurs* que j'ai fait connaître et dont le fonctionnement produit tantôt une élévation, tantôt un abaissement de température, suivant les circonstances.

La production de chaleur est due, dans le monde vivant comme dans le monde inorganique, à des phénomènes chimiques ; telle est la grande loi dont nous devons la connaissance à Lavoisier et Laplace. C'est dans l'activité chimique des tissus que l'organisme supérieur trouve la source de la chaleur qu'il conserve dans son milieu intérieur à un degré à peu près fixe, 38 à 40 degrés pour les mammifères, 45 à 47 degrés pour les oiseaux. La régulation calorifique se fait, ainsi que je l'ai dit, au moyen de deux ordres de nerfs : les nerfs que j'ai appelés *thermiques*, qui appartiennent au système du grand sympathique et qui servent de frein en quelque sorte aux activités chimico-thermiques dont les tissus vivants sont le siège. Quand ces nerfs agissent, ils diminuent les combustions interstitielles, et abaissent la température; quand leur influence s'affaiblit par suppression de leur action ou par l'antagonisme d'autres influences nerveuses, alors les combustions s'exaltent et la température du milieu intérieur s'élève considérablement. Les nerfs *vaso-moteurs*, en accélérant la circulation à la périphérie du corps ou dans les organes centraux, interviennent également dans le mécanisme de l'équilibration de la chaleur animale.

J'ajouterai seulement ce dernier trait. Quand on atténue considérablement l'action du système cérébro-spinal en laissant persister pleinement celle du grand sympathique (*nerf thermique*), on voit la température s'abaisser considérablement, et l'animal à sang chaud se trouve en quelque sorte transformé en un animal à sang froid. C'est l'expérience que j'ai réalisée sur des lapins, en leur coupant la moelle épinière entre la septième vertèbre cervicale et la première dorsale. Quand, au contraire, on détruit le grand sympathique en laissant intact le système cérébro-spinal, on voit la température s'exalter, d'abord localement, puis d'une manière générale; c'est l'expérience que j'ai réalisée chez les chevaux en coupant le grand sympathique, surtout quand ils sont antérieurement affaiblis. Il survient alors une véritable fièvre. J'ai longuement développé ailleurs l'histoire de tous ces mécanismes (1); je ne fais que les rappeler ici, pour établir que la fonction calorifique propre aux animaux à sang chaud est due à un perfectionnement du mécanisme nerveux qui, par une compensation incessante, maintient une

(1) Voy. Leçons sur la chaleur animale, 1873.

température sensiblement fixe dans le *milieu intérieur* au sein duquel vivent les éléments organiques auxquels il nous faut toujours, en définitive, ramener toutes les manifestations vitales.

3° *L'oxygène.* — Les manifestations de la vie exigent pour se produire l'intervention de l'air, ou mieux de sa partie active, l'oxygène, sous une forme soluble et dans l'état convenable pour qu'il puisse arriver à l'organisme élémentaire. Il faut de plus que cet oxygène soit dans des proportions fixées jusqu'à un certain point dans le milieu intérieur : une quantité trop faible, une quantité trop forte, sont également incompatibles avec le fonctionnement vital.

Il faut donc que, chez l'animal à vie constante, des mécanismes appropriés règlent la quantité de ce gaz qui est départie au milieu intérieur et la maintiennent à peu près invariable. Or, chez les animaux élevés en organisation, la pénétration de l'oxygène dans le sang est sous la dépendance des mouvements respiratoires et de la quantité de ce gaz qui existe dans le milieu ambiant. D'autre part, la quantité d'oxygène qui se trouve dans l'air résulte, ainsi que l'apprend la physique, de la composition centésimale de l'atmosphère et de sa pression. On comprend donc que l'animal puisse vivre dans un milieu moins riche en oxygène, si la pression accrue vient compenser cette diminution, et inversement que le même animal puisse vivre dans un milieu plus riche en oxygène que l'air ordinaire, si l'abaissement de pression compense l'accroissement. C'est là une proposition générale importante qui résulte des travaux de M. Paul Bert. Dans ce cas, on le voit, les variations du milieu se compensent et s'équilibrent d'elles-mêmes, sans que l'animal intervienne. La pression augmentant ou diminuant, si la composition centésimale diminue ou augmente en raison inverse, l'animal trouve en définitive dans le milieu la même quantité d'oxygène, et sa vie s'accomplit dans les mêmes conditions.

Mais il peut y avoir dans l'animal lui-même des mécanismes qui établissent la compensation, lorsqu'elle n'est pas faite au dehors, et qui assurent la pénétration dans le milieu intérieur de la quantité d'oxygène exigée par le fonctionnement vital; nous voulons parler des différentes variations que peuvent éprouver les quantités de l'hémoglobine, matière absorbante active de l'oxygène, variations encore peu connues, mais qui interviennent certainement aussi pour leur part.

Tous ces mécanismes, comme les précédents, n'ont d'efficacité que dans des limites assez restreintes ; ils se faussent et deviennent impuissants dans des conditions extrêmes. Ils sont réglés par le système nerveux. Lorsque l'air se raréfie par quelque cause, telle que l'ascension en aérostat ou sur les montagnes, les mouvements respiratoires deviennent plus amples et plus fréquents, et la compensation s'établit. Néanmoins les mammifères et l'homme ne peuvent soutenir cette lutte compensatrice pendant bien longtemps, lorsque la raréfaction est exagérée, lorsque par exemple ils se trouvent transportés à des altitudes supérieures à 5000 mètres.

Nous n'avons pas ici à entrer dans les détails particuliers que comporte la question. Il nous suffit de la poser. Nous signalerons seulement un exemple que M. Campana a fait connaître. Il est relatif aux oiseaux de haut vol, tels que les rapaces et particulièrement le Condor, qui s'élève à des hauteurs de 7000 à 8000 mètres. Ils y séjournent et s'y meuvent longtemps, bien que dans une atmosphère qui serait mortelle pour un mammifère. Les principes précédemment posés permettaient de prévoir que le milieu respiratoire intérieur de ces animaux devait échapper, au milieu d'un mécanisme approprié, à la dépression du milieu extérieur; en d'autres termes, que l'oxygène contenu dans leur sang artériel ne devait pas varier à ces grandes hauteurs. Et en effet, il existe chez les rapaces d'énormes sacs pneumatiques reliés aux ailes et n'entrant en fonction que lorsqu'elles se meuvent. Si les ailes s'élèvent, ils se remplissent d'air extérieur; si elles s'abaissent, ils chassent cet air dans le parenchyme pulmonaire. En sorte que, au fur et à mesure que l'air se raréfie, le travail de l'aile de l'oiseau qui s'y appuie augmente forcément, et forcément aussi augmente le volume supplémentaire d'oxygène qui traverse le poumon. La compensation de la raréfaction de l'air extérieur par l'augmentation de la quantité inspirée est donc assurée, et ainsi, l'invariabilité du milieu respiratoire propre à l'oiseau.

Ces exemples, que nous pourrions multiplier, nous démontrent que tous les mécanismes vitaux, quelque variés qu'ils soient, n'ont toujours qu'un but, celui de maintenir l'unité des conditions de la vie dans le milieu intérieur.

4° *Réserves*. — Il faut enfin, pour le maintien de la vie, que l'animal ait des réserves qui assurent la fixité de constitution de son milieu intérieur. Les êtres élevés en organisation puisent dans l'alimentation les matériaux de leur milieu intérieur ; mais, comme ils ne sauraient être soumis à une alimentation identique et exclusive, il faut qu'il y ait en eux-mêmes des mécanismes qui tirent de ces aliments variables des matériaux semblables et qui règlent la proportion qui en doit entrer dans le sang.

J'ai démontré et nous verrons plus loin que la nutrition n'est pas *directe*, comme l'enseignent les théories chimiques admises, mais qu'au contraire elle est *indirecte* et se fait par des réserves. Cette loi fondamentale est une conséquence de la variété du régime comparée à la fixité du milieu. En un mot, on ne *vit pas de ses aliments actuels*, *mais de ceux que l'on a mangés antérieurement*, modifiés, et en quelque sorte créés par l'assimilation. Il en est de même de la combustion respiratoire : elle n'est nulle part *directe*, comme nous le montrerons plus tard.

Il y a donc des réserves préparées au moyen des aliments et à chaque instant dépensées en proportions plus ou moins grandes. Les manifestations vitales détruisent ainsi des provisions qui ont, sans doute, leur origine première au dehors, mais qui ont été élaborées au sein des tissus de l'organisme, et qui, versées dans le sang, assurent la fixité de sa constitution chimico-physique.

Quand les mécanismes de la nutrition sont troublés et quand l'animal est mis dans l'impossibilité de préparer ces réserves, lorsqu'il ne fait que consommer celles qu'il avait accumulées antérieurement, il marche vers une ruine qui ne peut aboutir qu'à l'impossibilité vitale, à la mort. Il ne lui servirait alors à rien de manger ; il ne se nourrira pas; il n'assimilera pas, il dépérira.

Quelque chose d'analogue se produit dans le cas où l'animal est en état de fièvre : il use sans refaire, et cet état devient mortel s'il persiste jusqu'à l'entier épuisement des matériaux accumulés par la nutrition antérieure.

Ainsi, les substances alibiles pénétrant dans un organisme, soit animal, soit végétal, ne servent pas directement et d'emblée à la nutrition. Le phénomène nutritif s'accomplit en deux temps, et ces deux temps sont toujours séparés l'un de l'autre par une période plus ou moins longue, dont la durée est fonction d'une foule de circonstances. La nutrition est précédée d'une élaboration particulière qui se termine par un *emmagasinement de réserves* chez l'animal aussi bien que chez le végétal. Ce fait permet de comprendre qu'un être continue de vivre quelquefois fort longtemps sans prendre de nourriture : il vit de ses réserves accumulées dans sa propre substance; il se consomme lui-même.

Ces réserves sont très inégales suivant les êtres que l'on considère et suivant les diverses substances, pour les animaux et les végétaux divers, pour les plantes annuelles ou bisannuelles, etc. Ce n'est pas ici le lieu d'analyser un sujet aussi vaste ; nous avons voulu montrer que la formation des réserves est non seulement la loi générale de toutes les formes de la vie, mais qu'elle constitue encore un mécanisme actif et indispensable au maintien de la vie constante et libre, indépendante des variations du milieu cosmique ambiant.

Conclusion. — Nous avons examiné successivement les trois formes générales sous lesquelles la vie apparaît : vie *latente*, vie *oscillante*, vie *constante*, afin de voir si dans l'une d'elles nous trouverions un principe vital intérieur capable d'en opérer les manifestations, indépendamment des conditions physico-chimiques extérieures. La conclusion à laquelle nous nous trouvons conduit est facile à dégager. Nous voyons que, dans la vie latente, l'être est dominé par les conditions physico-chimiques extérieures, au point que toute manifestation vitale peut être arrêtée. Dans la vie oscillante, si l'être vivant n'est pas aussi absolument soumis à ces conditions, il y reste néanmoins tellement enchaîné qu'il en subit toutes les variations. Dans la vie constante, l'être vivant paraît libre et les manifestations vitales semblent produites et dirigées par un principe vital intérieur affranchi des conditions physico-chimiques extérieures ; cette apparence est une illusion. Tout au contraire, c'est particulièrement dans le mécanisme de la vie constante ou libre que ces relations étroites se montrent dans leur pleine évidence.

Nous ne saurions donc admettre dans les êtres vivants un principe vital libre, luttant contre l'influence des conditions physiques. C'est le fait opposé qui est démontré, et ainsi se trouvent renversées toutes les conceptions contraires des vitalistes.

TROISIÈME LEÇON

Division des phénomènes de la vie.

Sommaire : I. Classification des phénomènes de la vie. — Deux grands groupes : *destruction* et *création organiques*. — Cette division caractérise la physiologie générale et embrasse dans sa généralité toutes les manifestations vitales. — Unité vitale dans les deux règnes.

II. Divisions des êtres vivants ; Linné, Lamarck, de Blainville. — Théories de la dualité vitale dans les deux règnes. — Différenciation des règnes de la nature. — Opposition entre les animaux et les végétaux. — Antagonisme chimique, physique et mécanique entre les animaux et les végétaux. — Priestley, Saussure, Dumas et Boussingault, Huxley, Tyndall.

III Réfutation générale des théories dualistes de la vie entre les animaux et les végétaux. — Forme dernière de la théorie de la dualité vitale. — La dualité vitale et la physiologie générale. — Unité des lois de la vie ; variété des manifestations vitales et fonctionnement différent des machines vivantes. — Conclusion : la solidarité des phénomènes de destruction et de création organique prouve l'unité vitale.

I. Nous avons montré dans les êtres vivants deux faces caractéristiques de leur existence, la *vie*, création organique, la *mort*, destruction organique. Il s'agira aujourd'hui d'affirmer cette division et de montrer qu'elle sert de base à la physiologie générale. Nous ne considérons ici les caractères de la vie que dans leur essence et dans leur universalité, et à ce point de vue nous les classons en deux grands ordres :

1° Les phénomènes d'usure, de *destruction vitale*, qui correspondent aux phénomènes fonctionnels de l'organisme ;

2° Les phénomènes *plastiques* ou de création vitale,

qui correspondent au repos fonctionnel et à la régénération organique.

Tout ce qui se passe dans l'être vivant se rapporte soit à l'un soit à l'autre de ces types, et la *vie est caractérisée* par la réunion et l'enchaînement de ces deux ordres de phénomènes. Cette division des phénomènes de la vie nous semble la meilleure de celles que l'on puisse proposer en physiologie générale. Elle est à la fois la plus vaste et la plus conforme à la réelle nature des choses. Quelles que soient les formes que la vie puisse revêtir, la complexité ou la simplicité de ces formes, la division précédente leur est applicable. Nous ne saurions concevoir aucun être vivant, aucune particule vivante même, sans le jeu de ces deux ordres de phénomènes. C'est la base physiologique sur laquelle se meuvent toutes les variétés de la vie dans les deux règnes.

Les divisions des phénomènes de la vie qui ont été proposées jusqu'ici s'appliquent aux organismes élevés et se rapportent surtout à la physiologie descriptive; elles sont loin de présenter cette généralité.

Une classification, en physiologie générale, doit répondre aux phénomènes de la vie, indépendamment de la complication morphologique des êtres, et doit se fonder uniquement sur les propriétés universelles de la matière vivante, abstraction faite des moules spécifiques dans lesquels elle est entrée. C'est précisément à cette condition que satisfait la division en phénomènes de *destruction* et de *création organiques*.

Avant d'étudier, dans la suite de ce cours, chacune

de ces phases de l'activité vitale, la *destruction* organique, la *création* organique, il importe de mettre en lumière et de bien établir, dès cette leçon, le rapport étroit qui unit indissolublement les deux termes de notre division des phénomènes vitaux. Cette division est l'expression de la vie dans ce qu'elle a à la fois de plus étendu et de plus précis. Elle s'applique à tous les êtres vivants sans exception, depuis l'organisme le plus compliqué de tous, celui de l'homme, jusqu'à l'être élémentaire le plus simple, la cellule vivante. On ne peut, en un mot, concevoir autrement un être doué de la vie.

En effet, ces phénomènes se produisent simultanément chez tout être vivant, dans un enchaînement qu'on ne saurait rompre. La désorganisation ou la désassimilation use la matière vivante dans les organes en *fonction* : la synthèse assimilatrice régénère les tissus; elle rassemble les matériaux des réserves que le fonctionnement doit dépenser. Ces deux opérations de destruction et de rénovation, inverses l'une de l'autre, sont absolument connexes et inséparables, en ce sens, au moins, que la destruction est la condition nécessaire de la rénovation. Les phénomènes de la destruction fonctionnelle sont eux-mêmes les précurseurs et les instigateurs de la rénovation matérielle du processus formatif qui s'opère silencieusement dans l'intimité des tissus. Les pertes se réparent à mesure qu'elles se produisent et, l'équilibre se rétablissant dès qu'il tend à être rompu, le corps se maintient dans sa composition. Cette usure et cette renaissance des parties constituantes de l'organisme font que l'existence n'est, comme nous l'avons dit au début de ce cours, autre chose qu'une perpétuelle alternative de *vie* et de *mort*, de composition et de décomposition. Il n'y a pas de vie sans la mort; il n'y a pas de mort sans la vie.

D'ailleurs une telle classification n'a rien d'absolument inattendu : elle ne constitue pas, à proprement parler, une nouveauté dans la science. Tout le monde a plus ou moins aperçu ces deux faces de l'activité vitale, et nous avons cité comme exemples de nombreux passages dans les essais de définition de la vie que nous avons rappelés dans notre première leçon. Le point essentiel est d'avoir compris l'importance et toute la portée de cette division simple et féconde et d'en faire ressortir toutes les conséquences.

Il y a quatre-vingts ans, Lavoisier avait nettement aperçu les deux phases du travail vital : la *désorganisation* ou destruction des organismes animaux ou végétaux par combustion et putréfaction, la création organique, *végétation* et *animalisation*, qui sont des opérations inverses des premières (1) : « Puisque, dit-il, la » combustion et la putréfaction sont les moyens que » la nature emploie pour rendre au règne minéral les » matériaux qu'elle en a tirés pour former des végé- » taux et des animaux, la végétation et l'animalisa- » tion doivent être des opérations inverses de la com- » bustion et de la putréfaction. »

(1) *Pièces historiques concernant Lavoisier* communiquées par M. Dumas (*Leçons de chimie professées à la Société chimique de Paris*). Paris, 1861, p. 295.

Il n'est donc pas possible de séparer chez aucun être vivant ces deux modes de la vie qui se rencontrent chez les plantes comme chez les animaux.

C'est là un axiome physiologique qui implique l'unité vitale : nous le formulons au début ; nous le verrons se vérifier dans tout le cours de nos études et il nous servira de critérium pour juger diverses théories, dans lesquelles on a opposé la vie des végétaux à celle des animaux.

En effet, contrairement au principe que nous venons d'énoncer et qui forme, nous le répétons, l'*axiome* de la physiologie générale, plusieurs théories célèbres ont affirmé que les deux ordres de phénomènes vitaux, au lieu d'appartenir à tout être vivant, se trouvaient distribués à des êtres différents, les uns étant l'apanage du règne animal, les autres du règne végétal.

Ces théories du partage des deux facteurs vitaux entre les deux règnes, qu'on peut appeler les théories de la *dualité vitale*, sont contredites par notre principe et nous pouvons ajouter, par l'examen des faits. Il n'y a pas une catégorie d'êtres qui soient chargés de la *synthèse organique* et une autre catégorie de la combustion ou *analyse organique*. Ainsi que nous l'avons dit, il ne peut y avoir vie que là où il y a à la fois synthèse et destruction organique.

La physiologie générale doit examiner ces manières de voir dans leurs origines et dans les différentes formes qu'elles ont revêtues. C'est en France, MM. Dumas et Boussingault, Liebig en Allemagne,

Huxley (1), Tyndall en Angleterre, qui ont créé et propagé ces diverses théories dans la science. En les rappelant, nous devons rendre hommage à la simplicité et à l'ampleur des vues sur lesquelles leurs auteurs les ont appuyées et reconnaître les services qu'elles ont rendus en provoquant un nombre considérable de recherches, de travaux et de découvertes. D'ailleurs nous verrons que notre divergence d'opinion tient à une différence de point de vue. Les créateurs des théories dualistes ont considéré les deux facteurs de la vie, dans leur rapport avec le milieu cosmique, sans s'attacher autant que nous à l'identité de leur origine et à leur indissoluble unité.

On a cru pouvoir attribuer à Lavoisier la première idée de cette dualité ; mais les écrits de l'illustre fondateur de la chimie moderne qu'on a invoqués ne me semblent pas conclure en ce sens. Nous avons cité plus haut un passage où Lavoisier reconnaît l'existence dans les êtres vivants de ces deux phénomènes inverses par lesquels ils opèrent la *synthèse* de l'organisme (animalisation, végétation), et d'autre part sa *destruction* (combustion, fermentation, putréfaction).

Lavoisier ne sépare point à cet égard les animaux des végétaux : il semble considérer qu'ils se comportent d'une manière analogue par rapport au règne minéral et il ne dit nulle part que le règne végétal doive servir d'intermédiaire exclusif entre le règne minéral et le règne animal.

(1) Huxley, *La place de l'homme dans la nature*. Paris, 1868, et *Les sciences naturelles et les problèmes qu'elles font surgir*. Paris, 1877.

Ce n'est donc pas de Lavoisier que peut se réclamer la théorie de l'antagonisme chimique entre les animaux et les végétaux : il nous paraît que le germe en existe dans des travaux plus anciens et en particulier dans les célèbres recherches de Priestley sur l'antagonisme de la respiration des animaux et des plantes.

D'ailleurs, il faut bien le dire, cette idée d'opposition entre les deux règnes a dû exister à toutes les époques parce qu'elle résulte de l'apparence des choses, et l'apparence nous a toujours trompé sur la nature réelle des phénomènes. Il y a en effet une distinction morphologique entre les animaux et les plantes assez nettement marquée extérieurement pour qu'on ait pu la croire profondément inscrite dans l'organisation et dans les manifestations vitales. Mais cette distinction n'est que dans la forme, à la surface et non au fond des phénomènes. Nous soutenons, quant à nous, qu'il y a identité dans les attributs essentiels de la vie dans les deux règnes, et que la division que nous avons établie dans les actes de la vie : *destruction*, *création* vitale, s'applique à l'universalité des êtres vivants. Pour justifier cette division fondamentale que nous avons introduite dans la physiologie générale, il est nécessaire d'exposer d'abord les théories contraires et de les réfuter dans leurs points principaux.

II. *Division des êtres vivants et théories dualistes de la vie.* — Les êtres de la nature ont d'abord été divisés en deux grands empires : l'un, formé des êtres animés, l'autre des êtres inanimés. Cette distinction est faite dans

Aristote. Ce n'est que plus tard, vers 1645, qu'un alchimiste français nommé Colleson aurait formulé le premier la division de la nature en trois règnes, animal, végétal, minéral, qui embrassaient tous les objets terrestres ; pour les corps sidéraux il aurait imaginé un quatrième royaume, le règne planétaire. Dans chacun de ces domaines existait un type de perfection idéale, un roi : l'homme parmi les animaux, la vigne parmi les plantes, l'or pour les minéraux, le soleil pour les corps célestes.

La division des trois règnes aurait ainsi pris naissance, et Linné (1) l'a consacrée en lui donnant les caractères suivants :

Esse.	*Vivere.*	*Sentire.*
Minéral.	Végétal.	Animal.

Il les exprimait encore dans la formule suivante :

Mineralia sunt.
Vegetalia sunt et crescunt.
Animalia sunt, crescunt et sentiunt.

Il est des naturalistes, de Blainville par exemple, qui plaçant l'homme au-dessus de l'ensemble des animaux ont formé pour lui un règne spécial, le *règne humain*, caractérisé par un attribut de plus, l'*intelligence : homo intelligit*.

Lamarck, cependant, avait repris la division binaire et, ne distinguant point tout d'abord entre les êtres vivants, il reconnaissait deux classes de corps :

Les corps vivants,
Les corps bruts ou inanimés.

(1) Linné, *Systema naturæ*. Editio prima, reedita cura A. L. A. Fée. Parisiis, 1830.

Cependant la division en trois règnes a prévalu et les deux règnes animal et végétal ont été considérés comme presque aussi séparés l'un de l'autre qu'ils l'étaient chacun du règne minéral. Que l'on fasse des animaux et des végétaux des catégories distinctes, nous n'y contredisons certes point, mais que l'on parte de là pour établir entre les deux groupes d'êtres une différence tellement profonde qu'elle comporterait en quelque sorte deux physiologies différentes, l'une animale, l'autre végétale, reposant sur des principes spéciaux : c'est là une manière de voir que nous devons combattre.

Les éléments d'une différenciation entre les modes de la vie chez les animaux et les plantes ont été demandés d'abord à l'anatomie. Cuvier, pour ne citer que cet exemple, signalait l'absence d'appareil digestif chez les plantes comme un caractère très général qui pouvait servir à les distinguer des animaux. On sait très bien aujourd'hui qu'un nombre immense d'animaux inférieurs ne possèdent point de tube digestif, et que, dans des degrés plus élevés, les mâles de certaines espèces, telles que les rotifères, en sont dépourvus, tandis que les femelles le possèdent. En fait, ce caractère n'a donc point une valeur absolue; en principe, nous verrons plus tard que l'appareil digestif n'est qu'un appareil accessoire dans la nutrition. Les réserves qui sont en réalité le fond nutritif des êtres vivants sont identiques dans les animaux et dans les végétaux.

On a cru en second lieu trouver une différence entre les animaux et les végétaux au point de vue de la composition de leurs tissus.

On a dit, par exemple, que l'azote était un élément caractéristique de l'organisme animal, tandis qu'il n'existait qu'exceptionnellement chez les végétaux. L'analyse du parenchyme des Champignons et des graines des phanérogames vint bientôt renverser cette opinion. On admet aujourd'hui que le protoplasma, seule partie active et travaillante du végétal, a la même constitution que le protoplasma animal : c'est une substance azotée. L'azote, au lieu d'être un élément accessoire, est donc essentiel et fondamental dans les deux règnes. Les éléments anatomiques des plantes, cellules, fibres et vaisseaux, perdent dans certaines régions leur protoplasma et n'interviennent plus dans la constitution végétale que comme des parties de soutien. A un moindre degré, cela se rencontre chez les animaux ; le squelette des crustacés et la carapace des insectes sont des parties qui sont peu riches en azote ou qui en sont même absolument dépourvues. La substance principale des tissus de soutien chez les végétaux est le *ligneux* ou la *cellulose*. Or, on avait émis la proposition que la cellulose était spéciale aux végétaux et n'appartenait qu'à eux seuls. Il n'en est rien. On a rencontré cette substance dans l'enveloppe des Tuniciers et l'on a établi d'ailleurs des analogies étroites avec la *chitine* qui forme la carapace des crustacés et des insectes (1).

Toutefois, comme nous l'avons dit, c'est dans les rapports des animaux et des végétaux avec l'atmosphère que la théorie du Dualisme a trouvé ses premiers et ses

(1) C. Schmidt, *Zur Vergleichenden Physiologie der Wirbellosen Thiere*. 1845. — Berthelot, *Comptes rendus de la Société de biologie*.

plus forts arguments. Les découvertes accomplies, à ce sujet, à la fin du siècle dernier, ont immédiatement placé en opposition la vie des plantes avec celle des animaux.

On connaît la célèbre expérience de Priestley, par laquelle ce grand chimiste établit que les végétaux purifient l'air que les animaux ont vicié et semblent se comporter, quant à leur respiration, en sens inverse. Une souris est placée sous une cloche dans de l'air confiné : elle finit par y périr; l'air est vicié, et si l'on introduit un autre animal, il tombe très rapidement et périt à son tour asphyxié. Mais si l'on dispose dans la cloche une plante (un pied de menthe), l'atmosphère est purifiée, rétablie dans sa constitution première et un animal peut y vivre de nouveau (1).

L'être végétal vit donc là où meurt l'animal; ils se comportent précisément d'une manière inverse relativement au milieu, l'un défaisant ce que l'autre a fait, et à eux deux ils constituent un état de choses harmonique, équilibré et par conséquent durable.

Cette expérience fut vraiment le point de départ de l'opposition chimique moderne des animaux et des végétaux. Les animaux absorbent de l'oxygène et exhalent de l'acide carbonique. Les recherches successives de Ingen-Housz, de Sénébier, de Th. de Saussure ont prouvé que dans les parties vertes des plantes, sous l'influence des rayons solaires, il se produit au contraire une absorption d'acide carbonique et une exhalation d'oxygène.

(1) Voyez Priestley, *Expériences sur les airs*, t. III.

Cette opposition entre la respiration des animaux et celle des plantes a été généralisée d'une manière grandiose, par MM. Dumas et Boussingault dans leur théorie de la *circulation matérielle* entre les deux règnes organiques :

« L'oxygène enlevé par les animaux est restitué par » les végétaux. Les premiers consomment de l'oxy- » gène ; les seconds produisent de l'oxygène. Les pre- » miers brûlent du carbone, les seconds produisent du » carbone. Les premiers exhalent de l'acide carbo- » nique, les seconds fixent de l'acide carbonique. »

L'animal fut ainsi considéré comme un appareil de *combustion*, *d'oxydation*, *d'analyse* ou de *destruction*, tandis que la plante au contraire était un appareil de *réduction*, *de formation*, *de synthèse*.

Il résultait de là que les phénomènes de destruction ou combustion vitale se trouvaient absolument séparés dans les êtres vivants des phénomènes de réduction ou de synthèse organique. La création vitale était dévolue aux végétaux, tandis que la destruction organique était réservée aux animaux. L'organisme animal étant incapable de former aucun des principes qui entrent dans sa constitution : graisse, albumine, fibrine, amidon, sucre, tout lui était fourni par le règne végétal, et l'alimentation des animaux n'était plus que la mise en place des matériaux uniquement élaborés par les plantes. Le lait sécrété par l'herbivore, la caséine, le beurre, le sucre devaient se retrouver poids pour poids dans les herbages dont il fait sa nourriture, etc.

Ces idées ont encore été rassemblées et exprimées avec une lumineuse simplicité, par MM. Dumas et Boussingault, dans leur statique chimique des êtres vivants. Nous reproduisons ici la formule saisissante de cette théorie célèbre.

Un végétal :	*Un animal :*
Produit des matières sucrées, grasses, albuminoïdes.	*Consomme* des matières sucrées, grasses, albuminoïdes.
Réduit, avec dégagement d'oxygène :	*Produit*, avec absorption d'oxygène :
CO^2	CO^2
HO	HO
AzH^4O	AzH^4O
Absorbe de la chaleur.......... ..	*Dégage* de la chaleur.
Est *immobile*....................	*Se meut*.

C'est dire en d'autres termes que la *formation ou synthèse chimique* appartient aux végétaux et que la *combustion* appartient aux animaux.

Or cette conclusion est contradictoire au principe fondamental de la physiologie générale, à savoir que les deux phases de l'action vitale, la *création* et la *destruction*, au lieu d'être partagées entre les deux règnes, sont intimement unies dans tout être et dans toute partie vivante.

Mais la dualité vitale ne s'est pas affirmée seulement au point de vue chimique, elle a revêtu de notre temps une autre forme que nous pouvons appeler *dynamique* ou *mécanique*.

On a comparé souvent le corps de l'homme et celui des animaux à un appareil à combustion. Les chimistes ont établi que les produits rejetés du corps, les excrétions, pris dans leur ensemble, contenaient une plus grande proportion d'oxygène que les aliments ingérés. Il se produit donc dans l'organisme animal une combustion continuelle, source de *chaleur* et de *force mécanique*.

« L'oxydation des composés complexes, dit M. » Huxley, qui entrent dans l'organisme et finalement » proportionnée à la somme de force que le corps » dépense, exactement de la même façon que la » somme de travail que l'on obtient d'une machine » à vapeur, et la quantité de chaleur qu'elle produit » sont en proportion stricte de la quantité de charbon » qu'elle consomme.

» Les particules de matière qui entrent dans le tour- » billon vital sont plus compliquées que celles qui en » sortent. Pour employer une métaphore qui n'est » pas sans quelque réalité, les atomes qui entrent dans » l'organisme sont pour la plupart façonnés en grosses » masses et se brisent en petites masses avant de le » quitter. La force qui est mise en liberté dans cette » fragmentation est la source des puissances actives » de l'organisme.

De là l'assimilation du corps des animaux à une machine à vapeur où s'engendreraient des forces vives. L'organisme, a-t-on dit, est une machine, et même assez parfaite ; car, pour une semblable quantité de combustible, elle fournit deux fois plus de travail que les moteurs les plus économiques. Son rendement s'élèverait, d'après Moleschott, au cinquième de l'équivalent mécanique du calorique dégagé par la combustion de l'hydrogène et du carbone qu'elle consomme. En considérant les deux règnes, au point de vue des services qu'ils se rendent, comme font les partisans des causes finales, et non pas au point de vue de leur fonctionnement essentiel, on a pu dire que l'un était un réservoir de forces, et l'autre un consommateur. « Les phénomènes les plus compliqués de la vita- » lité sont résumés, a dit M. Tyndall, dans cette loi » générale : le végétal est produit par l'élévation d'un » poids ; l'animal par la chute de ce poids. »

Le végétal créerait donc des forces à la façon du mécanicien qui soulève le poids d'une horloge ; par cette action, le travail des rouages est créé en puissance ; il suffit de laisser tomber la masse pour le manifester. C'est là ce que l'on appelle en mécanique une force potentielle, une force de *tension*.

Le végétal créerait des forces de tension, et cela aux dépens des forces vives du soleil. Sous l'influence des vibrations transmises par les rayons solaires et par la chaleur de l'atmosphère, la chlorophylle (avec laquelle on confond ici le règne végétal) séparerait l'oxygène des combinaisons oxygénées (eau, acide carbonique, sels ammoniacaux) qu'elle absorbe. Cet oxygène mis en présence des substances combustibles est prêt à s'y combiner, à créer ainsi un travail, à développer des forces. La séparation effectuée par la plante reviendrait à la production d'une énergie potentielle, de forces de tension ; le rôle du règne végétal consisterait à transformer des forces vives en forces de tension.

Au contraire, l'animal transformerait des forces de *tension* en *forces vives*. Le poids soulevé par le végétal, il le laisse retomber ; il lâche, pour revenir à notre image, la masse qui fait mouvoir l'horloge, il précipite sur les substances combustibles l'oxygène que la plante en avait séparé.

Pour cela, que faut-il? Il faut, d'après Hermann, à qui nous empruntons cette théorie, il faut détruire l'obstacle qui empêche l'oxygène de se combiner, enlever la clavette qui retient le poids de l'horloge, détruire, en un mot, l'obstacle qui empêche la force de tension de devenir force vive, travail ; il doit exister des *forces de dégagement*.

Ainsi, *forces de tension*, accumulées dans les végétaux ; *forces vives* et forces de *dégagement* dans les animaux ; voilà la distribution qui constituerait la dualité dynamique des êtres vivants.

III. *Réfutation générale des théories dualistes de la vie.* — La physiologie générale peut faire à ces théories des objections de principe et des objections de faits. La grande objection de principe que nous adressons à la doctrine de la dualité vitale, c'est d'être en contradiction radicale avec notre conception fondamentale de la vie qui exige dans tout être animal ou végétal la réunion des phénomènes de création et de destruction organique. Nous ne pouvons concevoir un être vivant animal ou végétal en dehors de cette formule, par conséquent nous regardons *a priori* comme erronée toute proposition contradictoire à ce grand principe physiologique.

La seconde objection de principe que nous formulerons est relative à l'idée d'une *nutrition directe* que la théorie dualiste admet et que la physiologie contredit. La théorie dualiste suppose en effet que les aliments passent directement des plantes dans les animaux et que leurs principes immédiats s'y mettent en place chacun selon sa nature. L'étude physiologique des phénomènes prouve que rien de semblable n'a lieu, et que la *nutrition est indirecte*. L'aliment disparaît d'abord en tant que matière chimique définie et ce n'est que plus tard, après un travail organique à longue portée, après une élaboration vitale complexe, que l'aliment arrive à constituer les *réserves* toujours identiques qui servent à la nutrition de l'organisme. La nutrition et la digestion se séparent complètement; la nature de l'alimentation, essentiellement variable, n'a jamais d'effet dans l'état normal, sur la formation des réserves qui restent fixes comme la constitution des liquides et des tissus organiques. En un mot, le corps ne se nourrit jamais directement d'aliments variés, mais toujours à l'aide des réserves identiques préparées par une sorte de travail de sécrétion. Et ce que nous disons ici de la formation des *réserves nutritives* se retrouve dans les deux règnes, aussi bien chez les animaux que chez les végétaux.

D'ailleurs, il faut le reconnaître, les faits sont venus eux-mêmes démontrer que la dualité vitale ne pouvait exister sous la forme absolue qu'elle avait revêtue.

Pour ce qui est de la formation des principes immédiats, la question a été résolue et la solution acceptée par ceux-là mêmes qui avaient d'abord soutenu la théorie contraire. Il a été démontré que les animaux forment réellement de la graisse indépendamment de celle qu'ils ingèrent et qu'ils pourraient emprunter à l'alimentation. L'herbivore crée la graisse au lieu de la trouver toute formée, et le carnivore agit de même. Non seulement les animaux font de la graisse, mais ils n'emploient pas directement celle que renferment leurs aliments. Cette sorte d'économie qu'il y aurait à utiliser la substance déjà formée et qui nous vient à l'esprit, la nature ne la connaît pas. Elle ne profite point de la besogne toute faite, comme si c'était autant de gagné. Le chien, par exemple, ne s'engraisse pas du suif du mouton ; il fait de la graisse de chien. J'ai moi-même, avec le concours de M. Berthelot, essayé de fournir une démonstration expérimentale de ce fait, en employant un moyen de reconnaître et de suivre la graisse fournie à l'animal : ce moyen consiste à employer comme aliment de la graisse chlorée, où le chlore remplace quelques molécules d'hydrogène. Si l'animal soumis à ce régime présente une graisse différente de celle qui lui a été offerte et possède les caractères propres à l'organisme qui l'a produite, il faudra bien conclure qu'il n'y a pas eu simple mise en place de l'aliment introduit.

On pourrait démontrer de même que les substances albuminoïdes qui constituent les tissus animaux ne sont pas empruntés directement aux substances alibiles des végétaux.

Mais c'est surtout pour la formation de la matière sucrée que les doutes ont été entièrement levés. Il y a une trentaine d'années, on croyait que le sucre était incontestablement une substance végétale et que celui qui existait dans les organismes animaux avait été nécessairement emprunté aux plantes. J'ai réussi à démontrer qu'il en est tout autrement et que l'animal fabrique lui-même cette substance indispensable au fonctionnement vital, aux dépens des matériaux alimentaires très différents qu'on lui fournit. J'ai prouvé de plus que le sucre se produit dans l'animal par un mécanisme identique à celui qui a lieu dans le végétal.

Nous reviendrons sur ces faits à propos de l'étude des phénomènes de créations organiques. Concluons seulement ici qu'à l'égard de la formation des principes immédiats, l'expérience démontre que les animaux et les végétaux ne se distinguent pas et que les uns et les autres peuvent former les mêmes principes organiques.

L'antagonisme de la respiration des animaux et des végétaux n'est pas davantage confirmé par l'expérience. La réduction de l'acide carbonique opérée par le végétal est le fait de la fonction chlorophyllienne ; celle-ci n'a aucun rapport avec la respiration qui est identique dans les deux règnes. Le protoplasma véétgal, les parties incolores, racines, graines, etc., ont les mêmes propriétés respiratoires que les tissus animaux. Le végétal comme l'animal absorbe de l'oxygène, exhale de l'acide carbonique et produit de la chaleur ; le fait n'est pas douteux lorsque l'on suit la germination des graines.

Relativement à la sensibilité qui constituerait le troisième point d'antagonisme entre les végétaux et les animaux, nous aurons l'occasion de montrer qu'elle n'est en aucune façon un attribut exclusif de l'animalité (1). Si les végétaux ne présentent pas des fonctions locomotrices comparables à celles des animaux, ils n'en possèdent pas moins une sensibilité, qui est le *primum movens* de tout acte vital.

Si les partisans de l'opposition chimico-physique, entre les animaux et les végétaux, ont dû céder à l'évidence des faits contraires et revenir sur l'absolu de leurs anciennes opinions, l'esprit de la théorie n'en subsiste pas moins ; il est intéressant de voir que la dualité vitale se concentre maintenant sur un seul argument.

On ne peut plus douter, avons-nous dit, que les animaux et les plantes ne soient capables de produire les mêmes principes immédiats ; on ne peut plus nier que les uns et les autres soient le siège de destructions et de réductions infiniment nombreuses et connexes. La différence ne résiderait plus entre animaux et végétaux que dans l'agent ou l'énergie qui est la cause des phénomènes chimiques et mécaniques qui se passent en eux. C'est un point que nous traiterons avec plus de détail, en étudiant les phénomènes de création vitale (2). Pour le moment il suffira de rappeler les grands traits de la question. Il est admis aujourd'hui (3) que les phénomènes de synthèse chez les végétaux et les animaux forment deux groupes : ceux qui exigent la radiation solaire, ce sont les réductions

(1) Voy. Leçon VIIe.
(2) Voy. Leçon VIIe.
(3) Voyez Boussingault, *C. R.*, 10 avril 1876, t. LXXXII, p. 788. — *C. R.*, 24 avril 1876.

opérées dans les plantes vertes sous l'influence de la chlorophylle; ceux qui ont lieu sous l'influence des combustions opérées dans les animaux ou dans les parties des plantes qui ne contiennent pas de matière verte. Telles seraient les deux sources de forces vives qui s'accumulent dans les êtres vivants : tantôt elles sont directement empruntées à l'énergie solaire, tantôt elles sont empruntées à la chaleur produite par les combustions. La force vive vient du soleil quand il y a de la chlorophylle; dans tous les autres cas, soit pour les animaux, soit pour les végétaux, elle provient de la chaleur dégagée dans les oxydations ou dans les combinaisons chimiques de même ordre. Comme exemple de ce dernier genre, nous pouvons prendre la levure de bière, le *saccharomyces cerevisiæ*. Ce champignon ne contient point de matière verte, il n'a pas de chlorophylle. Aussi ce végétal ne peut-il emprunter son carbone directement à l'acide carbonique : il a besoin d'un corps combustible *explosif*, le sucre, c'est-à-dire d'un corps qui puisse donner de la chaleur en se brûlant. Ici l'énergie calorifique remplacerait l'énergie solaire.

Toute la différence entre les êtres vivants serait finalement réduite à cela.

Nous ferons remarquer que ce nouveau caractère ne peut servir à distinguer les animaux des plantes. Quoique les végétaux soient pourvus de chlorophylle, surtout pendant l'été, d'une manière incomparablement plus abondante que les animaux, on ne peut d'une manière absolue confondre le végétal avec la chlorophylle. On devrait simplement dire qu'il y a des êtres contenant de la chlorophylle et capables d'utiliser la force vive émanée du soleil : ce serait le règne des êtres à chlorophylle; puis viendrait le règne des êtres sans chlorophylle qui sont obligés de tirer d'une *manière indirecte* du soleil, c'est-à-dire des combinaisons formées en définitive sous l'influence de ses rayons, la puissance dynamique qu'ils doivent utiliser. Mais cette division, qui consisterait à ranger les êtres d'après l'existence ou l'absence de la matière verte chlorophyllienne, ne correspond plus à la classification des êtres vivants en végétaux et animaux. Toute la vaste classe des champignons, dépourvus de chlorophylle, devrait être distraite des végétaux, et beaucoup d'animaux (*Euglena viridis*, *Stentor polymorphus*, etc., etc.) devraient être rangés dans les végétaux.

Au point de vue philosophique, les théories dualistes de la vie ont eu pour objet de nous montrer d'une manière saisissante les rapports des êtres dans les trois règnes de la nature. Elles ont étudié surtout les conséquences de ces rapports et regardé chaque être comme une machine travaillant au service d'autrui. Ces théories sont surtout empreintes des considérations finalistes que l'homme ne peut s'empêcher d'exprimer lorsqu'il se fait le centre des grands phénomènes cosmiques qui l'entourent : le règne minéral est le réservoir général; les végétaux travaillent pour les animaux, et le monde entier est fait pour l'homme, qui en utilise les produits pour son bien-être matériel ou dans l'intérêt social. Par ce côté ces théories paraissent se relier à la vie pratique. C'est pourquoi on en a fait à l'agriculture, à l'hygiène, de nombreuses applications que nous n'avons pas à examiner ici.

Toutefois, nous pensons que ces vues théoriques qui reposent sur des résultats évidents et incontestables ne répondent pas à la véritable conception physiologique des phénomènes.

En effet, l'identification de l'organisme animal à un appareil dans lequel s'engendrent des forces vives, à un fourneau dans lequel vient s'engouffrer et se brûler le règne végétal, peut représenter une apparence extérieure; mais ce n'est pas l'expression physiologique d'une loi qui relierait la vie animale et végétale. Sans doute les animaux se nourrissent de plantes, et les carnassiers des herbivores. Ces résultats qui assurent l'équilibre cosmique sont les conséquences, ainsi que nous le montrerons plus tard, de la loi générale de la lutte pour l'existence, d'après laquelle la nature ne peut engendrer la vie que par la mort, la création par la destruction. Pour nous ces faits, quoique nécessaires, sont en réalité accidentels et contingents dans leur déterminisme ; ils restent en dehors de la finalité physiologique.

La loi de la finalité physiologique est dans chaque être en particulier et non hors de lui : l'organisme vivant est fait pour lui-même, il a ses lois propres, intrinsèques. Il travaille pour lui et non pour d'autres. Il n'y a rien dans la loi de l'évolution de l'herbe qui implique qu'elle doit être broutée par l'herbivore ; rien dans la loi d'évolution de l'herbivore qui indique qu'il doit être dévoré par un carnassier ; rien dans la loi de végétation de la canne qui annonce que son sucre devra sucrer le café de l'homme. Le sucre formé dans la betterave n'est pas destiné non plus à entretenir la combustion respiratoire des animaux qui s'en nourrissent ; il est destiné à être consommé par la betterave elle-même dans la seconde année de sa végétation, lors de sa floraison et de sa fructification. L'œuf de poule n'est pas pondu pour servir d'aliment à l'homme, mais bien pour produire un poulet, etc. Toutes ces finalités utilitaires à notre usage, sont des œuvres qui nous appartiennent (1) et qui n'existent point dans la nature en dehors de nous. La loi physiologique ne condamne pas d'avance les êtres vivants à être mangés par d'autres ; l'animal et le végétal sont créés pour la vie. D'autre part une conséquence impérieuse de la vie est de ne pouvoir naître que de la mort. Nous l'avons répété sous toutes les formes : la création organique implique la destruction organique. Ce qui s'observe dans les phénomènes intimes de la nutrition, dans la profondeur de nos tissus, se manifeste dans les grands phénomènes cosmiques de la nature. Les êtres vivants ne peuvent exister qu'avec les matériaux d'autres êtres morts avant eux ou détruits par eux. Telle est la loi.

En résumé, la physiologie générale, qui ne considère la vie que dans ses phénomènes essentiels et généraux, ne nous permet pas d'admettre une dualité des animaux et des végétaux, une physiologie animale et une physiologie végétale distinctes. Il n'y a qu'une seule manière de vivre, qu'une seule physiologie pour

(1) Voy. Leçon VIIIe, *Causes finales*.

tous les êtres vivants : c'est la physiologie générale qui conclut à l'unité vitale dans les deux règnes.

Si maintenant, au lieu de considérer la vie dans ses deux manifestations nécessaires et universelles, la *création* et la *destruction* vitale, nous pénétrons dans le jeu des divers mécanismes vitaux que la nature nous présente, si nous descendons dans l'arène où se passe la lutte pour l'existence, alors nous trouverons des différences fonctionnelles et des variétés infinies. Non seulement nous trouverons que des animaux sont conformés pour manger des végétaux, mais que des animaux sont armés pour dévorer d'autres animaux plus faibles qu'eux. C'est, en un mot, le règne de la loi du plus fort, loi qui n'a rien de nécessaire, puisque les hasards du combat vital peuvent faire que tel être échappe à la mort, tandis que tel autre succombe.

Toutefois, au milieu de cette mêlée silencieuse, que nous appelons par antiphrase l'harmonie de la nature, et dans laquelle viennent s'entre-détruire toutes les existences, jamais la loi fondamentale de la physiologie générale que nous avons énoncée n'est violée. Jamais la vie ne se manifeste sans entraîner avec elle dans le même être un double mouvement de création et de destruction organique équivalente, de sorte que nous ne trouvons jamais des êtres vivants jouant séparément le rôle d'organismes créateurs de la matière organique, tandis que d'autres auraient le rôle contraire de détruire cette matière organique pour la restituer au monde minéral.

Tous les êtres vivants se nourrissent de même : l'animal pas plus que le végétal ne procède par nutrition directe, ils s'alimentent, en réalité, l'un et l'autre, malgré les apparences contraires, en prenant au monde ambiant des matériaux tombés dans un état plus ou moins profond d'indifférence chimique. L'animal comme le végétal modifient ces matériaux, les élaborent et en forment des réserves appropriées à leur nature et utilisées ultérieurement pour leur propre compte. Tantôt la formation de la réserve et sa dépense peuvent être à peu près simultanées ou très rapprochées, tantôt elles sont successives et à long intervalle. Ce dernier cas s'observe pour les végétaux, surtout pour les végétaux bisannuels. Pendant la première année, la plante accumule ses réserves, et on peut croire qu'elle n'est alors qu'un appareil de création ou de synthèse. Pour les animaux, au contraire, et particulièrement pour les animaux à sang chaud, les réserves ne durent pas longtemps et se dépensent en quelque sorte au fur et à mesure, de sorte qu'on peut croire que ces derniers êtres sont uniquement des appareils de combustion, de destruction. Chez les animaux à sang froid, les réserves sont faites dans certains cas à longue portée et se rapprochent par ce côté de celles des végétaux.

En définitive, le végétal et l'animal sont deux machines vivantes distinctes, munies d'instruments et d'appareils variés avec des modes de fonctionnement qui donnent aux phénomènes de leur existence des apparences fort différentes. Mais l'unité de la *vie* ne doit pas nous être dissimulée par la variété de la *fonction ;* le muscle, la glande, le cerveau, les nerfs, les organes électriques, etc., vivent semblablement, mais fonctionnent très différemment. Les végétaux et les animaux vivent identiquement, mais fonctionnent autrement. Même en admettant que la fonction chlorophyllienne soit spéciale aux végétaux, il ne faut pas en tirer la conclusion que les végétaux vivent autrement que les animaux, ce serait une erreur; le protoplasma chlorophyllien, qui a pour fonction de réduire l'acide carbonique et de dégager de l'oxygène, ne vit pas moins, comme tous les protoplasmas animaux et végétaux, en absorbant de l'oxygène et en exhalant de l'acide carbonique.

Au point de vue de la physiologie générale, nous ne considérons pas seulement les fonctions différentielles des êtres vivants entre eux, lesquelles n'ont rien d'absolument nécessaire à la vie; nous considérons, au contraire, les phénomènes généraux et communs qui sont indispensables à l'existence de tous les êtres. Qu'importe qu'un être vivant ait des organes ou des appareils plus ou moins variés et complexes, des poumons, un cœur, un cerveau, des glandes, etc., etc.! Tout cela n'est pas nécessaire à la vie d'une manière absolue. Les êtres inférieurs vivent sans ces appareils, qui ne sont que l'apanage des organisations de luxe. L'étude des êtres inférieurs est surtout utile à la physiologie générale, parce que chez eux la vie existe à l'état de nudité, pour ainsi dire. Elle est réduite à la nutrition : destruction et création vitale. Or, nous le répétons, cette vie est toujours complète dans la plante comme dans l'animal. Ils ne représentent pas chacun une demi-vie qui, se complétant réciproquement, rendrait les deux êtres étroitement complémentaires l'un de l'autre.

C'est en définitive dans l'intimité des phénomènes de la nutrition que se manifeste surtout la loi de l'unité vitale chez les animaux et chez les végétaux. Mais pour saisir cette unité, il faut considérer le phénomène nutritif dans sa totalité; car si on n'analyse qu'un côté des rapports des êtres vivants avec le milieu cosmique, on peut trouver parfois que les phénomènes de la vie animale et végétale revêtent des apparences contraires. C'est ce qui a semblé parfois résulter de ce qu'on a appelé le bilan nutritif des animaux et des végétaux. Nous terminons par quelques réflexions à ce sujet.

Le bilan du mouvement organique des animaux et des végétaux se dresse comme celui d'une machine ordinaire dont on veut connaître le travail intérieur. On analyse ce qui entre, on analyse ce qui sort dans un temps donné, et de la dépense on déduit ce qui s'est fait dans la machine. Cette manière d'opérer, applicable sans doute aux machines inertes, n'est plus légitime pour les organismes ou machines vivantes. Si la nutrition et la combustion organiques étaient *directes*, comme on l'a cru après Lavoisier, le bilan direct pourrait être admissible. Mais la physiologie nous a appris que la nutrition est *indirecte* et ne se fait qu'à longue portée après des mois et même des années chez certains végétaux. Donc il faudrait, pour conclure, rigoureusement avoir des observations ou des expériences d'une durée équivalente ; sans cela on n'obtient que des résultats partiels dont on ne peut pas tirer de conclusions générales.

MM. Regnault et Reiset ont fait bien sentir cette différence qui existe entre les machines vivantes et les machines inertes, quand dans leurs belles recherches sur la respiration, ils ont analysé le travail de Dulong et Desprez sur la chaleur animale. Ces derniers auteurs, supposant que la combustion est directe, admettaient que la chaleur produite dans le corps est représentée par la chaleur de combustion du carbone et de l'hydrogène à l'aide de l'oxygène respiré. Les nombres de leurs analyses correspondent même avec cette explication. MM. Regnault et Reiset, tout en admettant que les phénomènes de calorification ne peuvent être, dans l'organisme comme au dehors de lui, que le résultat des phénomènes de combustion, n'hésitent pas à considérer les nombres trouvés par Dulong et Desprez comme faux et la concordance de leurs analyses comme tout à fait fortuite. C'est qu'en effet il y a bien d'autres phénomènes dont il faudrait tenir compte si l'on voulait avoir l'équation de la production de la chaleur animale dans l'organisme vivant.

On simplifie donc trop les problèmes, et selon le mot spirituel de Mulder : déduire les phénomènes qui se passent dans l'organisme de l'analyse des matériaux qui le traversent, ce serait prétendre connaître ce qui se passe dans une maison en analysant les aliments qui entrent par la porte et la fumée qui sort par la cheminée.

Nous reconnaissons néanmoins aux recherches de

statique chimique une grande importance, parce qu'elles fournissent les premières données sur lesquelles le physiologiste doit se baser pour poursuivre l'étude des phénomènes intimes de la nutrition dans nos tissus. Mais la physiologie expérimentale nous enseigne que ces problèmes intermédiaires de la nutrition doivent ensuite être suivis pas à pas à l'aide d'expériences délicates, au lieu d'être déduits d'explications hypothétiques fondées sur la comparaison du matériel d'entrée et de sortie.

Les phénomènes de la nutrition sont trop complexes pour pouvoir se prêter à ce genre d'investigation, qui n'est applicable, nous le répétons, qu'aux machines inorganiques. Nous pourrions citer beaucoup de conséquences physiologiquement erronées, auxquelles on a été conduit par cette manière indirecte d'opérer, tandis qu'au contraire l'étude expérimentale des phénomènes de la nutrition poursuivie directement dans les organes, dans les tissus, et même dans les éléments de tissus, nous a conduit à des découvertes fécondes. Jamais on n'aurait découvert la formation du sucre dans le foie si l'on s'était borné à comparer les analyses des matières à l'entrée et à la sortie de l'organisme. Le physiologiste doit s'appuyer sur ces résultats chimiques généraux ; mais il ne doit pas s'en contenter, il doit descendre, à l'aide de l'expérience directe, dans l'intimité des organes, dans le tissu, dans la cellule vivante dont la fonction est identique dans l'animal comme dans le végétal. C'est par cette étude seule qu'il pourra saisir le mystère de la nutrition intime et arriver à se rendre maître de ces phénomènes de la vie, ce qui est son but suprême.

On voit ainsi par quel point de vue le physiologiste et le chimiste peuvent différer quand ils étudient les phénomènes de l'organisme vivant.

Conclusion. — De la discussion générale qui précède, nous pouvons conclure que malgré la variété réelle que les phénomènes vitaux nous offrent dans leur apparence extérieure, dans les animaux et dans les végétaux, ils sont au fond identiques, parce que la nutrition des cellules végétales et animales, qui sont les seules parties vivantes essentielles, ne sauraient avoir un mode différent d'exister dans les deux règnes.

En conséquence nous considérons notre grande division des phénomènes de la vie, *destruction* et *création* organique, comme justifiée et comme établie en physiologie générale. Cette division nous servira de cadre dans les leçons qui vont suivre.

QUATRIÈME LEÇON

PHÉNOMÈNES DE DESTRUCTION ORGANIQUE.

Fermentation. — Combustion. — Putréfaction.

SOMMAIRE : Phénomènes de la *création* et de la *destruction organique.* — Étude des phénomènes de destruction organique. — Fermentation, combustion, putréfaction.

I. *Fermentation.* — Catalyse ; Berzélius. — Décomposition ; Liebig. — Théorie organique : Cagniard de Latour, Turpin, Pasteur. — Ferments solubles, ferments figurés. — Les actions des ferments solubles se retrouvent dans le règne minéral. — Les mêmes ferments sont communs aux deux règnes, animal et végétal. — Les ferments agissent pour transformer et décomposer les produits des réserves nutritives. — Fermentations dues aux ferments figurés. — Fermentation alcoolique ; ses conditions.

II. *Combustion.* — Théorie de Lavoisier; combustion directe, vive ou lente. — La combustion directe n'existe pas. — Combustions indirectes; dédoublement, sorte de fermentation appartenant aux végétaux et aux animaux. — Fait particulier des glandes. — Rôle inconnu de l'oxygène dans l'organisme.

III. *Putréfaction.* — Appartient aux animaux et aux végétaux. — Théories de la putréfaction ; Gay-Lussac, Appert, Schwann, Pasteur. — Fermentation putride. — Analogie de la putréfaction et des fermentations. — La vie est une putréfaction. — Mitscherlich, Hoppe-Seyler, Schützenberger, etc.

Nous avons proposé, discuté et établi en physiologie générale, la division des phénomènes de la vie en deux grands groupes : *phénomènes de création ou de synthèse organique*, *phénomènes de destruction organique.* Il faut maintenant poursuivre cette division dans ses détails et étudier séparément les deux ordres de phénomènes vitaux qui s'y rapportent. Nous commencerons par l'étude des phénomènes de destruction vitale, parce qu'ils se montrent dès l'origine de l'être et qu'ils débutent avec l'apparition de la vie.

Les phénomènes de destruction organique ont pour expression même les manifestations vitales. On peut regarder comme un axiome physiologique la proposition suivante :

Toute manifestation vitale est nécessairement liée à une destruction organique.

Quel sont ces phénomènes de désorganisation ?

Lavoisier, dans le passage que nous avons précédemment cité, rattache tous les phénomènes de destruction organique à l'un de ces trois types :

I. Fermentation.
II. Combustion.
III. Putréfaction.

C'est, en effet, par l'un ou l'autre de ces procédés que la matière organisée se détruit, soit par suite du fonctionnement vital, soit dans le cadavre après la mort. Ces trois phénomènes typiques présentent malheureusement encore beaucoup d'obscurités, malgré l'impulsion très active qui a été donnée à leur étude et malgré les progrès considérables qui ont été accomplis depuis quelques années. Il ne s'agira pas d'ailleurs, dans ces leçons où nous traçons une sorte d'esquisse ou de plan de la physiologie générale, de résoudre les questions ; il importe d'abord de les poser : c'est à quoi nous nous bornerons en traitant successivement de la fermentation, de la combustion, de la putréfaction. Nous indiquerons d'une manière rapide et sommaire non pas l'état détaillé de nos connaissances sur ces phénomènes complexes, mais bien plutôt la place qu'ils doivent occuper dans un conspectus physiologique, nous réservant de les développer plus tard en faisant connaître nos recherches personnelles.

I. *Fermentations.* — Les chimistes et les physiologistes n'ont jamais été et ne sont pas encore d'accord sur ce que l'on doit entendre sous le nom de fermentation. On a dit, dans ces derniers temps, d'une façon génerale, que ce nom s'appliquait à toutes les réactions organiques provoquées par un corps qui ne gagnait et ne perdait rien dans le phénomène, qui semblait n'intervenir que par sa présence. Berzélius appelait *actions catalytiques* les phénomènes de ce genre. C'est ainsi que la mousse de platine, disait-on, agit par *simple présence* ou par catalyse sur l'alcool pour le faire passer successivement à l'état d'aldéhyde, puis d'acide acétique. La fermentation était une catalyse organique. C'était là, bien entendu, une simple désignation et non une explication. Le rapprochement que ce nom indique n'est pourtant pas exact, et nous donnerait une idée très fausse des fermentations qui s'accomplissent chez les animaux et végétaux.

En effet, les fermentations que l'on connaît pour les avoir étudiées dans l'économie vivante où elles s'accomplissent ne sont pas comparables aux phénomènes que Berzélius appelait des *actions catalytiques*. Le ferment ne reste pas indifférent aux décompositions qu'il provoque. Il est prouvé aujourd'hui que, dans l'action de la diastase sur l'amidon, la diastase s'use, et que son usure est en rapport avec l'énergie de l'action qu'elle a exercée.

Aussi le ferment ne reste pas invariable. Nous venons de citer un cas où il se détruit : dans d'autres cas, il se multiplie. Cela a lieu pour ce que l'on appelle les ferments figurés. Le *Mycoderma aceti*, organisme microscopique qui transforme l'alcool en acide acétique, n'agit pas simplement à la façon de la mousse de platine; il augmente de poids, il s'accroît et se multiplie dans la liqueur où il agit et corrélativement à son action même.

Il ne faut donc pas, d'après cela, rapprocher les fermentations des phénomènes d'ailleurs obscurs et inconnus que l'on a rangés sous le titre d'actions catalytiques. Berzélius avait en vue surtout la fermentation alcoolique : il ignorait que le ferment, la levure, fût un être organisé, il le regardait comme un principe amorphe. Mitscherlich, qui connaissait cependant la nature organisée de la levure, lui attribuait le même rôle que Berzélius.

Liebig comprit autrement les fermentations. Prenant pour type la fermentation alcoolique, il la considéra comme l'avaient fait autrefois les iatrochimistes Willis et Stahl. « La levure de bière et en général toutes » les matières animales et végétales en putréfaction re- » portent sur d'autres corps l'état de décomposition » dans lequel elles se trouvent elles-mêmes; le mouve- » ment qui, par la perturbation d'équilibre, s'imprime » à leurs propres éléments, se communique également » aux éléments des corps qui se trouvent en contact avec » elles. » Le ferment, dans cette manière de voir, est un corps en décomposition, dont les molécules, animées d'un mouvement particulier interne, communiquent l'ébranlement à une substance fermentescible instable.

Pour caractériser d'un mot la théorie de Liebig, il faudrait dire que la fermentation est une décomposition qui en entraîne une autre.

Cagniard de Latour reconnut vers 1838, par l'inspection microscopique, que la levure de la fermentation alcoolique était formée de globules organisés, de cellules vivantes, capables de se reproduire, ayant une enveloppe et un contenu. Le rôle de cet organisme dans la fermentation fut surtout précisé par M. Pasteur. La fermentation alcoolique est un phénomène corrélatif de l'organisation, du développement, de la multiplication, c'est-à-dire de la vie des globules. C'est ce que l'on a appelé la théorie physiologique de la fermentation, que Turpin, en 1838, avait formulée le premier, en disant : « Fermentation comme effet et végétation comme cause. »

On distingue aujourd'hui deux espèces de fermentations, selon la nature soluble ou insoluble du ferment : les unes produites par l'intervention d'un ferment organisé ou *figuré*, les autres produites par les ferments non figurés, liquides, produits *solubles*, élaborés, sécrétés par les organismes vivants.

Les ferments *solubles* existent dans les plantes et dans les animaux. Ils ont pour type la diastase végétale et les ferments digestifs ; ils ont pour caractère commun d'être solubles dans l'eau, précipitables par l'alcool et de nouveau solubles dans l'eau. Un autre trait commun est encore la grandeur de l'effet comparée à la masse très faible du ferment. Une très petite fraction de diastase peut saccharifier une grande quantité (plus de deux mille fois son poids) d'amidon. Enfin, la substance active ne se multiplie pas, mais au contraire s'épuise et se détruit par son action même.

Ces ferments sont capables de provoquer des réactions chimiques très énergiques. J'ai insisté depuis très longtemps pour établir que les fermentations, spéciales quant à leurs procédés, ne sont pas, au fond, quant à leur nature essentielle, différentes des actions chimiques générales; toutes, en effet, sont représentées dans le règne minéral. Certains ferments, *diastase* animale et végétale, ferments inversifs des plantes ou des animaux, agissent à la façon des acides minéraux : d'autres ont le même effet que produirait un alcali; de ce nombre est le ferment des matières grasses, qui existe dans le suc pancréatique et qui émulsionne d'abord et qui saponifie ensuite ces substances, etc.

Les fermentations amènent la destruction des composés complexes des organismes, leur dédoublement en des corps plus simples, accompagné d'une hydratation. Elles jouent un rôle très important dans la nutrition. On les trouve à la fois dans l'économie végétale et animale. La chose est facile à démontrer dans le cas des diastases ; le ferment glycosique ou diastase proprement dite se rencontre dans toutes les parties de l'organisme où l'amidon animal ou végétal doit être rendu soluble. Dans les graines, le ferment manifeste son activité lors de la germination; dans le tubercule de la pomme de terre, il entre en activité au printemps; dans le foie, il existe toujours de manière à transformer l'amidon animal en glycose. En d'autres termes, partout où des matières féculentes doivent alimenter un organisme, on constate la présence d'un ferment identique. L'amidon n'est donc pas utilisé sous sa forme actuelle; il ne participe à la vie végétale ou animale que lorsque, par hydratation, il a été transformé en sucre de glycose. D'autre part, le sucre, s'il était à l'état de glycose, ne se conserverait pas dans l'organisme : il se détruirait bientôt, sans pouvoir jouer ce rôle de réserve qui est indispensable au fonctionnement vital dans les deux règnes.

Ce que nous disons de l'amidon, de son accumulation en réserves insolubles, de sa transformation par fermentation au moment convenable, est vrai pour beaucoup d'autres substances moins bien connues. La manière d'être de l'une d'elles, cependant, le sucre de saccharose (sucre de canne, de betterave), vient confirmer cette généralisation. Il est susceptible, en effet, de s'accumuler à l'état de réserves dans les tissus des végétaux. Sous cette forme, il n'est point utilisable; il n'est pas directement oxydable par l'organisme; il est nécessaire qu'il soit transformé en sucre de glycose. Un *ferment inversif* est chargé de la transformation. Ce ferment existe identique chez les animaux et les plantes : la levure de bière, qui a besoin de transformer en glycose, pour s'en nourrir, le sucre de cannes avec lequel elle est mise en présence, fabrique ce ferment. M, Berthelot l'y a découvert. La betterave se comporte de même relativement au sucre accumulé dans sa racine pendant la première année de la végétation ; j'ai démontré que les animaux procèdent de même pour tirer partie du sucre de saccharose contenu dans leurs aliments.

Nous avons dit que les actions du genre fermentatif sont extrêmement nombreuses; elles sont en effet le type général des actions vitales de destruction ; beaucoup ne sont encore que soupçonnées ; le plus grand nombre est absolument ignoré. Ce que l'on en sait suffit pourtant pour permettre de juger de l'importance de ces phénomènes.

Les matières albuminoïdes sont rendues solubles et digérées par un ferment, la *pepsine*, qui existe dans le suc gastrique ; la pepsine ne fait que commencer l'action ; la *trypsine*, ferment de même nature, contenu dans le suc pancréatique, achève cette transformation en peptone. On a pensé que cet agent existait dans les différents points de l'organisme où sa présence peut être nécessaire pour digérer les albuminoïdes : Brücke a prétendu le retrouver dans le sang et dans les muscles. Il est probable qu'on l'isolera dans les végétaux.

De même, il existe dans les amandes, douces et amères, un ferment soluble énergique, l'*émulsine*, qui est capable de dédoubler un grand nombre de glycosides : l'amygdaline (en glycose, acide cyanhydrique et essence d'amandes amères), la salicine, l'hélicine, l'arbutine, la phlorizine, l'esculine, la daphnine. Or, il est remarquable que l'on trouve précisément un ferment de la même nature chez les animaux, dans le foie et le pancréas. Il serait inutile de multiplier ces exemples, de signaler la fermentation du myronate de potasse produite par la myrosine, la fermentation des acides biliaires, de l'acide hippurique, du tannin, de la pectose, etc. Il suffit que l'on comprenne qu'il s'agit ici d'un procédé général employé par la nature pour opérer le dédoublement, c'est-à-dire la destruction d'un très grand nombre de principes organiques aussi bien dans les plantes que chez les animaux.

On range parmi les fermentations (F. à *ferments figurés*) un second ordre de décompositions provoquées par des êtres organisés. Le type de ces actions est la fermentation alcoolique produite par la levure de bière.

C'est dans ce groupe de phénomènes qu'il faudrait ranger les transformations du sucre en alcool, en acide lactique, en acide butyrique, en gomme, en mannite, en acide acétique.

Ce sont là des exemples de *destructions* accomplies dans des circonstances particulières ou dans le cours de l'existence d'êtres particuliers.

Cependant quelques-unes de ces fermentations destructives des matières organisées pourraient peut-être avoir une très grande généralité. Il semblerait que beaucoup de cellules, soit animales soit végétales, mises dans les conditions des cellules de levure, agissent comme celles-ci.

Dans quelles conditions la levure provoque-t-elle la fermentation alcoolique ? C'est, d'après M. Pasteur, lorsque le ferment est privé d'air. Comme il a besoin d'oxygène pour subsister, ne pouvant l'emprunter directement, il se trouve dans l'alternative ou de périr ou de se le procurer par un autre précédé. La levure prend alors de l'oxygène aux matières ambiantes : elle en prend au sucre en provoquant sa fermentation ou destruction, opération capable d'engendrer la chaleur, de produire l'énergie calorifique dépensée dans le fonctionnement vital.

On sait, avons-nous dit, que d'autres cellules semblent succeptibles d'agir d'une façon identique. On a signalé, en effet, que certaines plantes d'Afrique produisent de l'alcool dans leurs racines. MM. Lechartier et Bellamy ont montré que les fruits placés dans une atmosphère d'acide carbonique, c'est-à-dire mis dans l'impossibilité de respirer comme ils font d'ordinaire en absorbant de l'oxygène et rejetant de l'acide carbonique, se comportent comme la levure : ils transforment partiellement leur sucre en alcool et acide carbonique. On sait d'ailleurs que l'on peut retirer de l'alcool de la distillation de certains fruits, tels que les prunes à l'époque de leur maturité. M. de Luca s'est assuré que certaines feuilles placées également dans une atmosphère d'acide carbonique se comportent de la même manière et donnent naissance aux fermentations alcoolique et acétique.

On pourrait comparer la fermentation à l'aide des ferments figurés ou vivants à une sorte de parasitisme qui altère le milieu dans lequel vivent ces êtres élémentaires. A ce titre ces ferments rentrent dans notre étude puisqu'ils produisent la destruction, le dédoublement des matières plus simples avec lesquelles elles sont en contact.

II. *Combustions.* — Nous n'avons pas l'intention d'entrer dans l'étude des phénomènes de combustion et de leur rôle dans la vie des organismes. Nous voulons seulement rappeler, à cette occasion, un principe que nous soutenons depuis longtemps, à savoir que les phénomènes chimiques des organismes vivants ne peuvent jamais être assimilés complètement aux phénomènes qui s'opèrent en dehors d'eux. Ce qui veut dire, en d'autres termes, que les phénomènes chimiques de l'être vivant, bien qu'ils se passent suivant les lois générales de la chimie, ont toujours leurs appareils, leurs procédés spéciaux (1).

On sait depuis Lavoisier que la destruction, l'usure moléculaire qui accompagne les phénomènes vitaux consiste dans une sorte d'oxydation de la matière organique : elle est l'équivalent d'une combustion. Mais Lavoisier et les chimistes qui nous ont fait connaître cet important résultat sont tombés dans une erreur, presque inévitable à leur époque, sur le mécanisme de ces phénomènes, erreur qui, encore aujourd'hui, a cours auprès de beaucoup de savants. Ils ont assimilé les processus chimiques qui se font dans l'organisme à une oxydation directe, à une fixation d'oxygène sur le carbone des tissus. En un mot, ils ont cru que la combustion organique avait pour type la combustion qui se fait en dehors des êtres vivants dans nos foyers, dans nos laboratoires. Tout au contraire, il n'y a peut-être pas dans l'organisme un seul de ces phénomènes de prétendue combustion qui se fasse par fixation directe d'oxygène. Tous empruntent le ministère d'agents spéciaux, des ferments, par exemple.

(1) Voyez, à ce sujet, mon *Rapport sur les progrès de la physiologie générale*, 1867.

Les impérissables travaux de Lavoisier sur la respiration nous ont fait comprendre le rôle de l'oxygène, non dans ses détails, mais au moins dans ses grands traits. L'oxygène est nécessaire à l'entretien de la vie, a-t-on dit, parce qu'il entretient la combustion ; sa suppression, si elle n'est compensée par quelque artifice, ne saurait être longtemps soutenue ; ce gaz s'unit à la substance organique et il est éliminé de l'organisme à l'état de combinaison avec le carbone, à l'état d'acide carbonique.

Ce n'est cependant pas à une combustion directe que ce gaz est employé. La formule banale répétée par tous les physiologistes que le rôle de l'oxygène est d'entretenir la combustion n'est pas exacte, puisqu'il n'y a point en réalité dans l'organisme de combustion véritable. Ce qui est vrai, c'est que le rôle exact de l'oxygène, que nous croyons savoir, nous est encore inconnu : à peine peut-on le soupçonner. Nous ne pouvons ici que poser la question, sans prétendre en aucune façon la résoudre ; mais, dans tous les cas, nous le savons déjà, l'oxygène ne sert pas à une combustion directe.

D'abord, qu'est-ce que les chimistes entendent sous ce nom de *combustion* ? C'est encore ici un de ces termes mal précisés sur lesquels règne le plus complet désaccord. Quelques chimistes réservent ce nom à l'oxydation du carbone et de l'hydrogène, qui a pour conséquence la production d'acide carbonique et de vapeur d'eau, avec production de chaleur ; et, avec Lavoisier, ils distinguent la combustion vive et la combustion lente, suivant que la production de chaleur est plus ou moins intense, dissipée à mesure de sa production, de manière à pas élever à une haute température le corps combustible dans le cas de combustion lente ; à le porter, au contraire, au degré où il devient incandescent dans le cas de combustion vive.

D'autres chimistes considèrent comme fait caractéristique de la combustion le développement de chaleur, de sorte qu'ils attribuent ce nom à toute combinaison, à toute action chimique, qui s'accompagne d'un grand développement de calorique.

En nous en tenant à la première acception, peut-on dire qu'il y ait combustion dans l'organisme animal ou végétal ? On a répondu affirmativement à cette question.

Lavoisier, qui avait, par une intuition de génie, créé son système en comparant les phénomènes respiratoires avec les oxydations des métaux, avait dû penser qu'il en était ainsi. Il avait comparé (1789) la consommation d'oxygène faite par le même homme d'abord au repos, puis accomplissant un travail, et il avait conclu que le travail musculaire accélérait les combustions organiques. On était depuis lors si bien persuadé qu'il y avait une véritable combustion que le débat roulait simplement sur la question de savoir si c'était la substance même du muscle qui se brûlait, ou si c'était des matières combustibles hydrocarbonées.

Mais ni l'une ni l'autre de ces opinions ne saurait être soutenue en tant qu'elles impliqueraient une combustion directe. En effet, dans l'organisme, on ne rencontre jamais les produits de combustion incomplète, tels que l'oxyde de carbone. D'autre part, il ne se brûle pas d'hydrogène ; jamais l'on n'a pu constater directement la production de l'eau dans les prétendues combustions organiques. Il semble, au contraire, bien avéré, que l'eau de l'organisme a sa source exclusivement dans l'alimentation et qu'elle est introduite du dehors. J'ai montré que le sang qui sort d'un muscle en contraction n'est pas plus riche en eau que celui qui y entre, c'est même plus souvent le contraire. J'ai fait, en outre, remarquer que le sang qui sort d'une glande en sécrétion est plus pauvre en eau que celui qui entre, et que la différence est représentée exactement par la quantité d'eau contenue dans le liquide sécrété.

D'autre part, l'oxygène n'est pas immédiatement employé : il n'est pas fixé directement. Un muscle en activité produit une quantité d'acide carbonique supérieure à la quantité d'oxygène absorbée dans le même temps. La consommation d'oxygène n'est donc pas en rapport exact avec la production d'acide carbonique. C'est ce que Petenkofer et Voit ont établi pour le muscle maintenu en place, et pour le muscle séparé de l'animal. L. Hermann a obtenu le même résultat. On sait (et nous allons reproduire ici l'expérience sous vos yeux) que, même en l'absence de tout renouvellement d'oxygène, dans des gaz inertes, dans l'hydrogène, par exemple, que nous avons substitué à l'air ordinaire, le muscle peut se contracter assez longtemps. Il rend alors de l'acide carbonique, qui évidemment ne provient pas d'une combustion directe. Si pendant l'état d'activité le muscle rend plus d'oxygène combiné qu'il n'en reçoit, au contraire, pendant le repos, il en prend plus qu'il n'en rend. Les faits établissent bien clairement que l'on n'a point affaire ici à une fixation directe et extemporanée d'oxygène sur la substance du muscle. Le phénomène est beaucoup plus complexe. Il consiste en des dédoublement chimiques, très certainement de la nature des fermentations, mais actuellement plutôt soupçonnés que bien connus. On a imaginé l'hypothèse d'un dédoublement par fermentation d'une matière du muscle, l'*inogène*, en *acide carbonique*, acide *sarcolactique*, et *myosine*. Cette hypothèse a simplement comme valeur de nous montrer le sens des interprétations actuelles que l'on tend à substituer à la théorie de la combustion directe de Lavoisier.

L'étude du fonctionnement des glandes conduit à des conclusions de même nature relativement à la combustion directe. J'ai montré que le sang veineux qui sort des glandes est à peu près aussi riche en oxygène que le sang artériel, de sorte que l'exagération de la fonction n'entraînerait pas la disparition de l'oxygène. L'oxygène ne se fixe donc pas au moment où l'on suppose qu'il devrait être employé; il n'y a pas en un mot de consommation plus grande d'oxygène. Et cependant c'est pendant le fonctionnement qu'il se produit la plus grande quantité d'acide carbonique, que l'on trouve en proportions considérables dans le sang veineux rutilant et à la fois chargé d'oxygène et d'acide carbonique, Ainsi, les deux phénomènes d'absorption et de dépense d'oxygène sont ici nettement séparés, ce qui exclut évidemment toute possibilité d'une combustion directe. C'est pendant le repos que l'oxygène est absorbé par la glande; c'est pendant le fonctionnement qu'il sort à l'état d'acide carbonique, mais alors l'absorption de l'oxygène est suspendue.

Il résulte de ces faits, que ce n'est pas à une combustion directe que l'oxygène est employé : conséquence importante pour le but que nous poursuivons, car la combustion directe du carbone et de l'hydrogène serait une véritable synthèse, une combinaison d'éléments séparés; tandis que le phénomène qui se produit est probablement au contraire un dédoublement, une destruction de substance complexe, une véritable analyse par fermentation.

Le rôle véritable de l'oxygène est inconnu, avons-nous dit plus haut. Il est bien certain que ce gaz est fixé dans l'organisme et qu'il devient ainsi un des éléments de la constitution ou de la création organique. Mais ce ne serait point par sa combinaison avec la matière organique qu'il provoquerait le fonctionnement vital. En entrant en contact avec les parties, il les rend excitables ; elles ne peuvent vivre qu'à la condition de ce contact. C'est donc comme agent d'excitation qu'il interviendrait immédiatement dans le plus grand nombre des phénomènes de la vie.

On a dit que chez les animaux élevés, l'oxygène devait être porté sur les centres nerveux, pour exciter la moelle allongée et provoquer les mouvements respiratoires. Chez la grenouille, la nécessité de l'excitabilité est moindre pendant l'hiver, période d'inertie, que pendant l'été, période d'activité. Aussi l'absorption d'oxygène est-elle moindre pendant la première saison que pendant la seconde. Une expérience curieuse d'Engelmann semble jeter quelque lumière sur ce rôle d'excitant qu'aurait l'oxygène. Engelmann a observé les mouvements des cils vibratiles, mouvements qui sont faciles à apercevoir après que la membrane qui les supporte a été détachée de l'animal. Les cellules vibratiles sont examinées daus le champ du microscope. Si l'on chasse l'oxygène de la préparation et qu'on le remplace par l'hydrogène, les mouvements cessent au bout d'un certain temps, environ après vingt minutes, par exemple. Si l'on fait rentrer l'oxygène, les mouvements reprennent et l'on peut reproduire un certain nombre de fois ces alternatives. L'oxygène agit donc comme s'il excitait les mouvements vibratiles et comme si sa puissance d'excitation se continuait pendant un certain temps. Si l'on prend des cellules vibratiles à activité ralentie par le froid et l'engourdissement hibernal et que l'on répète l'expérience, elle donnera les mêmes résultats, seulement l'action de l'oxygène se continuera pendant un plus grand espace de temps; elle sera efficace pour une durée plus longue; les mouvements se continueront encore plusieurs heures après le contact du gaz.

La conclusion que nous avons exposée au début nous semble donc amplement justifiée ; il n'est pas nécessaire de multiplier autrement les exemples, pour prouver que la théorie de la combustion directe, qui a déterminé un si grand progrès quand son illustre fondateur l'a introduite dans la science, n'a cependant pas été confirmée par les études physiologiques. La combustion n'est pas directe dans les organismes, et la production d'acide carbonique, qui est un phénomène si général dans les manifestations vitales, est le résultat d'une véritable destruction organique, d'un dédoublement analogue à ceux que produisent les fermentations. Ces fermentations sont d'ailleurs l'équivalent dynamique des combustions; elles remplissent le même but en ce sens qu'elles engendrent de la chaleur et sont par conséquent une source de l'énergie qui est nécessaire à la vie.

III. *Putréfaction.* — Parmi les procédés de destruction des matériaux organiques. Lavoisier rangeait à côté de la fermentation et de la combustion, la *putréfaction.* Il s'agit là d'un phénomène encore plus obscur que ceux de la fermentation et de la combustion, que nous avons précédemment examinés.

Qu'entend-on par putréfaction? On sait de tout temps que les matériaux qui entrent dans la constitution du corps des animaux commencent à s'altérer après la mort, à se transformer et à se décomposer en divers principes parmi lesquels des substances à odeur forte et putride. De là le nom de putréfaction, pour caractériser ces décompositions à odeur nauséabonde.

La même chose a lieu pour les végétaux. Seulement, ici, la destruction portant sur des corps où les substances albuminoïdes, azotées, sont en moindre quantité, les caractères organoleptiques de la putréfaction sont moins saisissants et ont été moins bien connus. Dans la réalité les substances de l'organisme végétal, les substances actives, travaillantes, véritablement vivantes, telles que le protoplasma albuminoïde, sont tout aussi putrescibles que chez les animaux. Seulement, ainsi que nous venons de le dire, la proportion des parties vivantes est, dans les individus végétaux, très faible par rapport aux parties de soutien ou squelettiques inertes. Celles-ci ne sont pas davantage susceptibles de putréfaction chez les animaux que chez les végétaux ; la carapace d'un crustacé, le squelette d'un mammifère sont dans des conditions d'inaltérabilité pareilles à l'écorce ou au bois d'un chêne.

Après les travaux d'Appert et de Gay-Lussac, on avait cru que la putréfaction était une décomposition, un dédoublement provoqué par l'intervention momentanée de l'oxygène et se poursuivant ensuite par une sorte de mouvement moléculaire communiqué.

Plus tard, les travaux de Schwann, Ure, Helmholtz, et surtout de M. Pasteur, montrèrent que la cause déterminante des putréfactions devait être cherchée dans les êtres microscopiques, vibrions, bactéries et moisissures qui se développent dans les liquides en décomposition, quelle que soit d'ailleurs l'opinion qu'on se fasse de la provenance de ces êtres. Les substances altérables perdent ce caractère lorsqu'on a chassé tout l'air par ébullition et que l'on ne laisse pénétrer dans le vase qui les contient que de l'air préalablement chauffé au rouge.

M. Pasteur a distingué deux ordres de putréfactions, les unes qui se produisent à l'abri de l'oxygène et qu'il a appelées *fermentations putrides*, les autres dans lesquelles l'oxygène intervient comme élément essentiel; les unes et les autres étant d'ailleurs provoquées par des organismes.

La *fermentation putride* se manifesterait dans un liquide lorsqu'il ne contient plus d'oxygène, lorsque les premiers infusoires développés l'ont consommé en totalité. Alors, les « vibrions ferments qui n'ont pas besoin » de ce gaz pour vivre commencent à se montrer et la » putréfaction se déclare aussitôt. Elle s'accélère peu » à peu en suivant la marche progressive du dévelop- » pement des vibrions. Quant à la putridité, elle devient » si intense, que l'examen au microscope d'une seule » goutte de liquide est une chose très pénible. »

Les produits de la putréfaction sont très nombreux : chaque substance albuminoïde peut, pour ainsi dire, se comporter différemment à cet égard. Il y a, comme termes à peu près constants, des acides gras volatils, des ammoniaques simples et composés, la leucine, la tyrosine, l'acide carbonique, l'hydrogène sulfuré, l'hydrogène et l'azote.

Le second genre des putréfactions comprend celles qui exigent le concours de l'oxygène de l'air; ces actions, appelées *putréfaction*, *combustion lente*, *érémacausie*, détruisent les matières organiques animales ou végétales abandonnées à l'air, et, après des transformations plus ou moins complexes, les réduisent en acide carbonique, eau, azote et ammoniaque qui font retour à l'atmosphère.

D'après M. Pasteur, ces actions sont dues encore à des organismes, mucédinées et bactéries ; il n'y aurait jamais de ces combustions lentes, spontanées, sans développement d'organismes, à l'intérieur ou à la surface des substances qui s'altèrent.

Dans les circonstances ordinaires, les deux espèces d'actions se produisent simultanément ou successivement. Une substance altérable étant abandonnée à l'air, l'oxygène est d'abord soustrait par les premiers infusoires apparus (*monas crepusculum* et *bacterium termo*). La liqueur se trouble. Une pellicule se forme à la surface, empêchant l'accès de l'air; la fermentation putride des vibrioniens s'accomplit dans ce liquide anoxygéné. La pellicule tombe au fond. De nouvelles bactéries se reforment à la surface et produisent la putréfaction ou combustion lente; puis le même cycle d'opérations recommence jusqu'à épuisement complet de la matière altérable.

Voilà où en sont aujourd'hui nos connaissances sur la putréfaction. Sont-ce des actions de ce genre identiques dans leur processus qui peuvent s'accomplir dans l'organisme vivant et y détruire la matière organique

L'organisme ne permet pas normalement le développement ou l'introduction dans ses profondeurs de ces bactéries et de ces vibrions parasites. Et cependant il est possible, dans certaines circonstances, que des phénomènes de même nature s'y accomplissent réellement.

Des chimistes, habiles et experts dans les études de ce genre, ne craignent pas de le soutenir. Il y a bien longtemps que j'ai entendu dire à Mitscherlich : « La vie » n'est qu'une pourriture. » Hoppe-Seyler (1875) s'exprime ainsi quelque part : « Sans vouloir poser en prin- » cipe, l'identité de la vie organique avec la putréfac- » tion, je dirai pourtant que, selon moi, les phénomènes

» vitaux des plantes et des animaux, n'ont pas d'ana- » logues plus parfaits, dans toute la nature, que les » putréfactions. »

On admet donc que dans les organismes il peut y avoir des processus analogues à ceux de la pourriture. Les substances organiques éprouveraient les mêmes transformations et les mêmes dédoublements qui se produisent dans la putréfaction.

Qu'y a-t-il de particulier dans le mécanisme de la putréfaction ? Envisageant la question au point de vue chimique, on pourrait dire avec Hoppe-Seyler, que le fait essentiel est une modification de l'équilibre moléculaire de la substance avec transport de l'oxygène de l'atome hydrogène à l'atome carbone ; cette action se traduisant, dans quelques cas, par l'expulsion d'acide carbonique, accompagnée d'élimination d'hydrogène ou de composés plus hydrogénés. Tous les autres phénomènes qui se produisent sont primés et conditionnés par celui-là : ce sont des phénomènes secondaires provoqués par l'hydrogène à l'état naissant, ou par l'intervention purement chimique et ultérieure de l'oxygène contenu dans le milieu.

Ce seraient des phénomènes de ce genre qu'accompliraient les organismes signalés par M. Pasteur, le ferment lactique, le ferment butyrique, etc. Mais il se pourrait, comme déjà cela est démontré à propos de la fermentation alcoolique de la levure, que d'autres cellules ou d'autres éléments de l'organisme se comportassent de la même façon. De fait, toutes les mutations chimiques de l'organisme rentreraient dans ce type d'action théorique, et voilà la théorie que l'on proposerait de substituer comme hypothèse à l'hypothèse démontrée fausse des oxydations directes.

Les putréfactions sont en outre caractérisées par des phénomènes de dédoublement avec produits ultimes bien étudiés par M. Schützenberger. J'ai vu que de tous les organes du corps, celui qui se pourrit le plus facilement, est le pancréas. Un caractère particulier et final de cette putréfaction est une coloration rouge, d'abord observée par Tiedemann et Gmelin. Je l'ai ensuite étudiée, et récemment, dans mon laboratoire, M. Prat a constaté que cette matière rouge se manifeste dans la putréfaction de presque toutes les substances azotées, animales ou végétales. Cette coloration rouge, que M. Prat étudie en ce moment, serait due à un produit de la putréfaction mal connu.

Conclusion. — Sans vouloir entrer plus avant dans la question des décompositions organiques, qui est encore entourée de grandes obscurités, nous nous bornerons à déduire de cette leçon un seul résultat général :

La putréfaction comme la combustion se rattache aux fermentations. Toutes les actions de décomposition organique ou de destruction vitale, dont l'organisme est le théâtre, se ramènent en somme à des fermentations. La fermentation serait le procédé chimique général, pour tous les êtres vivants, et même il leur serait spécial, puisqu'il ne se passe pas en dehors d'eux. La fermentation caractérise donc la chimie vivante, et dès lors son étude appartient rigoureusement au domaine de la physiologie.

CINQUIÈME LEÇON

PHÉNOMÈNES DE CRÉATION ORGANIQUE

Théories anatomiques : cellulaire, protoplasmique, plastidulaire.

SOMMAIRE : Création organique comprenant deux ordres de phénomènes communs aux deux règnes : *synthèse chimique, synthèse morphologique.*

I. Constitution anatomique et création morphologique de l'être vivant, animal ou végétal ; historique. — Période ancienne : Galien, Morgagni, Fallope, Pinel, Bichat, Mayer. — Période moderne : de Mirbel, R. Brown, Schleiden, Schwann. — Théorie cellulaire. — Le dernier élément morphologique des êtres vivants est la cellule, mais une substance vivante est antérieure à la cellule ; c'est le *protoplasma.* — Il est le siège des synthèses chimiques, des synthèses morphologiques.

II. Origine de la cellule venant du protoplasma. — Théorie protoplasmique. — Blastème. — Gymnocytode, Lépocytode. — Protoplasma dans les cellules végétales. — L'utricule primordiale. — Le protoplasma est le corps vivant de la cellule dans les deux règnes.

III. *Le protoplasma ;* sa constitution. — Masse protoplasmique, noyau. — Êtres protoplasmiques. — Monères, Bathybius. — Structure du protoplasma. — Théorie plastidulaire. — Complexité du protoplasma. — Son rôle dans la division du noyau. — Rapports du noyau et du protoplasma. — Du nucléole, sa constitution, son rôle. — Conclusion.

En même temps que l'organisme animal ou végétal se détruit par le fait même du fonctionnement vital, il se rétablit par une sorte de synthèse organisatrice, de processus formatif, que nous avons appelé la *création vitale* et qui forme la contre-partie de la *destruction vitale.*

L'acte de réparation vitale n'a d'ailleurs pas la même activité dans tous les points du corps. Il y a des parties dans les animaux et dans les végétaux qui sont plus vivantes, plus délicates, plus destructibles, tandis que d'autres, plus résistantes et d'une vitalité plus obscure, laissent après la mort de l'être des traces durables de son existence. Tel est le ligneux ou les os qui constituent le squelette des êtres végétaux et animaux.

L'acte synthétique par lequel s'entretient ainsi l'organisme est, au fond, de la même nature que celui par lequel il se constitue dans l'œuf. Cet acte est encore semblable au procédé par lequel l'organisme se répare lorsqu'il a subi quelque mutilation. Génération, régénération, rédintégration, cicatrisation, sont des aspects divers d'un phénomène identique, la synthèse organisatrice ou création organique.

Cette création organique est à deux degrés. Tantôt elle assimile la substance ambiante, pour en former des principes organiques, destinés à être détruits dans une seconde période; tantôt elle forme directement les éléments des tissus. Il y a donc à distinguer la formation des principes immédiats qui constituent les réserves, ce *pabulum* de la vie, c'est-à-dire la *synthèse chimique*, de la réunion de ces principes dans un moule particulier, sous une forme ou une figure déterminée, qui sont le plan ou le dessin de l'individu, des tissus qui le forment, des éléments de ces tissus, c'est-à-dire la *synthèse morphologique*.

Nous devrons traiter successivement ces deux questions; nous examinerons d'abord comment les anatomistes sont parvenus, en analysant graduellement l'organisme vivant, à le réduire à ses parties élémentaires; nous verrons ensuite comment les physiologistes et les chimistes se sont rendus compte de leur création synthétique.

Historique. — La constitution des organismes a été

étudiée dès le début des sciences de la vie. On y a trouvé des parties élémentaires des organes, puis des tissus. Galien, dans l'antiquité, avait essayé d'analyser l'organisme en parties similaires.

Morgagni, beaucoup plus tard, avait tenté un groupement analogue, non plus pour les parties saines, mais pour les parties altérées.

Fallope (1523-1562) avait réuni les parties similaires en dix ou onze groupes : les os, les cartilages, les nerfs, les tendons, les aponévroses, les membranes, les artères, les veines, la graisse, la moelle des os.

Pinel, enfin, le prédécesseur immédiat de Bichat, avait ouvert la voie à celui-ci en réunissant (d'après des considérations pathologiques encore très incomplètes) les parties anatomiques qu'il considérait comme analogues, par exemple les *membranes diaphanes*, périoste, dure-mère, capsules ligamenteuses, plèvre, péritoine et péricarde. Mais c'est Bichat qui eut la gloire d'entrer magistralement dans cette voie si timidement ouverte. Et, chose remarquable qui montre bien l'influence des précurseurs dans le développement des génies même les plus originaux, c'est par une critique de la classification des membranes de Pinel, que Bichat inaugura ses travaux d'anatomie générale.

En face de l'anatomie descriptive, cultivée jusque-là, et qui faisait connaître l'organisme, en décrivant ses différentes parties, dans l'ordre topographique, *de capite ad calcem*, Bichat institua une méthode infiniment plus philosophique, en réunissant dans un même groupe, les organes similaires quoique diversement placés et en les étudiant ensemble sous le nom de systèmes : système osseux, glandulaire, nerveux, séreux, etc.

Il employa pour cette analyse, non pas les instruments optiques qu'il repoussait et qui ont été d'une si grande ressource pour ses successeurs, mais des moyens beaucoup plus imparfaits, les dissociations, les macérations, et les divers agents chimiques qui permettent une dissection plus minutieuse. Il parvint néanmoins ainsi à jeter les bases de la science des tissus vivants : « Tous les animaux, dit Bichat, sont un » assemblage de divers organes qui, exécutant chacun » une fonction, concourent chacun à sa manière à la » conservation du tout. Ce sont autant de machines » particulières dans la machine générale qui cons» titue l'individu. Or, ces machines particulières » sont elles-mêmes constituées par plusieurs tissus » très différents de nature et qui forment véritable» ment les éléments de ces organes. »

Bichat distinguait 21 espèces de tissus, qui se retrouvent avec leurs caractères dans les diverses parties d'un même animal ou dans les mêmes parties de divers animaux. De là, le nom d'*Anatomie générale* donnée à leur étude.

Ces 21 tissus étaient : 1° tissu cellulaire, 2° tissu nerveux de la vie animale, 3° tissu nerveux de la vie organique, 4° tissu des artères, 5° tissu des veines, 6° tissu des vaisseaux exhalants, 7° tissu des vaisseaux et des glandes lymphatiques, 8° os, 9° moelle des os, 10° cartilages, 11° tissu fibreux, 12° tissu fibro-cartilagineux, 13° muscles de la vie animale, 14° muscles de la vie organique, 15° muqueuses, 16° séreuses, 17° synoviales, 18° glandes, 19° derme, 20° épiderme, 21° poils.

A chacun de ces tissus il attribue des propriétés spéciales qui sont les causes physiologiques des phénomènes que ceux-ci présentent. La physiologie ne devait plus être, dans l'esprit de Bichat, que l'étude de ces propriétés vitales, comme la physique est l'étude des propriétés physiques de la matière brute.

Les bases de la science créée par Bichat s'étendirent rapidement, et les recherches se perfectionnèrent grâce à l'emploi d'un instrument d'analyse très puissant, le microscope. Le premier *microscope simple* avait été fabriqué en 1590 par le Hollandais L. Jansen. Malpighi (1628-1694) et Leeuwenhoeck (1632-1725) firent grand usage de cet instrument auquel ils durent des découvertes remarquables. Swammerdamm (1630-1685) et Ruysch (1638-1731) ne comprirent pas l'importance de la révolution que pouvait apporter l'emploi de ce précieux instrument.

D'ailleurs le microscope simple était incommode et insuffisant; le microscope composé, l'instrument actuel, ne devait être constitué qu'après Bichat, de 1807 à 1811, grâce à Van Deyl et à Frauenhofer.

Les travaux de Bichat marquèrent donc le premier pas dans l'analyse de la composition des organismes. Mais la vie devait encore se décentraliser au delà du terme qu'il avait assigné, au delà des tissus. La vie réside, en effet, non pas seulement dans les tissus, mais dans les éléments figurés de ces tissus, et même plus profondément dans le substratum sans figure de ces éléments eux-mêmes, dans le protoplasma.

En 1819, Mayer s'occupe de classer les éléments des tissus; il emploie le premier le nom d'*histologie*, nom mal approprié d'ailleurs, qui a servi à désigner la science nouvelle.

1. *Théorie cellulaire.* — A partir de ce moment on commence à se préoccuper non seulement de connaître les éléments des tissus divers, mais de plus, de pénétrer leur origine, de retrouver leur provenance, on fait en un mot l'*histogénèse*.

Mirbel, en étudiant les végétaux, annonce qu'ils proviennent tous d'un tissu identique, le tissu cellulaire; qu'ils ont pour élément la cellule. R. Brown découvre le noyau de la cellule.

Les travaux de Schleiden et de Schwann fondèrent la *Théorie cellulaire*. Th. Schwann, en 1839, fit voir que tous les éléments de l'organisme, quel qu'en soit l'état actuel, ont eu pour point de départ une cellule. Schleiden fournit la même démonstration pour le règne végétal, de sorte que l'origine de tous les êtres vivants se trouvait ramenée à cet organite simple, *la cellule*.

La *cellule* est donc l'*élément anatomique* végétal et animal, l'organisme morphologique le plus simple dont soient constitués les êtres complexes. Il y a des plantes qui sont uniquement constituées de cellules (tissu cellulaire, parenchyme). D'autres fois, les cellules s'associent en *vaisseaux*, ou se transforment en *fibres*. Le végétal le plus compliqué est un assemblage de vaisseaux, de fibres, de cellules, c'est-à-dire, en somme, de cellules plus ou moins modifiées.

Ce que nous venons de voir à propos des végétaux est vrai des animaux. Les éléments de tous les tissus ont été ramenés par les histologistes à la forme cellulaire. A côté des cellules bien caractérisées, prirent place les globules du sang, hématies et leucocytes, les corps fusiformes du tissu conjonctif embryonnaire, les corps pigmentaires étoilés, les éléments de la glande hépatique, les fibres lisses, les myéloplaxes, qui sont des cellules à des états anatomiques différents. On reconnut (Remak, 1852; Max. Schultze, 1861) que l'élément musculaire volontaire, la fibre striée, se développait aux dépens d'une cellule unique, dont le noyau se dédoublait ou proliférait. Tout récemment encore, mon ancien collaborateur, actuellement professeur au Collège de France, M. Ranvier, rapprochait du type cellulaire un élément qui semblait y échapper, la fibre nerveuse. Il montrait que la fibre nerveuse était composée d'articles placés bout à bout, véritables cellules, que leur longueur considérable (1 millimètre chez les mammifères adultes) avait empêché de reconnaître jusque-là au microscope.

En résumé, il est établi maintenant d'une manière générale, grâce aux travaux accumulés des histologistes, que l'organisme est constitué par un assemblage de cellules plus ou moins reconnaissables, modifiées à des degrés divers, associées, assemblées de différentes manières. Ainsi, aux 21 éléments de Bichat, aux 21 tissus qui formaient pour lui les matériaux de l'organisme, nous avons substitué un seul élément, la cellule, identique dans les deux règnes, chez l'animal comme chez le végétal, fait qui démontre l'unité de structure de tous les êtres vivants.

L'œuf lui-même ne serait qu'une cellule. La cellule, en un mot, serait le premier représentant de la vie. C'est donc à cet élément, la cellule, que nous devrions maintenant rattacher le phénomène de création, de synthèse organique, aussi bien dans le règne végétal que dans le règne animal.

Quant à l'origine de cette cellule, de ce corps par lequel débute l'organisme, on l'a interprétée de deux manières différentes. Schwann, fondateur de la théorie cellulaire, admettait que les cellules peuvent se former indépendamment des cellules déjà existantes, par génération spontanée, ou mieux, par une sorte de cristallisation dans un milieu approprié, le *blastème*.

« Il se trouve, dit-il, soit dans les cellules déjà exis-
» tantes, soit entre les cellules, une substance sans tex-
» ture déterminée, contenu cellulaire, ou substance
» intercellulaire. Cette masse ou *cytoblastème* pos-
» sède, grâce à sa composition chimique et à son
» degré de vitalité, le pouvoir de donner naissance à
» de nouvelles cellules. »

Gerlach a été l'un des plus fermes partisans de cette théorie. M. Ch. Robin (1), en France, a émis des vues analogues.

Cette théorie subsista sans contradiction jusqu'en 1852, où Remak montra que dans le développement

(1) Robin, *Anatomie et physiologie cellulaires*. Paris, 1873.

de l'embryon les cellules nouvelles qui apparaissent proviennent toujours d'une cellule antérieure. En cela l'analogie est complète avec les tissus végétaux, où les éléments nouveaux ont toujours des antécédents de même forme. Virchow (1) compléta la démonstration en examinant les proliférations cellulaires dans les cas pathologiques. Ainsi, en opposition avec la théorie du blastème ou de la génération équivoque des cellules, se produisit la théorie cellulaire qui peut se formuler dans l'adage : « *Omnis cellula e cellulâ.* »

II. *Théorie protoplasmique.* — La science n'a pas justifié complètement cette conclusion ; on a reconnu que la vie commence avant la cellule. La cellule est déjà un organisme complexe.

Il y a une substance vivante, le protoplasma, qui donne naissance à la cellule et qui lui est antérieure.

La *théorie cellulaire*, née en 1838 à la suite des travaux du botaniste Schleiden, a commencé d'être ébranlée vers 1850. La théorie plasmatique ou protoplasmique fit alors son apparition. C'est encore un botaniste, P. Cohn, qui en traça les premiers linéaments. Cet anatomiste observa les zoospores et les anthérozoïdes des algues, éléments plus simples que la cellule, en ce sens qu'ils sont formés d'une masse de substance de protoplasma, nue, sans enveloppe.

Cette notion d'éléments sans enveloppe passa aussitôt dans le domaine du règne animal. Remak en 1850 constata que les premières cellules embryonnaires prove-

(1) Virchow, *La Pathologie cellulaire*, 4e édition. Paris, 1874.

nant de la segmentation de l'œuf n'ont point d'enveloppe, mais se composent uniquement d'une masse de substance au sein de laquelle existe un noyau.

En 1861, Max. Schultze ramène à ce type les éléments qui au premier abord s'en écartaient davantage, à savoir les fibres musculaires. Il regarde comme des éléments individuels les corps que l'on appelle encore *noyaux de la fibre musculaire*, parce qu'il retrouve autour d'eux une mince couche de protoplasma ; la même interprétation s'étend bientôt après aux cellules nerveuses.

L'élément dernier où s'incarne la vie n'est plus alors une *cellule*, c'est une masse protoplasmique.

La cellule, formation déjà complexe, a pour point de départ une masse protoplasmique pleine. Ce premier état transitoire donne bientôt naissance à des états plus complexes. Le premier degré de la complication, c'est la formation du *noyau* par condensation de particules protoplasmiques, sorte de nébuleuse qui se délimite de plus en plus nettement. Puis le protoplasma se revêt d'une couche plus dense, début de l'*enveloppe* membraneuse qui sera distincte plus tard. Voilà un second âge, un second degré de complication. La cellule nous apparaît alors comme un petit corps plein, avec noyau et couche corticale.

Le développement peut encore s'arrêter là : la forme transitoire peut devenir forme permanente, et cela pour les animaux aussi bien que pour les plantes. Tels sont les corps que Hækel a appelés les *cytodes* et dont il existe deux formes :

1° La *Gymnocytode*, masse de matière albuminoïde

sans structure appréciable, sans forme déterminée, dépourvue de toute organisation, ne laissant apercevoir aucune différenciation de parties. Cette masse est finement grenue : les granulations se rencontrent jusqu'à la périphérie.

2° La *Lepocytode* est une forme un peu plus compliquée présentant déjà un premier degré de différenciation. Il y a une couche corticale ou enveloppe ; le protoplasma périphérique se distingue du central ; ce dernier par exemple est granuleux, plus fluide, et le protoplasma cortical est sans granulations, brillant, réfringent, homogène, résistant, faisant fonction d'enveloppe.

Les Cytodes, comme nous le verrons plus tard (1), peuvent former des êtres vivants, isolés, complets. Hæckel les a appelés alors des *monères*. Dans ces dernières années l'étude de ces êtres rudimentaires a pris une grande importance et un grand développement entre les mains de Hæckel, Huxley, Cienkowski. Le *Protogenes primordialis*, découvert en 1864 par Hæckel, le *Bathybius Hæckelii* découvert en 1868 par Huxley, sont des gymnocytodes. Le *Protomyxa Aurantiaca*, le *Vampyrella*, étudiés par Cienkowski en 1865, sont des Lépocytodes.

Le *Bathybius Hæckelii* a été trouvé par des profondeurs de 4,000 et 8,000 mètres dans le fin limon crayeux de l'Océan. On l'a décrit comme une sorte de masse mucilagineuse formée de grumeaux, les uns arrondis, les autres amorphes, formant parfois des réseaux visqueux qui recouvrent des fragments de pierre ou d'autres objets (2).

(1) Voy. leçon VIIIe.
(2) Voy. fig., leçon VIIIe.

Une telle masse de protoplasma, granuleuse, sans noyau, n'est donc caractérisée que par elle-même, par sa constitution propre; elle n'a point de forme déterminée, habituelle. C'est cependant un être vivant : sa contractilité, sa propriété de se nourrir, de se reproduire par segmentation, en sont la preuve.

Ces observations, après avoir été contestées, particulièrement en ce qui concerne le Bathybius, ont reçu une confirmation complète des travaux récents accomplis dans ces trois dernières années.

La reproduction de ces êtres par scissiparité a été observée chez le *Protamœba* et les *Protogenes* lorsque ces corps muqueux ont acquis une certaine grosseur (1). La masse qui les constitue s'étrangle, se divise en deux moitiés, dont chacune s'arrondit et se comporte comme un être distinct ; on a pu dire qu' « ici la re- » production n'est qu'un excès de croissance de l'or- » ganisme qui dépasse son volume normal. »

La segmentation se fait quelquefois en quatre parties (*Vampyrella*) ou en un plus grand nombre ; mais le procédé de reproduction est toujours aussi simple.

Il y a chez ces protistes un mélange si intime des caractères animaux ou végétaux que l'on ne saurait les rattacher nettement à ceux-ci plutôt qu'à ceux-là, et que certains naturalistes en ont formé un troisième règne intermédiaire entre le règne animal et le règne végétal (2).

Mais ces corps peuvent réprésenter également des états transitoires d'organismes qui passeront à un

(1) Voy. les fig., leçon VIIIe.
(2) Hæckel, p. 369.

degré plus élevé. Partant de cet état de gymnocytode certains organismes deviennent des lépocytodes, et plus tard, acquérant un noyau, deviennent de véritables cellules, d'abord nues, plus tard munies d'enveloppes, complètes en un mot.

Dans un état plus avancé encore, le protoplasma, après avoir fabriqué son tégument et son noyau, se creuse de vacuoles remplies d'un *liquide cellulaire*. C'est ce qui arrive chez les végétaux. Puis ces vacuoles se réunissent en un lac central, en sorte que le protoplasma se trouve plus ou moins régulièrement refoulé avec son noyau, à la périphérie. Il forme alors une couche qui tapisse intérieurement l'enveloppe. Hugo Mohl a vu, le premier, cette couche sous-tégumentaire ; il a compris l'importance de son rôle et lui a donné le nom d'*utricule primordiale*. Le phytoblaste affecte alors la forme d'un sac creux et mérite bien le nom de cellule.

C'est sous cet état que les cellules ont d'abord été aperçues. Le botaniste anglais Grew (1682) les appelait *vésicules ;* Malpighi (1686), *utricules ;* le botaniste français de Mirbel (1808), le premier, employa pour les caractériser le nom de *cellules*. Ce n'est qu'en 1831 que le célébre botaniste anglais R. Brown considéra les noyaux (*nucléus*, *sphéride* de Mirbel) comme une partie essentielle de la cellule ; Schleiden (1838) signala l'existence des *nucléoles :* toutes les parties de la cellule étaient connues désormais.

Enfin, et c'est le dernier terme de cette évolution, la couche protoplasmique se raréfie de plus en plus et finit par disparaître. La cellule est alors morte ; c'est un cadavre. Hugo Mohl (1846) avait bien aperçu cette différence essentielle entre les cellules qui ont une utricule primordiale et celles qui n'en ont point « Les » premières seules sont en état de croître, de pro- » duire de nouvelles combinaisons chimiques, de for- » mer, dans des circonstances favorables, de nouvelles » cellules. Les autres sont désormais incapables de » tout développement ultérieur ; elles ne servent plus » à la plante que par leur solidité, par leur pouvoir » d'imbition pour l'eau et par leur forme particu- » lière. » C'est qu'en effet le protoplasma est le corps vivant de la cellule ; il forme toutes les autres parties et toutes les substances que contient le végétal. Le noyau, l'enveloppe, sont des perfectionnements produits par le protoplasma, seule matière vivante et travaillante.

Les considérations précédentes établissent donc que la vie, à son degré le plus simple, dépouillée des accessoires qui la compliquent, *n'est pas liée à une forme fixe*, car la cytode n'en a point, mais à *une composition ou à un arrangement physico-chimique déterminé*, car la matière de la cytode est un mélange de substances albuminoïdes possédant des caractères assez constants. La notion morphologique disparaît donc ici devant la notion de constitution physico-chimique de la matière vivante.

Cette matière, c'est le *protoplasma*. E. van Beneden a proposé de l'appeler « *plasson* » et Beale « *bioplasme* ». On peu dire avec Huxley (1) que c'est la *base physique de la vie*.

(1) Huxley, *Les Sciences naturelles et les problèmes qu'elles font surgir*. Paris, 1877.

Le dernier degré de simplicité que puisse offrir un organisme isolé est donc celui d'une masse granuleuse, sans forme dominante. C'est un corps défini, non plus morphologiquement, comme on avait cru que devait être tout corps vivant, mais chimiquement, ou du moins par sa constitution physico-chimique.

Ce n'est pas seulement un petit nombre d'êtres exceptionnels qui se présenteraient sous une forme tellement simplifiée ; tous les êtres, tous les organismes supérieurs seraient transitoirement dans le même cas. L'œuf, en effet, se trouve à un moment dans les mêmes conditions, lorsqu'il a perdu la vésicule germinative, avant de recevoir l'action de la fécondation.

L'élément anatomique que l'on trouve à la base de toute organisation animale ou végétale, la cellule, n'est autre chose que la première forme déterminée de la vie, une sorte de moule où se trouve encaissée la matière vivante, le protoplasma. Loin d'être le dernier degré de la simplicité que l'on puisse imaginer, la cellule est déjà un appareil compliqué. Ce corps possède une *enveloppe*, *membrane cellulaire* ou corticale, un contenu granuleux, *protoplasma* ou *corps cellulaire*, une masse limitée incluse dans le protoplasma, le *nucléus* ou *noyau*, qui lui-même présente de petits corpuscules ou *nucléoles*. La désignation de cellule est inexacte ; elle s'applique en effet à un corps qui subit une série de transformations successives et continues ; c'est dans l'un de ses états transitoires (le seul qui d'abord ait été connu) qu'il présente la forme de sac rappelée par le nom de cellule. On substitue aujourd'hui au nom de cellule végétale celui de *phytoblaste*. A ses débuts, et à son plus haut degré de simplicité, le phytoblaste nous apparaît comme une petite masse arrondie d'une substance plus ou moins finement grenue, sans noyau condensé ni paroi distincte. Cette substance appelée *sarcode* par Dujardin, qui avait en vue plus spécialement les animaux, est désignée communément par le nom de *protoplasma*. Le phytoblaste, à ses débuts, est donc un amas sphéroïde et nu de protoplasma; la cellule animale à son origine présente la même constitution (*gymnocytode* d'Hæckel).

A son état le plus rudimentaire, la vie réside dans cet amas de substance protoplasmique.

Cet état, qui est le plus simple et le plus jeune sous lequel se présente l'élément, ne persiste pas ordinairement. C'est, ainsi que nous l'avons dit, un point de départ qui se compliquera par différenciations successives.

III. *Théorie plastidulaire*. — Nous venons de voir comment on a été successivement conduit à localiser la vie dans une substance définie par sa composition et non par sa figure, le *protoplasma*. Voyons les notions que l'on possède sur cette substance, puis nous examinerons le problème de sa création ou de sa synthèse formative.

Quelle est la constitution physique du protoplasma? On avait cru d'abord cette substance homogène, sans structure appréciable.

En 1870, une modification se produisit dans les idées et l'on vit naître la théorie *plastidulaire*. Un dernier pas a été fait depuis les deux dernières années par les recherches de quelques micrographes, Bütschli, Strassburger, Heitzmann, Frohmann.

Le protoplasma nu ne serait point le dernier terme que puisse atteindre l'analyse microscopique. Dans beaucoup de cas, le protoplasma laisse apercevoir une sorte de charpente formée d'un réseau de granulations fines reliées par des filaments très déliés : ce sont les *plastidules*. La théorie plastidulaire serait donc le point ultime où l'histologie conduirait la conception des êtres vivants. Lorsque Heitzmann et Frohmann examinèrent le tissu fondamental du cartilage, ou les noyaux des globules du sang de l'écrevisse, ils aperçurent des fibrilles très nettes, disposées en réseau plastidulaire, à l'intersection desquelles se trouvent de petites masses granuleuses (1).

Hæckel accepte comme un fait général l'existence de ces plastidules. Il les regarde comme les composantes élémentaires ultimes des monères, les corps irréductibles auxquels l'analyse puisse conduire. Cet élément serait actif, et jouirait de mouvements vibratoires et ondulatoires, les mouvements plastidulaires. Hæckel leur attribue les propriétés physiques des molécules matérielles, et de plus une propriété vitale, la *mémoire* ou faculté de conserver l'espèce de mouvement par lequel se manifeste leur activité. Déjà cette notion de la faculté de souvenir ou de mémoire considérée comme la propriété élémentaire des particules organiques avait été mise en avant au siècle dernier par Maupertuis,

(1) Voy. les fig., leçon VIIIe.

dans sa Vénus Physique, et défendue plus récemment par le physiologiste Ewald. Enfin, un médecin américain, Ellsberg, a essayé (1874) de rajeunir la théorie de la génération de Buffon, en substituant aux molécules organiques imaginées par ce grand naturaliste les plastidules, qui ont une existence plus certaine.

Il faut évidemment attendre que des confirmations nombreuses viennent établir la généralité des faits précédemment exposés sur la *complexité de structure du protoplasma.* On peut dire cependant dès à présent que tout un ensemble de travaux vient militer en faveur de cette complexité : tels sont les travaux de Strassburger sur les noyaux des cellules végétales pendant la division cellulaire, ceux de Bütschli sur les noyaux des globules du sang, de Weitzel sur les cellules de la conjonctive enflammée et les cellules de la peau de grenouille, de Balbiani sur les cellules épithéliales des ovaires de certains insectes, tels que le Sthenobothrus, de Hertwig sur l'œuf de la poule, de Fol sur certains œufs d'invertébrés.

Plus tard, lorsque nous nous occuperons de la morphologie générale des êtres vivants et de la genèse de leurs tissus (1), nous entrerons dans le détail de ces travaux. Pour le moment, nous mentionnerons seulement l'observation principale due à Strassburger. Cet auteur a observé les noyaux ovulaires de certaines abiétinées au moment où les cellules vont se diviser pour former l'embryon. Le noyau est allongé : il se forme, aux deux extrémités, des amas de matière reliés par des filaments. Au milieu de ces filaments appa-

(1) Voy. leçon VIIIe.

raissent des granulations dont l'ensemble forme un disque (disque nucléaire); bientôt les granules se coupent en deux et chaque moitié émigre vers le pôle correspondant où elle vient grossir la masse polaire.

De nouveau apparaît, au milieu du filament, un granule : l'ensemble forme une *plaque cellulaire* ou disque qui bientôt se divise en deux parties qui vont rejoindre les masses polaires.

Voilà un phénomène qui nous révèle une constitution très complexe du noyau.

Or, ce n'est point là une observation isolée. Des algues, les Spirogyra, ont permis de constater des faits identiques, et dès à présent l'on doit admettre qu'ils offrent une généralité véritable dans le règne végétal.

Le règne animal a fourni des exemples pareils. Et ici nous constatons une fois de plus ce constant parallélisme des végétaux et des animaux, en vertu duquel tous les phénomènes essentiels se retrouvent identiques dans les deux règnes. Bütschli, en étudiant la division des globules du sang chez l'embryon, a retrouvé les tractus fibrillaires, la plaque nucléaire qui se divise en deux et la plaque cellulaire dont la segmentation entraîne celle du noyau. M. Balbiani les a observés de même chez le Sthenobothrus, et il considère les granules équatoriaux comme des nucléoles (1).

Ces observations et la généralité dont elles sont susceptibles ont pour conséquence de faire du noyau, amas de protoplasma jusqu'ici considéré comme

(1) Voy. fig., leçon VIIIe.

simple, un corps complexe à la fois au point de vue anatomique et au point de vue physiologique.

Lorsque l'on considère une cellule, qui est un être vivant rudimentaire, on doit y retrouver les deux espèces de phénomènes essentiels de création organique et de destruction vitale. Or, les travaux précédents, les études des micrographes sur le *noyau*, et nos propres observations, semblent localiser l'un et l'autre ordre de phénomènes dans une partie différente, dans le protoplasma d'une part, dans le noyau d'autre part.

Le protoplasma est l'agent des manifestations de la cellule : manifestations vitales qui deviennent apparentes dans le fonctionnement du tissu où elles se rassemblent et s'ajoutent. Les phénomènes fonctionnels ou de dépense vitale *auraient donc leur siège dans le protoplasma cellulaire*.

Le noyau est un appareil de synthèse *organique, l'instrument de la production, le germe de la cellule.* Nous avons observé (1) que la formation amylacée animale est liée à l'existence du noyau des cellules glycogéniques de l'amnios chez les ruminants. Les notions acquises par les histologistes les plus compétents conduisent à cette interprétation. On sait la part qui revient au noyau dans la division des cellules et l'initiative qui lui appartient.

Des observations nombreuses confirment cette conception qui fait du noyau l'appareil cellulaire reproducteur. M. Ranvier a constaté dans les globules lymphati-

(1) Voy. leçon VIe.

ques de l'axolotl un bourgeonnement véritable du noyau qui, primitivement arrondi, pousse en différents points des prolongements autour desquels se groupe la substance protoplasmique; de telle sorte que chacun de ces prolongements apparaît bientôt comme le début d'une organisation nouvelle et comme le premier âge d'un globule lymphatique de seconde génération.

R. Hertwig a constaté le même phénomène du bourgeonnement du noyau chez un acinète, le *Podophrya gemmipara*, où la végétation nucléaire est le point de départ et le signal de la multiplication de l'animal. Les cellules des vaisseaux de Malpighi, chez les Insectes, présentent des faits analogues. Il n'est pas nécessaire de multiplier les exemples pour en apercevoir la généralité.

Les études approfondies que quelques histologistes ont récemment exécutées sur la constitution des noyaux cellulaires leur ont dévoilé la complexité de cet élément considéré à tort comme simple. N. Auerbach distingue dans le noyau quatre parties :

L'enveloppe;
Le suc nucléaire;
Les nucléoles;
Les granulations.

De ces éléments, celui dont l'importance est la plus grande, c'est le *nucléole*. Le nucléole est un corpuscule figuré que R. Brown a signalé dès 1831, dans les cellules végétales. Deux opinions sont en présence relativement à la nature du nucléole. L'une consiste à considérer le nucléole comme une masse protoplasmique pleine, véritable germe de la cellule. Auerbach, Hoffmeister et Strassburger acceptent cette manière de voir.

L'autre opinion consiste à regarder le nucléole comme une masse lacunaire creusée de *vacuoles*, *vésicules nucléaires* ou *nucléolules*. M. Balbiani, qui a attiré l'attention des histologistes sur cette structure, en a déduit une interprétation physiologique du rôle du nucléole. Il le regarde comme un organe de *nutrition*, *une sorte de cœur*. M. Balbiani a découvert dans les nucléoles d'un grand nombre de cellules des mouvements qui peuvent se ramener à deux types : 1° des mouvements amœboïdes analogues à ceux du protoplasma ; 2° des mouvements de contraction des vésicules ou vacuoles placées dans la masse homogène du nucléole.

Les mouvements amœboïdes des nucléoles ont été observés par M. Balbiani dans la tache germinative (représentant du nucléole) de l'œuf chez certaines arachnides, en particulier l'Epeire diadème.

Cette observation a été confirmée par celles d'un grand nombre d'histologistes, de Lavalette Saint-Georges sur une larve de Libellule, de Auerbach et Eimer sur les poissons, de Al. Braun sur la Blatte orientale. Mecznikow a retrouvé ces mêmes mouvements dans les cellules des glandes salivaires des fourmis, et enfin W. Kühne les a signalés incidemment dans les corpuscules du suc pancréatique chez le lapin.

La seconde espèce de mouvements nucléolaires consiste dans la contraction des vésicules. Ils sont bien évidents dans l'ovule du faucheur commun, *Phalangium*, et d'un Myriapode, le *Geophilus longicornis*.

Le nucléole est un élément à peu près constant du noyau. L'absence de nucléole, *état énucléolaire* de M. Auerbach, est transitoire et passagère le plus souvent ; c'est ce qui arrive pendant la segmentation de l'œuf. Quelques éléments n'ont qu'un seul nucléole : les cellules nerveuses, les cellules de la corde dorsale sont dans ce cas. Chez les mammifères et les oiseaux, il y a toujours dans le noyau un nombre de nucléoles variant de 4 à 16. Chez les poissons, ce nombre s'élève singulièrement ; on trouve dans la vésicule germinative de ces animaux un nombre de nucléoles variant de 150 à 200 pour chaque noyau.

Conclusion. — Dans l'exposé rapide de l'ensemble des travaux qui ont paru récemment sur ces matières délicates, nous avons vu les différentes formes sous lesquelles peut se présenter la matière essentielle de l'organisation, le protoplasma. Après avoir été considéré comme une matière d'une constitution très simple, il est aujourd'hui regardé comme étant d'une structure très complexe. Tous les problèmes d'origine organique, toutes les questions qui s'y rattachent, ne sont point résolus. Nous pouvons néanmoins nous arrêter à ce résultat général que les matériaux de l'édifice vivant représentent les différentes formes d'une substance unique, dépositaire de la vie, identique dans les animaux et les plantes. C'est dans le protoplasma, matière seule active et travaillante, que nous devons chercher l'explication de la vie, aussi bien des phénomènes chimiques de la nutrition que des réactions vitales plus élevées de la sensibilité et du mouvement.

SIXIÈME LEÇON

Théories chimiques. — Synthèses. — Protoplasma incolore et protoplasma vert ou chlorophyllien.

Sommaire : Du protoplasma et de la création organique. — Généralités. — Synthèse chimico-physiologique. — Constitution élémentaire des corps organisés. — La synthèse créatrice est nécessairement chimique, mais elle a des procédés qui sont spéciaux. — Du protoplasma vert ou chlorophyllien et du protoplasma incolore. — Ils ne peuvent servir à limiter le règne animal du règne végétal.

I. Rôle du protoplasma chlorophyllien dans la synthèse organique. — Il opère la synthèse des corps ternaires sous l'influence de la lumière. — L'expérience de Priestley est le point de départ de cette théorie. — Hypothèse des chimistes au sujet des synthèses dans le protoplasma vert. — Le protoplasma vert tire son énergie de la radiation solaire.

II. Rôle du protoplasma incolore dans la synthèse organique. — Il opère des synthèses complexes. — Expériences de M. Pasteur. — Il ne peut toutefois incorporer le carbone directement. — Le protoplasma incolore emploie l'énergie calorifique. — État de la question des synthèses organiques; hypothèses nouvelles. — Hypothèse du cyanogène. — Synthèse chimique et force vitale.

III. Synthèses en particulier. — L'exemple le mieux connu est la synthèse amylacée ou glycogénique. — Découverte de la glycogénie animale. — Phénomènes de synthèse amylacée et de destruction amylacée. — Caractères principaux de la synthèse glycogénique chez les animaux et les végétaux.

Nous avons vu précédemment qu'il faut séparer l'essence de la vie de la forme de son substratum : elle peut se manifester dans une matière qui n'a aucun caractère morphologique déterminé. C'est dans cette matière, le *protoplasma*, que réside l'activité vitale, indépendamment des conditions morphologiques qu'elle présente, et des moules où elle a été façonnée. Le protoplasma seul vit ou végète, travaille, fabrique des produits, se désorganise et se régénère incessamment : il est actif en tant que substance et non en tant que forme ou figure.

Le phénomène fondamental de la *création organique* consiste dans la formation de cette substance, dans la *synthèse chimique* par laquelle cette matière se constitue au moyen des matériaux du monde extérieur. Quant à la synthèse *morphologique* qui façonne ce protoplasma, elle est pour ainsi dire un épiphénomène, un fait consécutif, un degré dans cette série indéfinie de différenciations qui conduisent jusqu'aux formes les plus complexes; en un mot, une complication du phénomène essentiel.

Lavoisier avait donc raison lorsque, tout en proclamant la difficulté du problème de la création organisatrice et en reconnaissant qu'il était environné d'un mystère impénétrable, il le réclamait cependant comme un phénomène chimique, phénomène dont les chimistes devaient d'ores et déjà entreprendre l'étude. Il proposait à l'Académie des sciences d'encourager et de provoquer des études par la fondation de prix décernés aux auteurs qui feraient accomplir quelques progrès dans cette direction (1).

Le problème de la création organique ou synthèse vitale aurait ainsi pour premier degré et pour condition essentielle la synthèse chimique du protoplasma.

On ne saurait actuellement définir la constitution chimique du protoplasma; la formule $C^{18}H^{9}Azo^{2}$ par laquelle on l'a représenté est tout à fait illusoire. Le protoplasma est un mélange complexe de principes immédiats, matières albuminoïdes et autres, mal connus,

(1) Voir la note de M. Dumas, *Leçons de la Société chimique*, 1861, p. 294.

renfermant comme éléments principaux le carbone, l'hydrogène, l'azote et l'oxygène, et comme éléments accessoires quelques autres corps simples. Il faut y reconnaître en un mot, de même que pour le *blastème*, des corps quaternaires, ternaires, et des matières terreuses.

Les corps simples que la chimie nous a fait connaître comme entrant dans la constitution des organismes les plus complexes sont peu nombreux. Il n'y a pas de substance particulière, de corps simple vital, comme Buffon l'avait imaginé pour expliquer la différence des êtres vivants et des corps bruts. Les seuls corps qui entrent dans la constitution matérielle des êtres élevés, de l'homme par exemple, sont au nombre de quatorze. Ce sont :

L'oxygène,	Le chlore,
L'hydrogène,	Le sodium,
L'azote,	Le potassium,
Le carbone,	Le calcium,
Le soufre,	Le magnésium,
Le phosphore,	Le silicium,
Le fluor,	Le fer.

Tels sont les éléments que met en jeu la synthèse chimique, et qui, par des combinaisons successives, arrivent à former le substratum de la vie.

Ces éléments se réunissent en effet pour constituer des combinaisons binaires, ternaires, quaternaires, quinaires ; celles-ci s'assemblent pour constituer la substance vivante originaire, *blastème*, *plasma* ou *protoplasma*, dans laquelle se manifestent les actes essentiels de la vie. A un degré plus élevé, les matériaux prennent un caractère morphologique et constituent l'élément anatomique, la cellule ; plus loin encore, les organismes complexes.

Le problème du mécanisme de ces synthèses organisatrices est très loin de sa solution, il n'est même pas encore bien posé; et ici nous n'essayons pas autre chose que de fixer la question et de faire connaître l'état de la science à ce sujet.

Lavoisier, avons-nous dit, a eu raison de léguer à la chimie l'explication des phénomènes de l'organisation des êtres vivants. Depuis le moment où il s'exprimait si nettement, la chimie synthétique a accompli, en effet, des progrès considérables. On a reconstitué de toutes pièces des essences végétales, des corps gras, des alcools. Les grands travaux de M. Berthelot sur la synthèse ont fait entrevoir la possibilité d'aller très loin dans cette voie : les recherches récentes de M. Schützenberger rendent probable que l'on pourra même reconstituer artificiellement jusqu'aux substances albuminoïdes, qui sont considérées à juste titre comme le degré le plus élevé de la synthèse vitale.

Mais ces progrès mêmes de la synthèse chimique nous obligent à nous demander si la physiologie peut en attendre la solution du problème de la synthèse physiologique. En d'autres termes, il s'agit de savoir si les procédés par lesquels les chimistes ont formé ces composés naturels sont le calque exact de ceux qu'emploie la nature; si la synthèse chimique, qui, dans l'économie, forme les corps organiques, est pareille à celle de nos laboratoires.

Il semble en être autrement. Les procédés physiologiques ou naturels, bien qu'ils rentrent dans les lois de la chimie générale, ne ressemblent pas nécessairement à ceux que les chimistes mettent en œuvre ; ils sont généralement différents, ils sont spéciaux. Ce que l'on sait déjà relativement aux transformations et aux synthèses des substances grasses, sucrées et féculentes, rend vraisemblable cette manière de voir que je soutiens depuis longtemps. C'est d'ailleurs l'opinion des chimistes qui connaissent le mieux les méthodes synthétiques et qui ont exécuté les travaux les plus remarquables dans cet ordre d'idées.

Tout le monde sait, par exemple, que M. Chevreul le premier a opéré l'analyse des corps gras. Il a montré que ces corps sont formés par l'union de la glycérine et d'un ou plusieurs acides gras. Partant de ces produits, M. Berthelot a reconstitué les substances grasses et en a opéré la synthèse. Or, ni M. Chevreul ni M. Berthelot ne tirent de leurs travaux la conclusion que les corps gras se constituent chez l'être vivant par les mêmes procédés. Ils ne pensent pas, en un mot, que la graisse se forme dans les animaux ou les végétaux par l'union nécessaire d'acides gras et de glycérine préexistants.

Plus récemment M. Schützenberger a étudié la composition des matières albuminoïdes ; il semble être parvenu à en réaliser l'analyse immédiate, ou plutôt *une* analyse immédiate. En traitant les matières albuminoïdes par une solution de baryte à 150 degrés, il a obtenu des principes définis et cristallisables. Ces principes obtenus par décomposition se rangent dans trois séries :

1° De l'ammoniaque, de l'acide carbonique, de l'acide oxalique et de l'acide acétique ; ces corps étant dans une proportion constante pour une substance albuminoïde donnée; 2° en second lieu, des composés azotés cristallisables appartenant à deux séries,

$$C^nH^{2n+1}AzO^2. \ (n = 3, 4, 5, 6, 7)$$

et

$$C^nH^{2n-1}AzO^2. \ (n = 4, 5, 6)$$

qui ont pour type la leucine et la leucéine; 3° des composés tels que le pyrrol, la tyrosine, la tyro-leucine, l'acide glutamique.

Les différences entre les diverses matières albuminoïdes paraissent tenir d'abord à la proportion relative de ces trois ordres de substances, ensuite à la nature et à la proportion relative des corps appartenant au second groupe.

L'analyse ayant été faite quantitativement, c'est-à-dire poids pour poids, M. Schützenberger a pensé qu'il serait désormais possible de représenter par une formule chimique la constitution de l'albumine :

$$6(C^9H^{18}Az^2O^4) = \underbrace{C^6H^{13}AzO^2}_{\text{Leucine.}} + \underbrace{C^6H^{11}AzO^2}_{\text{Leucéine.}} + \underbrace{C^5H^{11}AzO^2}_{\text{Butalanine.}}$$
$$+ C^5H^9AzO^2 + \underbrace{4(C^4H^9AzO^2}_{\text{Acide amido-butyrique.}} + C^4H^7AzO^2) + Aq$$

A chaque substance azotée correspondrait une formule semblable.

Est-ce à dire que, dans l'opinion même de l'auteur de ces laborieuses et remarquables recherches, la synthèse de l'albumine se fasse dans l'organisme par la combinaison successive de ces éléments? En aucune façon. La nature semble procéder par de tout autres voies.

C'est bien toujours des combinaisons chimiques qui se font et se défont ; mais l'organisme a des procédés spéciaux, et l'étude seule de l'être vivant peut nous édifier sur le mécanisme des phénomènes dont il est le théâtre et sur les agents particuliers qu'il emploie.

Nous devons faire ici une remarque importante. Nous n'assistons pas à la synthèse directe du protoplasma primitif, non plus qu'à aucune autre synthèse primitive dans l'organisme vivant. Nous constatons seulement le développement, l'accroissement de la matière vivante ; mais il a toujours fallu qu'une sorte de levain vital ait été le point de départ. Au début du développement d'un être vivant quelconque, il y a un protoplasma préexistant qui vient des parents et siège dans l'œuf. Ce protoplasma s'accroît, se multiplie et engendre tous les protoplasmas de l'organisme. En un mot, de même que la vie de l'être nouveau n'est que la suite de la vie des êtres qui l'ont précédé, de même son protoplasma n'est que l'extension du protoplasma de ses ancêtres. C'est toujours le même protoplasma, c'est toujours le même être.

Le protoplasma a la propriété de s'accroître par synthèse chimique ; il se renouvelle à la suite d'une destruction organique. Ces deux propriétés constituent la vie du protoplasma que nous avons à examiner.

Quelques physiologistes ont paru croire qu'il y avait à distinguer deux espèces de protoplasma se comportant différemment : le *protoplasma incolore* des animaux, le *protoplasma vert* des plantes.

En réalité, on ne doit pas distinguer, même sous le rapport de la couleur, un protoplasma animal et un protoplasma végétal. Le protoplasma des plantes, comme celui des animaux, est susceptible de s'imprégner de matière verte ou chlorophylle dans certaines circonstances. Cette matière, si importante dans ses fonctions, peut apparaître ou disparaître au sein du protoplasma préexistant suivant des conditions extérieures. Si, par exemple, on recouvre quelques portions de feuille verte avec un écran opaque, les parties ainsi soustraites à l'action de la lumière se décolorent; la chlorophylle disparaît, le protoplasma subsiste seul.

Au lieu de dire, par conséquent, qu'il existe deux variétés de protoplasma, il serait plus exact de dire que le protoplasma, suivant les cas, se charge ou ne se charge point de matière verte ; et surtout il ne faudrait point considérer un protoplasma végétal que l'on opposerait au protoplasma animal. Ce serait très inexact selon nous; en effet, le tiers au moins des espèces végétales connues est dépourvu de chlorophylle; dans une plante déterminée toutes les parties soustraites à l'action de la lumière sont dans le même cas; enfin, comme nous le verrons plus loin, des animaux inférieurs, l'*Euglena viridis*, le *Stentor polymorphus*, etc. (voy. la planche, fig. 1 et 2), possèdent cette substance.

Toutefois, en réservant la question de l'unité originelle du protoplasma, et à la condition de ramener à l'état de *produit* la chlorophylle qui y est mêlée, il est pratiquement permis de distinguer le protoplasma vert du protoplasma incolore.

Ces deux protoplasmas sembleraient se comporter, en effet, dans certains cas d'une manière tout à fait différente au point de vue des synthèses chimiques.

I. *Protoplasma vert ou chlorophyllien.* — La chlorophylle existe chez le plus grand nombre des plantes, dans les parties exposées à la lumière. Elle se présente disséminée dans le protoplasma cellulaire à l'état de granules d'une dimension moyenne de $0^{mm},01$; quelquefois cependant elle semble en dissolution véritable.

Les botanistes admettent que cette substance est un produit de l'activité du protoplasma ; car dans les graines en germination, ou dans les plantes étiolées ramenées à la lumière, on voit reparaître cette matière au sein du protoplasma qui n'a jamais cessé de fonctionner. En étudiant le phénomène de plus près on avait cru pouvoir dire que la chlorophylle s'engendre dans la couche de protoplasma qui entoure le noyau cellulaire et l'on reliait son apparition à l'influence du protoplasma nucléaire.

Les faits relatifs à la *chlorophylle animale* ne sont pas moins intéressants quoiqu'ils soient moins connus. Morren, en 1844, avait commencé à étudier la respiration de quelques organismes verts qui n'appartenaient évidemment pas au règne végétal. Mais c'est surtout F. Cohn en 1851, Stein en 1854, et Balbiani en 1873, qui à cet égard ont donné des bases plus solides à nos connaissances.

F. Cohn a constaté la présence de grains de chlorophylle chez un infusoire, le *Paramecium bursaria* : ces grains sont logés dans la partie interne, plus fluide, de la couche corticale (paroi du corps). Cette couche fluide est dans un mouvement continu de rotation auquel participent les grains verts. Ces granules présentent des réactions semblables à celles de la chlorophylle végétale. L'acide sulfurique concentré leur communique d'abord une coloration vert-bleuâtre qui devient graduellement plus intense et passe enfin au bleu avec dissolution des granules.

Stein a vérifié ces faits; il a mieux précisé la situation des grains de chlorophylle dans le protoplasma qui forme la masse générale du corps, en dehors du tube digestif et de la paroi corticale. Il a vu de plus des espèces tantôt incolores, tantôt colorées en vert, telles que le *Spirostomum ambiguum*, l'*Ophrydium versatile*, l'*Epistylis plicatilis*, le *Stentor polymorphus*, etc. Chez beaucoup d'infusoires flagellés, *Euglena viridis*, *Cryptomonas*, *Chlamydococcus pluvialis*, *Trachelomonas*, la matière verte se présente à l'état amorphe ou à l'état de granulations très fines. Chez ces infusoires, comme chez les plantes, la chlorophylle se transforme à certaines époques, surtout pendant l'enkystement, en une matière colorante jaune-rouge : elle repasse au vert lorsque l'humectation rend les animaux à la vie active.

En 1873, M. Balbiani (voy. la planche, fig. 1 et 2) a observé chez le *Stentor polymorphus* (variété verte) la multiplication des grains de chlorophylle dans l'intérieur du corps de l'animal, par division en deux et en trois, comme cela a lieu pour la chlorophylle végétale. Outre les infusoires cités plus haut, on trouve des globules verts dans la substance du corps chez diverses autres espèces animales, l'*Hydre verte*, un ver turbellarié, *Vortex viridis*, et un géphyrien, *Bonnellia viridis*.

Ces faits montrent le peu de fondement que pourrait avoir l'attribution exclusive du protoplasma vert aux végétaux, tandis que le protoplasma incolore caractériserait l'animal.

Quel est le rôle du protoplasma vert dans la synthèse organique?

C'est le protoplasma vert qui, d'après les idées actuellement en faveur, travaillerait à la synthèse des *composés ternaires hydro-carbonés*. Il serait le seul agent des combinaisons synthétiques du carbone, la seule voie pour l'introduction de cette substance dans l'organisme végétal et animal.

L'expérience célèbre de Priestley a été le point de départ de nos connaissances à cet égard. Ingen-Housz, Sennebier, Th. de Saussure ont précisé les conditions de cette expérience et ont fait connaître l'action synthétique exercée par la matière verte. On admet, depuis leurs travaux, que la chlorophylle possède la faculté de réduire l'acide carbonique sous l'influence des rayons solaires, et de donner lieu à un dégagement d'oxygène. En même temps le carbone se trouve combiné à différents éléments et constitue des matières hydrocarbonées ou combustibles qui se déposent dans les organes verts.

Comment s'opère cette action? A cet égard l'on

n'a que des suppositions plus ou moins plausibles. On tendait à penser que « l'hydrate normal d'acide carbonique est, sous l'action de la chlorophylle, dédoublé en oxygène et aldéhyde méthylique ; l'aldéhyde en se sextuplant donnerait le sucre, lequel à son tour, par duplication ou triplication et perte d'eau, donnerait la cellulose : l'oxydation de ces corps fournirait les graisses et les acides ; l'influence de l'ammoniaque provenant de la réduction des nitrates formerait aux dépens des radicaux précédents les divers alcaloïdes végétaux et les matières albuminoïdes. »

A ces hypothèses qu'il rappelle d'abord, M. Armand Gautier (1) en a substitué d'autres qui paraissent mieux en rapport avec le petit nombre des faits connus.

Il faut admettre d'abord que la matière verte, la chlorophylle, n'est pas incorporée intimement et fortement combinée au protoplasma lui-même ; qu'elle est simplement disséminée dans la masse protoplasmique d'où une foule de dissolvants neutres peuvent l'extraire.

Ce protoplasma vert est l'agent d'une foule de synthèses carbonées, dont les produits, fabriqués pendant le jour sous l'action des rayons solaires, sont utilisés comme matériaux de construction par toutes les parties incolores de la plante.

Il faudrait distinguer, d'après M. Armand Gautier, deux états de la chlorophylle :

La chlorophylle verte,
La chlorophylle blanche.

(1) *Revue scientifique*, 10 février 1875.

Dans les parties étiolées qui reverdiront à la lumière, la substance qui peut donner naissance à la chlorophylle existe, car il suffit de les traiter par l'acide sulfurique pour les voir instantanément se colorer en vert. M. Armand Gautier admet que, sous l'influence de l'oxygène de l'air, la chlorophylle blanche passe à l'état de chlorophylle verte et, inversement, que la *chlorophylle verte* passe à l'état de *chlorophylle blanche* sous l'influence de l'hydrogène naissant ; l'expérience peut être faite et répétée facilement.

Les deux substances, chlorophylle verte et chlorophylle blanche, seraient entre elles dans le rapport de l'indigo bleu à l'indigo blanc. La chlorophylle blanche serait douée d'une remarquable aptitude à réduire les corps oxygénés, à combiner leur oxygène à son hydrogène. D'autre part la chlorophylle verte aurait la propriété de décomposer l'eau sous l'influence des rayons solaires, comme elle a la propriété de décomposer l'acide carbonique. Elle deviendrait chlorophylle blanche en prenant l'hydrogène et mettant l'oxygène en liberté. La chlorophylle blanche céderait à l'acide carbonique son hydrogène ; elle travaillerait ainsi à la synthèse de composés carbonés, et repasserait à l'état de chlorophylle verte.

Ainsi, par un perpétuel mouvement alternatif, la chlorophylle prendrait l'état vert et l'état incolore : décomposant l'eau et dégageant l'oxygène lorsqu'elle passe de l'état vert à l'état incolore, faisant la synthèse des produits carbonés en repassant de l'état incolore à l'état vert.

Voilà la première partie de l'hypothèse. Elle est encore loin d'être vérifiée ou calquée sur les faits ; mais elle n'est contraire à aucun de ceux qui sont connus.

Voici la seconde : Quelles sont les matières premières sur lesquelles les chlorophylles verte ou blanche exercent leur activité ? C'est le mélange d'acide carbonique et d'eau $nCO^2 + mHO$. De la réduction de ce mélange, grâce à l'hydrogène chlorophyllien, dériveraient : l'alcool, le glycol, l'aldéhyde ordinaire, les acides glycolique et glyoxylique, le glyoxal, l'acide oxalique. En un mot, tous les corps « organiques ternaires pourraient se former par ce simple mécanisme de la désoxydation par le grain de chlorophylle, plus ou moins profonde suivant l'influence des rayons lumineux, des diverses associations d'eau et d'acide carbonique que le protoplasma laisse pénétrer jusqu'à l'organe de réduction. »

La glycose serait la première formée parmi ces principes et la matière première de presque tous les autres. Par union avec l'acide carbonique et perte d'eau, la glycose peut donner l'acide pyrogallique, l'acide gallique qui, dans les jeunes pousses du printemps, est en effet abondamment associé à la glycose, en un mot, une série d'acides, lesquels inversement peuvent repasser à l'état de sucre sous l'influence de la vie des cellules incolores.

Ainsi dans les parties incolores s'accompliraient les phénomènes inverses exactement de ceux qui se produisent dans les parties vertes. C'est en effet une tendance générale des chimistes d'admettre ce retour inverse, semblable dans son mécanisme quoique de sens contraire, des matières végétales actuelles vers les principes immédiats d'où d'autres cellules les avaient fait dériver.

Voilà quelques-unes des idées que la chimie de notre temps a émises sur le rôle du protoplasma vert dans la synthèse des produits immédiats.

Ces conceptions sont fortement imprégnées de ce que l'on pourrait appeler le *chimisme artificiel*. Le *chimisme naturel* est peut-être tout différent : il serait possible, par exemple, que toutes les synthèses imaginées par les chimistes fussent sans réalité et que les principes immédiats sortissent tous par voie de décomposition ou de dédoublement d'une matière unique et identique, le protoplasma.

Quoi qu'il en soit, et pour rester sur le terrain des faits, on peut dire que le protoplasma vert paraît former incontestablement des produits organiques carbonés.

Sous l'influence de quelle force, par quelle énergie s'exécutent ces phénomènes? où la cellule à protoplasma vert prend-elle la force chimique nécessaire à la décomposition du gaz carbonique?

Il est admis que c'est dans la radiation solaire. Le soleil est le premier moteur de tous ces phénomènes, la source de la force vive qu'ils utilisent.

II. *Protoplasma incolore.* — Nous venons de voir que le protoplasma est susceptible de se charger dans certaines conditions d'une matière verte, la chlorophylle. Mais le protoplasma peut rester incolore dans un grand nombre d'éléments végétaux. Le protoplasma incolore est, moins encore que le protoplasma vert, l'apanage exclusif de l'un des règnes. Les animaux et les végétaux le possèdent comme élément essentiel, primordial, formateur et générateur de tous les autres.

Quel est le rôle de ce protoplasma ? Il pourrait produire toutes les substances qui existent dans les animaux et les plantes, mais avec d'autres éléments comme point de départ, et avec une autre force vive comme agent que celle du protoplasma vert.

L'expérience de M. Pasteur à ce sujet est fondamentale. Elle montre que le protoplasma incolore peut fabriquer, sans l'aide de la chlorophylle non plus que des radiations solaires, les principes immédiats les plus complexes, matières protéiques, albumine, fibrine, cellulose, matières grasses, etc.

M. Pasteur (1) constitue un champ de culture formé des principes suivants :

Alcool ou acide acétique pur,
Ammoniaque (d'un sel cristallisable pur),
Acide phosphorique,
Potasse,
Magnésie,
Eau pure,
Oxygène gazeux.

Il n'y a là aucune substance qui ne soit empruntée au règne minéral, car la plus complexe, l'alcool, peut être réalisée, ainsi que l'a montré M. Berthelot, de toutes

(1) *Comptes rendus*, 10 avril 1876.

pièces au moyen des éléments empruntés au règne minéral.

Dans ce milieu à constitution si simple, sans albumine, sans produits organisés, on dépose une graine de *mycoderma aceti*, d'un poids nul pour ainsi dire, d'une masse insignifiante.

En l'absence de toute matière verte, à l'obscurité, la graine de mycoderme produit dans ce milieu une quantité considérable de cellules nouvelles de *mycoderma aceti*, d'un poids aussi grand qu'on pourrait le désirer.

Dans cette récolte se rencontrent les matériaux les plus variés et les plus complexes de l'organisation :

Matières protéiques,
Cellulose,
Matières grasses,
Matières colorantes,
Acide succinique, etc.

La cellule vivante n'a donc nul besoin de chlorophylle ou de matière verte, ni de radiations solaires pour édifier ces principes immédiats les plus élevés de l'organisation.

M. Pasteur a fourni un second exemple, en cultivant des vibrions, c'est-à-dire des êtres plus élevés encore, à l'obscurité, sans matière verte et de plus sans oxygène gazeux. Le champ de culture était ainsi constitué :

Acide lactique,
Acide phosphorique dans un sel pur cristallisable),
Ammoniaque,

Potasse,
Magnésie.

On sème dans ce milieu quelques vibrions, d'un poids si faible qu'on ne saurait l'évaluer.

Ces êtres se développent avec une activité prodigieuse, et l'on peut obtenir tel poids que l'on voudra de ces organismes contenant :

Des matières cellulosiques,
Des matières protéiques,
Des substances colorantes,
Des alcools,
De l'acide butyrique,
De l'acide métacétique, etc.

On pourrait dire par conséquent que le protoplasma incolore a accompli des synthèses très élevées.

Cependant, entre ces synthèses accomplies par le protoplasma incolore et celles qu'accomplit le protoplasma vert il y a deux différences. D'abord, dans le premier cas, l'on fournit nécessairement comme point de départ un principe carboné assez élevé, alcool, acide acétique, acide lactique : la vie ne serait pas possible si l'on donnait le carbone à un état plus simple, par exemple à l'état d'acide carbonique. La chlorophylle peut seule former les synthèses de principes carbonés ou ternaires, en partant des corps les plus simples ou les plus saturés, tels que CO^2. Le protoplasma incolore, avec ce point de départ, formera les synthèses quaternaires les plus compliquées.

Une autre différence résulte de l'énergie employée.

Le protoplasma vert met en œuvre l'énergie des radiations lumineuses, c'est-à-dire la force vive solaire.

Le protoplasma incolore met en œuvre l'énergie calorifique qui a sa source dans l'aliment carboné ; celui-ci ne doit remplir qu'une condition, c'est de n'être pas saturé d'oxygène et de pouvoir, en conséquence, par saturation ou oxydation, fournir de la chaleur.

M. Pasteur comprendrait, à la rigueur et comme vue de l'esprit, que le protoplasma incolore pût, sous l'influence des vibrations électriques ou de quelque autre force vive, décomposer l'acide carbonique et assimiler le carbone pour en former les produits synthétiques ternaires.

Quoi qu'il en soit, dans l'état actuel des choses, on attribue aux deux protoplasma un rôle différent : le vert prépare les composés ternaires carbonés, l'incolore fait avec ce point de départ les principes azotés quaternaires. Dans une plante les cellules vertes travailleraient ainsi pour les cellules incolores.

Si une plante n'a point de parties vertes, elle ne pourra vivre qu'à la condition de trouver tout préparés dans le milieu extérieur les principes qu'antérieurement aura élaborés la chlorophylle de quelque autre plante. Ainsi en serait-il des parasites végétaux, des champignons, des mucédinées, des êtres monocellulaires, qui doivent trouver sur l'être qui les porte ou dans le milieu qui les baigne ces mêmes principes indispensables, source de leur activité protoplasmique.

C'est dans ce sens que M. Boussingault et avec lui quelques chimistes ont pu admettre que les végétaux (il faudrait dire : la matière verte) seuls étaient capables de pourvoir les êtres vivants de carbone, et par conséquent de *créer* les principes immédiats, à l'aide des éléments inertes, minéraux, empruntés à l'air, à l'eau, à la terre. Cette puissance créatrice, la chlorophylle seule la posséderait sous l'influence du soleil. « Si la radiation solaire cessait, non seulement les plantes à chlorophylle, mais encore les plantes qui en sont dépourvues, disparaîtraient de la surface du globe. »

L'expérience de M. Pasteur, qui prend pour champ de culture des produits minéraux et un *produit de laboratoire*, l'alcool, redresse ce que cette vue a peut-être d'excessif. Le *mycoderma aceti*, le vibrion qui se sont développés dans le milieu artificiel constitué par M. Pasteur n'ont eu besoin d'aucune plante à chlorophylle antérieure, non plus que de la radiation solaire.

Toutes les explications que nous avons données relativement aux procédés de la synthèse organique indiquent le sens général dans lequel l'esprit actuel conçoit les phénomènes. Mais leur mécanisme exact, nous l'avons déjà dit, pourrait être tout autre que ces hypothèses ne l'imaginent. Ici comme dans bien des cas, les explications chimiques nous font connaître comment les choses pourraient être plutôt qu'elles ne nous montrent comment elles sont réellement. L'expérimentation pratiquée sur l'être vivant peut seule nous renseigner.

Au point de vue physiologique, on serait fondé à imaginer qu'il n'y a dans l'organisme *qu'une seule synthèse*, celle du protoplasma qui s'accroîtrait et se développerait au moyen de matériaux appropriés. De ce corps complexe, le plus complexe de tous les corps organisés, dériveraient par dédoublement ultérieur tous les composés ternaires et quaternaires dont nous attribuons l'apparition à une synthèse directe.

Cette conception, qui ferait dériver d'un composé unique, le protoplasma, tous les produits de l'organisme, est encore, elle aussi, une vue de l'esprit. Il ne serait pourtant pas difficile de rassembler un certain nombre de faits qui s'accorderaient avec elle. Un argument en sa faveur serait par exemple le maintien de la constitution fixe de l'organisme avec une alimentation variée. Les produits de l'organisme ne changent pas sensiblement sous l'influence du régime, et ceci s'expliquerait parfaitement, si les matériaux provenaient exclusivement d'un protoplasma toujours identique à lui-même.

Enfin nous ne pouvons que mentionner une dernière hypothèse sur l'origine de la matière vivante, quoiqu'elle ait été l'objet de développements considérables de la part de son auteur.

M. Pflüger (1) a émis relativement à la création organique une hypothèse qu'on pourrait appeler l'hypothèse *cyanique*. Ce n'est pas, suivant M. P. Pflüger, l'acide carbonique, la vapeur d'eau ou l'ammoniaque qui présiderait à la synthèse organique primitive au début de la vie. « Ces corps, dit-il, sont le résultat et la terminaison de la vie plutôt qu'ils n'en sont le com-

(1) *Archiv für Physiologie*, t. X, 1875.

mencement, ce qui est d'accord avec leur grande stabilité. » L'origine de la matière vivante, suivant l'auteur, doit être cherchée dans le cyanogène.

Et d'abord quelle serait l'origine de ce cyanogène? Ce seraient les combinaisons oxygénées de l'azote qui, dans certaines conditions climatériques, orages, etc., peuvent donner des combinaisons cyaniques. M. Pflüger explique comment, à l'époque de l'incandescence terrestre, il a pu se former du cyanogène, et il montre toujours le feu comme la force qui a produit par synthèse les constituants de la molécule d'albumine. D'où il conclut que la *source de la vie est le feu* et que les conditions de la vie ont été satisfaites précisément à l'époque où la terre était incandescente : *Das Leben entstammt also dem Feuer*.... Quant à la molécule d'albumine, elle ne s'est en réalité formée que pendant le refroidissement terrestre, lorsque les combinaisons du cyanogène et les hydrogènes carbonés ont eu le contact de l'oxygène de l'*eau*.

Encore aujourd'hui le soleil engendre dans les plantes les constituants de l'albumine. Cela exclut toute idée de génération spontanée. La molécule vivante d'albumine est douée de la faculté de croître, elle est toujours en voie de formation et n'a pas de caractère fixe de composition et d'équivalence chimique. Sous l'influence directe ou non du soleil, elle croît, et tout être vivant est une simple molécule d'albumine dérivée de la molécule albumineuse primitive et unique, développée à l'origine du monde terrestre.

D'un autre côté, M. Pflüger, considérant l'albumine

comme la base du protoplasma, examine pour ainsi dire son évolution chimique dans les deux conditions d'organisation et de désorganisation. Il y aurait dans le protoplasma qui se forme une albumine vivante dans laquelle l'azote est engagé sous forme de *cyanogène;* dans le protoplasma qui se détruit, une albumine morte dans laquelle l'azote est engagé sous la forme *ammoniaque*. Le passage de la vie à la mort, c'est-à-dire de l'incorporation au protoplasma à la séparation d'avec lui, est donc pour l'albumine caractérisé par le déplacement de la molécule d'azote qui va du carbone à l'hydrogène; et l'admission de l'albumine à l'activité vitale est caractérisée par le retour inverse.

Tel est à peu près l'état de nos connaissances sur la question des créations ou des synthèses organiques. Nous voyons qu'elle est encore, comme au temps de Lavoisier, un profond mystère. Néanmoins, les recherches, les hypothèses s'accumulent, et un jour viendra où la lumière sortira de ce long et pénible travail.

Nous devons en terminant revenir sur une question que nous avons déjà effleurée, et nous demander si le chimisme des laboratoires, que l'on invoque ordinairement dans ces applications, est bien comparable au chimisme des êtres vivants. Lavoisier et beaucoup de ses successeurs semblent le croire; mais nous avons souvent montré que cette explication directe de la chimie de laboratoire aux phénomènes de la vie n'est pas légitime. Nous avons maintes fois insisté sur cette idée que les lois de la chimie générale ne sauraient être violées dans les êtres vivants, mais que là cependant elles ont des agents, des appareils particuliers (1) qu'il est nécessaire au physiologiste de connaître. Faudrait-il aller plus loin, dire que réellement il y a des forces chimiques spéciales dans les êtres vivants, et en revenir avec Bichat à distinguer les propriétés vitales des propriétés chimiques? Les paroles de certains chimistes, qu'on pourrait appeler vitalistes, sembleraient avoir cette conséquence, c'est pourquoi je pense utile de m'expliquer à ce sujet.

Le *Traité de chimie organique* de Liebig débute par cette phrase : *La chimie organique traite des matières qui se produisent dans les organes sous l'influence de la force vitale, et des décompositions qu'elles éprouvent sous l'influence d'autres substances.* Que signifie cette force vitale qui fabrique des produits chimiques particuliers? On est porté à croire que dans l'esprit de l'auteur il s'agit bien d'une force vitale capable d'exécuter ce que ne sauraient faire les forces chimiques; Liebig, en un mot, s'exprime comme un vitaliste, et dans un autre passage de ses *Lettres sur la chimie*, en parlant des empoisonnements, il dit : *Alors, la force vitale est vaincue par les forces chimiques.* Nous n'admettons pas de force vitale exécutive; nous nous sommes longuement expliqué à ce sujet. Cependant nous reconnaissons qu'il existe dans les êtres vivants des phénomènes vitaux et des composés chimiques qui leur sont propres. Comment comprendre dès lors leur production?

Le chimisme du laboratoire et le chimisme du corps vivant sont soumis aux mêmes lois; il n'y a pas deux

(1) Voyez mon *Rapport sur la physiologie générale*, 1867, p. 222.

chimies; Lavoisier l'a dit. Seulement le chimisme du laboratoire est exécuté à l'aide d'agents, d'appareils que le chimiste a créés; le chimisme de l'être vivant est exécuté à l'aide d'agents et d'appareils que l'organisme a créés. Nous avons surabondamment démontré la vérité de cette proposition relativement aux agents d'analyse ou de destruction organique. Le chimiste, par exemple, transforme l'amidon en sucre à l'aide d'un acide qu'il a fabriqué; il saponifie les corps gras à l'aide de la potasse caustique, de l'acide sulfurique concentré, de la vapeur d'eau surchauffée, tous agents qu'il a créés lui-même. L'animal, aussi bien que la graine qui germe, transforme l'amidon en sucre sans acide, à l'aide d'un ferment (la diastase) qui est un produit de l'organisme. La graisse se saponifie dans l'animal, dans l'intestin, sans potasse caustique, sans vapeur d'eau surchauffée, mais à l'aide du suc pancréatique qui est un produit de sécrétion donné par une glande. Chaque laboratoire a donc ses agents spéciaux, mais les phénomènes chimiques sont au fond les mêmes : la transformation de l'amidon en sucre, le dédoublement de la graisse en acide gras et en glycérine, se produisent dans les deux cas par un mécanisme chimique identique.

Pour les phénomènes de création organique, il doit en être de même. Le chimisme de laboratoire peut opérer les synthèses comme les corps vivants, et déjà il en a réalisé un grand nombre. Les chimistes ont fait des essences, des huiles, des graisses, des acides, que les organismes vivants fabriquent eux-mêmes. Mais là encore on peut affirmer que les agents de synthèse diffèrent. Bien que l'on ne connaisse pas encore les agents de synthèse des corps vivants, ils existent certainement. Nous avons énoncé les diverses hypothèses émises à ce sujet; nous avons été de notre côté amené, par des faits que nous exposerons plus loin, à attribuer un certain rôle non seulement au protoplasma, mais encore au noyau des cellules.

En un mot, le chimiste dans son laboratoire et l'organisme vivant dans ses appareils travaillent de même, mais chacun avec ses outils. Le chimiste pourra faire les produits de l'être vivant, mais il ne fera jamais ses outils, parce qu'ils sont le résultat même de la morphologie organique, qui, ainsi que nous le verrons bientôt, est hors du chimisme proprement dit; et sous ce rapport, il n'est pas plus possible au chimiste de fabriquer le ferment le plus simple que de fabriquer l'être vivant tout entier.

En résumé, nous voyons combien sont encore obscures toutes ces questions de synthèses, de créations vitales, malgré tous les efforts dont leur étude a été l'objet.

Nous ne pensons pas, quant à nous, qu'on arrivera jamais à la solution de ces problèmes complexes en voulant les saisir dans leur origine même. Nous croyons au contraire que c'est en suivant les faits d'observation les plus près de nous que nous pourrons remonter successivement et réussir à atteindre le déterminisme de ces phénomènes fondamentaux.

Aujourd'hui on peut dire que la synthèse des corps

complexes, des corps albuminoïdes, des corps gras, nous est complètement inconnue. La seule sur laquelle nous ayons quelques notions précises est la synthèse amylacée ou glycogénique dans les animaux.

C'est sur cet exemple que nous devons appuyer nos idées du chimisme vital, puisque, aussi bien, il est actuellement le mieux connu ; on pourrait dire : le seul localisé.

III. *De la synthèse glycogénique.* — Le résultat le plus général des études que nous avons faites à ce sujet est d'avoir prouvé que les animaux et les végétaux possèdent les uns et les autres la faculté de créer des principes immédiats amylacés et sucrés. Nous n'en sommes donc plus à cette supposition, que l'animal est absolument subordonné au végétal. L'animal et le végétal forment les principes immédiats qui sont nécessaires à leur nutrition respective.

Ce résultat est d'accord avec le principe général que nous avons posé au début de nos études, à savoir, que la vie n'est pas opposée, mais semblable dans les deux règnes, qu'elle comprend nécessairement deux ordres de phénomènes, la création organique et la destruction organique, que tout être doué de vie, animal ou plante, simplement protoplasmique ou complet, doit nécessairement les posséder.

Il y a à peu près trente ans que je fus conduit à découvrir la fonction glycogénique dans les animaux. Je n'y fus pas amené par des idées préconçues, mais au contraire par l'observation pure et simple des faits. On croyait alors à la formation exclusive du sucre chez les végétaux. Je débutais dans la carrière scientifique et j'avais naturellement les opinions de mon temps. Je ne voulais donc pas détruire la théorie de la glycogenèse exclusive, je cherchais plutôt à l'appuyer et à l'étendre. Je m'étais demandé comment ce sucre alimentaire que les végétaux fournissent aux animaux se brûle et se détruit dans leur organisme. Ne me contentant pas des hypothèses que l'on avait émises à ce sujet en se fondant sur l'équation alimentaire d'entrée et de sortie de l'organisme des animaux, j'entrepris une série d'expériences dans lesquelles je me proposai de suivre dans le sang jusqu'à sa disparition le sucre ingéré dans les voies digestives des animaux.

Dès mes premiers essais, je fus très surpris de trouver que le sang des chiens renferme toujours du sucre, quelle que soit leur alimentation, et tout aussi bien quand ils sont à jeun. Le fait est si facile à constater qu'il est très étonnant qu'il n'ait pas été vu plus tôt; cela tient uniquement à ce que l'on était sous l'empire d'idées préconçues dont il fallait se dégager, et que d'autre part les investigateurs, ceux qui m'avaient précédé, avaient omis de suivre strictement les règles de la méthode expérimentale.

Déjà en 1832 Tiedemann avait trouvé que l'amidon des aliments peut se transformer en sucre et passer dans le sang; il avait rencontré de la glycose dans l'intestin, puis dans le sang d'un chien qui avait absorbé des matières féculentes. Tiedemann en avait tiré cette conclusion, alors nouvelle, que le sucre se forme normalement dans l'intestin par le travail de la digestion des féculents et peut passer de là dans le chyle et dans le sang. Mais si cet expérimentateur n'en découvrit pas davantage, c'est qu'il avait négligé dans ces expériences un des préceptes les plus importants de la méthode expérimentale : il avait omis la contre-épreuve. Il se contenta en effet de dire que le sucre du sang provenait de l'amidon ingéré, mais ne rechercha point, pour corroborer son observation, si le sang des animaux qui ne s'étaient point nourris d'amidon était dépourvu de sucre.

C'est cette contre-épreuve que je fis, et c'est elle qui m'apprit que le sang des animaux contient normalement du sucre, indépendamment de la nature de l'alimentation.

J'allai plus loin, et je montrai que c'est dans le foie que chez les mammifères adultes a lieu la formation du sucre. Le sang qui sort du foie est toujours plus abondamment pourvu de sucre que celui de toutes les autres parties du corps.

Après cette découverte on chercha à s'expliquer comment le sucre peut prendre naissance dans le tissu hépatique. On songea d'abord à des dédoublements, à des décompositions. Schmidt croyait à un dédoublement des matières grasses donnant naissance à du sucre dans le sang. Lehmann admit que la fibrine du sang en traversant le foie se dédoublait en glycose d'une part et en acides biliaires de l'autre; Frerichs donna une explication analogue. M. Berthelot était tenté de croire au dédoublement dans le foie, d'une matière analogue à un amide; et je poursuivis moi-même pendant quelque temps des expériences d'après cette vue.

Je trouvai enfin que la matière qui est le générateur du sucre dans le foie est un véritable amidon animal, le *glycogène*, et je pus établir ainsi que le mode de formation du sucre est identique dans les deux règnes (1).

Ainsi le sucre se forme dans les animaux comme dans les végétaux aux dépens de l'amidon. La formation de cet amidon dans les deux règnes est considérée comme un acte de création organique, une synthèse. La formation du sucre au contraire est une destruction organique, une hydratation de l'amidon qui amène sa transformation en dextrine, en glycose; puis cette substance elle-même donne naissance à l'acide lactique, à l'acide carbonique, par une série d'opérations qui ont pour résultat la destruction du sucre par des procédés équivalents à des phénomènes d'oxydation.

Nous trouvons ainsi dans la glycogenèse animale comme dans la glycogenèse végétale les deux phases caractéristiques des grands phénomènes de la vie :

1° *Création organique :* synthèse de l'amidon, synthèse du glycogène.

2° *Destruction organique :* transformation de l'amidon ou du glycogène en dextrine et sucre, puis destruction du sucre par des procédés analogues aux combustions.

Malheureusement nous ne connaissons bien jusqu'à présent que les phénomènes de destruction des principes amylacés; nous savons que dans les animaux

(1) Voy. le résumé de mes *Recherches sur les glycogènes* (*Annales de chimie et de physique*. 1876).

comme dans les végétaux, ils ont lieu sous l'influence des *ferments*, la diastase, le ferment lactique, agents chimiques spéciaux à l'organisme. Nous savons de plus que dans les deux règnes ces phénomènes engendrent de la chaleur en s'accomplissant.

Quant à la création, à la synthèse de l'amidon ou du glycogène, elle est entourée pour nous de grandes obscurités aussi bien dans les végétaux que dans les animaux. Toutefois nous marchons dans une bonne voie, et c'est probablement chez les animaux que ce mécanisme formateur sera d'abord dévoilé. J'ai fait à ce sujet un grand nombre d'expériences sur les animaux mammifères; leur complexité les rend toutes difficiles. En opérant sur des larves de mouches (asticots), j'espère être dans de meilleures conditions pour saisir le mécanisme qui donne naissance au glycogène très abondant chez ces larves.

Pour faire comprendre les difficultés de telles études sur les animaux, je rappellerai ici ce fait important que les vivisections troublent, arrêtent aussitôt les phénomènes de synthèse glycogénique, tandis qu'ils n'empêchent pas ou même accélèrent dans certains cas les phénomènes de destruction ou de transformation. C'est pourquoi nous n'avons pu jusqu'ici étudier, *post mortem*, par les procédés d'analyse artificielle, que les phénomènes de destruction glycogénique, tandis que les phénomènes de synthèse correspondants, comme d'ailleurs tous les phénomènes des créations organiques, semblent exiger pour s'accomplir l'intégrité de l'organisme entier.

Toutefois, la matière glycogène dans les animaux, aussi bien que dans les végétaux, n'est pas seulement destinée à se transformer en sucre; elle semble aussi faite pour entrer directement dans la constitution des tissus pendant l'évolution embryogénique (1).

La matière glycogène, quel que soit le rôle qu'elle ait à remplir dans l'organisme, se montre à nous dans les parties en développement comme le résultat d'une véritable synthèse. L'agent de cette synthèse est le protoplasma d'une cellule. Cette cellule capable de produire le glycogène, réside dans le foie chez l'adulte ; elle est très diversement placée chez l'embryon ; dans le blastoderme, dans la vésicule ombilicale chez le poulet ; dans l'amnios chez les ruminants ; mais il est vraisemblable que partout elle forme la matière amylacée par le même procédé.

La substance glycogène est sous forme de granulations, de gouttelettes incluses à l'intérieur des cellules hépatiques dans le foie, dans les cellules blastodermiques dans l'œuf de poule, les fibres musculaires chez le fœtus, dans les tissus épithéliaux : elle existe d'une manière diffuse dans un grand nombre de tissus embryonnaires. Pendant la vie fœtale, les cellules glycogéniques se rencontrent dans le placenta, sur les vaisseaux allantoïdiens [*voy.* fig. 9 (2)].

Le cas le plus intéressant nous est fourni par les

(1) Voy. *Compt. rend. de l'Académie des sciences*, t. XLVIII, 1859.

(2) Voy. mon mémoire : *Sur une nouvelle fonction du placenta* (*Compt. rendus de l'Académie des sciences*, t. XLVIII, séance du 10 janvier 1859).

ruminants. J'ai montré qu'on peut en effet suivre, chez ces animaux, l'évolution complète de la matière glycogène dans ses deux périodes, de *synthèse formative* et de *destruction* organique.

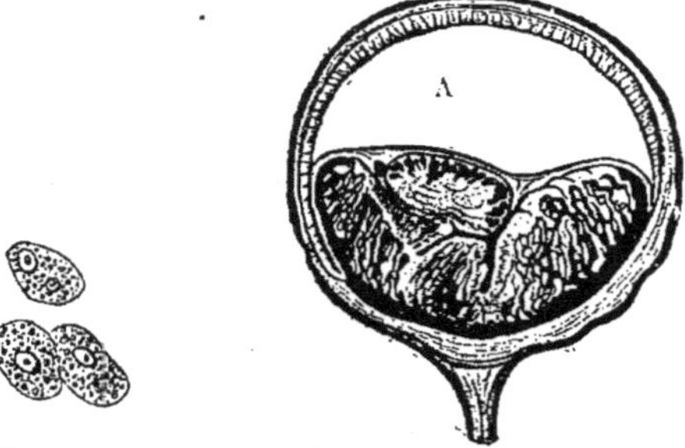

Fig. 9. — Disposition des cellules glycogéniques dans le placenta du lapin.

A, Coupe de la corne utérine et du placenta en place. Les cellules glycogéniques sont situées entre le placenta fœtal et le placenta maternel sur les villosités des vaisseaux allantoïdiens. — B, Cellules glycogéniques du placenta isolées et colorées en rouge vineux par l'iode.

Les cellules glycogéniques accompagnent, sous forme de plaques (fig. 10 et 11), les vaisseaux allan-

Fig. 10 et 11. — Plaques glycogéniques de l'amnios du fœtus de veau, dans leur plein développement.

toïdiens, qui, ici, viennent accidentellement se réfléchir sur l'amnios. Les plaques glycogéniques de l'amnios des ruminants se montrent sous forme d'amas de cellules (fig. 15) dès les premiers temps de la vie embryonnaire; elles s'accroissent jusqu'au milieu de la gestation, puis commencent à se détruire et dispa-

Fig. 12.

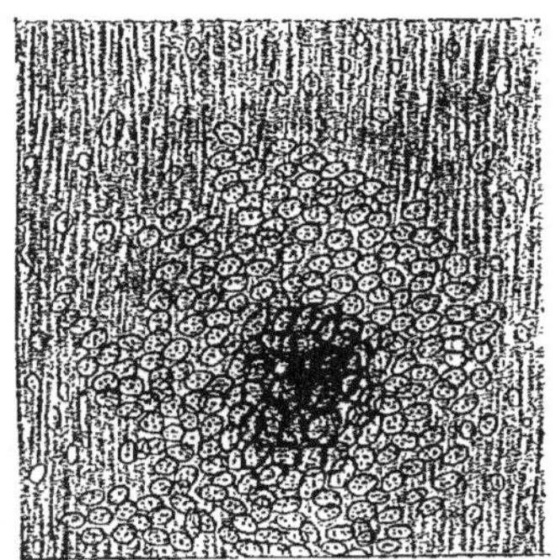

Fig. 13.

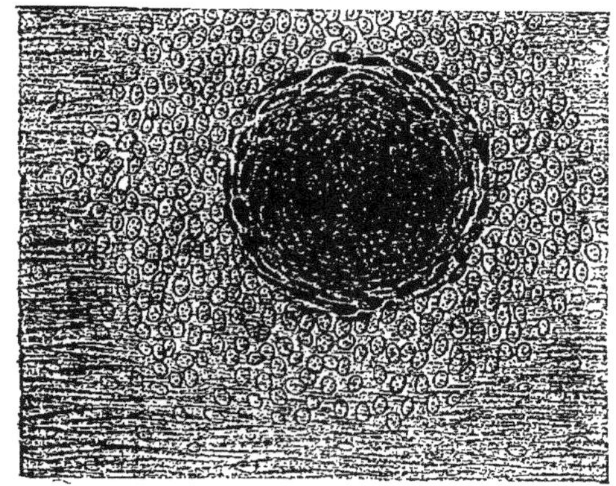

Fig. 14.

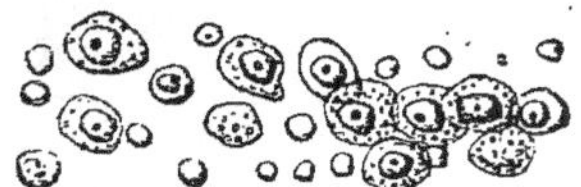

Fig. 12, 13 et 14. — Début de la formation des plaques glycogéniques de l'amnios d'un fœtus de veau.

Fig. 12, premier état : la petite masse centrale est formée de cellules qui se colorent en rouge violacé par l'eau iodée, acidulée. En dehors, les cellules de cette membrane se colorent en jaune par l'iode. — Fig. 13, état plus avancé : la masse des cellules glycogéniques se colorant en rouge est plus considérable. — Fig. 14, cellules glycogéniques dissociées et coloriées par l'iode en rouge violacé.

raissent avant la fin de la vie intra-utérine. La durée de leur évolution est donc mesurée par un espace de temps plus court que celui de la gestation. Les plaques développées sur la face interne de l'amnios, dont elles troublent la transparence, s'opacifient de plus en plus, à mesure qu'elles s'accroissent; elles se groupent en certains points et deviennent confluentes (voy. fig. 10). A leur maximum de développement, elles présentent parfois une épaisseur de plusieurs millimètres.

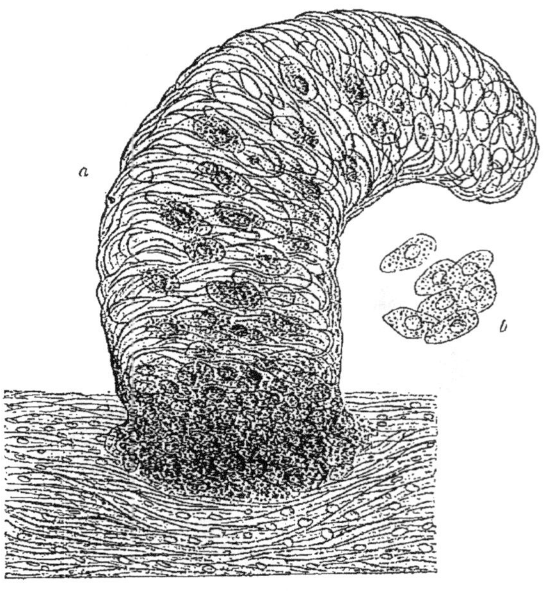

Fig. 15. — *a*, une villosité isolée des plaques glycogéniques. On voit mieux dessinées certaines cellules qui ont été colorées par l'iode. — *b*, cellules de la villosité isolées et colorées par l'iode en rouge vineux.

Elles sont alors au point culminant qui sépare la *période synthétique* de la *période de destruction*.

Nous avons représenté les diverses phases de l'évolution glycogénique dans les plaques de l'amnios des ruminants (*voy.* fig. 12, 13 et 14). Les préparations (fig. 12 et 13) représentent la phase ascendante de l'évolution glycogénique. La préparation (fig. 15) représente le point culminant de cette évolution. Les préparations (fig. 16, 17 et 18) représentent la phase évolutive descendante.

La formation des cellules glycogéniques n'a pas en-

FIG. 16.

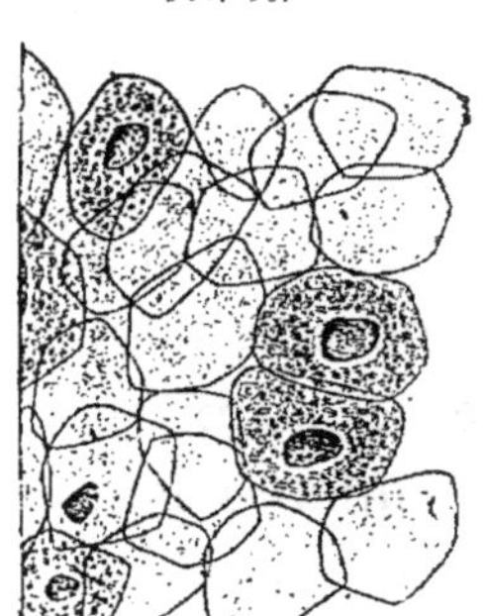

FIG. 17.

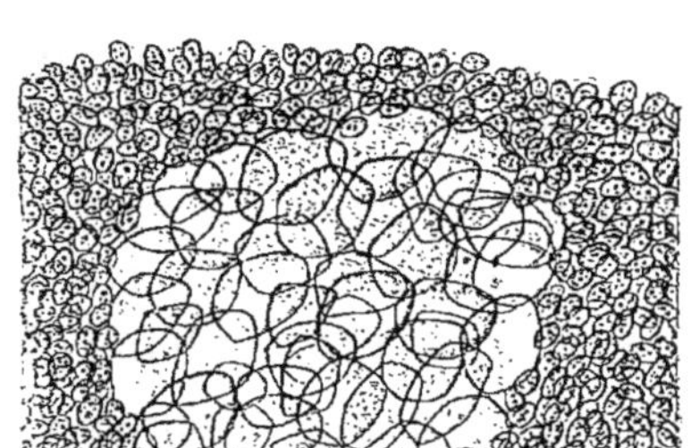

FIG. 18.

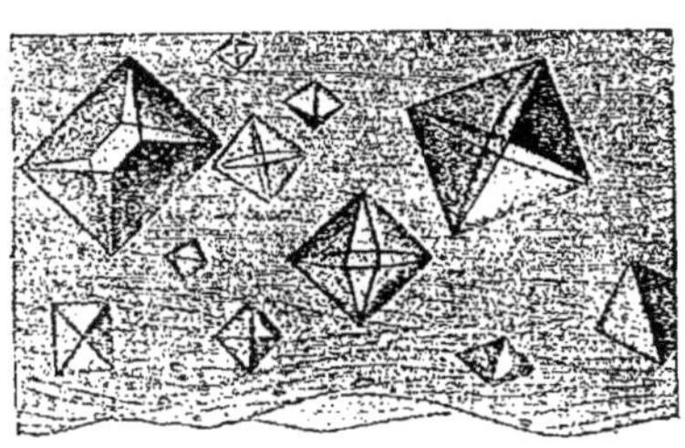

FIG. 16, 17 et 18. — Dégénérescence des plaques de l'amnios du fœtus de veau.

FIG. 16, mélanges de cellules normales ayant encore leur noyau et du glycogène, et de cellules dégénérées perdant leur noyau, ne renfermant plus de matière glycogène, et passant à la transformation graisseuse.

FIG. 17, la dégénérescence graisseuse des cellules glycogéniques est complète.

FIG. 18, la plaque glycogénique a disparu et, dans le point qu'elle occupait, on rencontre souvent des débris divers et des cristaux d'oxalate de chaux.

core été suivie histologiquement d'une manière aussi intime qu'il serait nécessaire ; mais tout porte à penser qu'elle a lieu par un mécanisme analogue à celui des productions épithéliales.

La destruction des plaques se fait de deux manières : ou bien par résorption *in situ*, ou bien par résorption dans le liquide amniotique où elles tombent. La plaque devient jaunâtre, d'apparence graisseuse et flotte dans le liquide amniotique. Dans tous les cas, à mesure que la dégénérescence s'accentue, le noyau de la cellule s'efface ; les granulations disparaissent, et avec elles les caractères de la matière glycogène ; des gouttelettes huileuses se montrent dans la cellule flétrie, et quelquefois des cristaux volumineux ; dans certains cas, une masse de graisse assez considérable qui se retrouve à la naissance du fœtus ; mais, très souvent, il se fait une destruction par oxydation ; des cristaux octaédriques d'oxalate de chaux (fig. 18) accumulés dans ces parties, rendent témoignage de la combustion qui s'y est opérée. Ici la substance n'avait été édifiée que pour être détruite ; sa destruction est une oxydation qui produit de la chaleur et contribue ainsi à l'entretien de la vie dans l'organisme.

Cet exemple nous montre sur le vif l'évolution d'un principe immédiat : sa formation synthétique par l'action d'un agent cellulaire particulier, puis sa destruction par oxydation.

Si nous poursuivons la formation de la matière glycogène dans les organes du fœtus (1), nous voyons que les cellules glycogènes se forment dans tous les épithéliums, à la surface de la peau dans les tissus cornés,

(1) Voy. mon mémoire : *De la matière glycogène considérée comme condition de développement de certains tissus chez le fœtus avant l'apparition de la fonction glycogénique du foie* (*Comptes rendus de l'Académie des sciences*, t. XLVIII, séance du 4 avril 1859).

bec, plumes, corne des pieds ; dans l'épithélium de l'intestin, du poumon, dans les conduits glandulaires ; mais jamais dans le tissu même des glandes, ni dans les ganglions lymphatiques, ni dans les *endothéliums*, etc., etc.

Ce qui est curieux, c'est que le foie, qui chez l'adulte sera le lieu d'élection de la formation glycogénique, ne contient encore aucune trace de cette substance. Chez le veau, c'est vers le milieu de la gestation environ que le foie acquiert cette propriété, et alors on voit la matière glycogène disparaître des épithéliums, et la fonction glycogénique cesser d'être diffuse pour se localiser dans le foie.

Chez les êtres inférieurs qui n'ont pas de foie, la fonction glycogénique reste toujours diffuse, comme chez les végétaux.

Chez certains animaux, comme les crustacés, cette fonction est intermittente et correspond aux périodes de mue, comme elle correspond à la végétation chez les plantes, etc., etc.

Le protoplasma cellulaire n'est nécessaire que pour la première phase, c'est-à-dire la genèse synthétique du produit immédiat ; mais la combustion destructive peut s'opérer sans l'intervention du protosplama. Les preuves à ce sujet abondent. La matière glycogène en est un exemple : rien ne peut suppléer, pour sa production, le protoplasma animal ou végétal ; au contraire, la destruction est un phénomène chimique qui n'exige pas nécessairement l'intervention de l'agent cellulaire vivant, et peut se continuer après la mort ou en dehors de l'économie. Une expérience décisive à ce sujet est celle du *foie lavé*. On fait passer un courant d'eau dans le foie arraché du corps de l'animal, et par conséquent soustrait à toute influence vitale : on enlève par là toute la matière sucrée qu'il contenait. Abandonne-t-on l'organe à lui-même pendant quelque temps, on retrouve une nouvelle quantité de sucre. On peut renouveler l'epreuve avec le même succès un grand nombre de fois, jusqu'à ce que la provision de matière glycogène soit épuisée. Ainsi, dans cet organe mort, isolé de toute influence physiologique ou vitale, la matière glycogène continue à se détruire comme pendant la vie, mais elle ne se refait pas.

Comment le protoplasma cellulaire intervient-il pour former le principe immédiat ? C'est une question à résoudre. Peut-être pourrait-on supposer que le glycogène apparaît non par une véritable synthèse dans le sens chimique du mot, mais par un déboublement de la matière protoplasmique. C'est à l'avenir, et probablement à un avenir prochain, qu'il appartiendra de résoudre ces problèmes qu'on ne peut qu'indiquer aujourd'hui, mais dont nous sommes déjà parvenus à analyser les principales conditions.

SEPTIÈME LEÇON

**Propriétés du protoplasma dans les deux règnes.
Irritabilité, sensibilité.**

Sommaire : Le protoplasma possède l'irritabilité et la motilité. — Ces propriétés constituent le trait d'union entre l'organisme et le monde extérieur.

I. *Historique de l'irritabilité.* — Glisson, Barthez, Bordeu, Haller, Broussais, Virchow. — Irritabilité; autonomie des tissus. — Le protoplasma est le siège de l'irritabilité.

II. *Excitants et anesthésiants de l'irritabilité.* — Conditions normales de l'irritabilité protoplasmique. — Anesthésie (1) des propriétés protoplasmiques, du mouvement d'irritabilité ou de sensibilité chez les animaux et les végétaux. — Expériences. — Anesthésie des phénomènes protoplasmiques de germination, développement et fermentation chez les animaux et les végétaux. — Anesthésie de la germination des graines. — Anesthésie des œufs. — Anesthésie des ferments figurés. — De la non-anesthésie des ferments solubles. — Anesthésie de la fonction chlorophyllienne des plantes. — Anesthésie des anguillules du blé niellé.

III. *De l'irritabilité et de la sensibilité.* — Sensibilité consciente et sensibilité inconsciente. — Manière de voir différente des philosophes et des physiologistes à ce sujet. — Identité des agents anesthésiques pour abolir la sensibilité et l'irritabilité. — Nous n'agissons pas sur les propriétés ni sur les fonctions nerveuses, mais seulement sur le protoplasma

Le protoplasma, agent des phénomènes de création organique, ne possède pas seulement la puissance de synthèse chimique que nous avons examinée en lui; pour mettre en jeu cette puissance, il doit posséder les facultés de l'*irritabilité* et de la *motilité*. Il peut en effet réagir et se contracter sous la provocation d'excitants qui lui sont extérieurs, car il n'a en lui-même et par lui-même aucune faculté d'initiative.

(1) Le mot *anesthésie* désigne ici l'action des substances anesthésiques, éther ou chloroforme, amenant la suppression de la faculté des éléments et des tissus de réagir sous l'influence de leurs excitants ordinaires.

Les phénomènes de la vie ne sont pas les manifestations spontanées d'un principe vital intérieur : ils sont, au contraire, nous l'avons dit, le résultat d'un conflit entre la matière vivante et les conditions extérieures. La vie résulte constamment du rapport réciproque de ces deux facteurs, aussi bien dans les manifestations de sensibilité et de mouvement, que l'on est habitué à considérer comme étant de l'ordre le plus élevé, que dans celles qu'on rapporte aux phénomènes physico-chimiques.

Cette continuelle relation entre la substance organisée et le milieu ambiant est donc un caractère général de la vie organique aussi bien que de la vie animale. La nutrition, aussi bien que la sensibilité et le mouvement, traduisent sous des formes plus ou moins compliquées cette faculté de la matière vivante de réagir aux excitations du monde extérieur. Cette faculté, condition essentielle de tous les phénomènes de la vie, chez la plante aussi bien que chez l'animal, existe à son degré le plus simple dans le protoplasma. C'est l'*irritabilité*.

D'une façon générale, l'*irritabilité est la propriété que possède tout élément anatomique* (*c'est-à-dire le protoplasma qui entre dans sa constitution*) *d'être mis en activité et de réagir d'une certaine manière sous l'influence des excitants extérieurs*.

Toute manifestation vitale exigeant le concours de certaines conditions ou excitants extérieurs, est par cela même une manifestation *de l'irritabilité*. La sensibilité, qui est, à son plus haut degré, un phénomène complexe, n'est au fond, comme nous le verrons, qu'une modalité particulière de l'irritabilité, seule propriété vitale élémentaire, dont l'existence est commune aux deux règnes.

Nous devons d'abord examiner ce que l'on entend par ce mot *irritabilité* et savoir quelles idées et quels faits il désigne. Il est nécessaire de connaître les antécédents historiques de cette question fondamentale qui, depuis plus d'un siècle, a donné lieu à des confusions continuelles et ouvert des débats qui ne sont pas encore terminés. Le problème de la sensibilité des êtres vivants et, d'une manière générale, celui des *propriétés vitales* des êtres organisés, trouveront leur solution dans la connaissance et l'appréciation exacte de la doctrine de l'*irritabilité*.

I. *Historique.* — C'est Glisson (1634-1677), professeur à l'université de Cambridge, qui a le premier introduit dans les explications physiologiques l'*irritabilité*, propriété vitale qu'il attribuait à toutes « les fibres animales, musculaires ou autres », c'est-à-dire indistinctement à toute la matière organisée : c'était pour lui la cause de la vie.

Depuis le moment où cette expression a été employée, elle a donné lieu à des confusions sans fin : on a distingué, confondu, séparé de nouveau et de nouveau identifié les trois propriétés et les trois termes, à savoir : *sensibilité*, *irritabilité*, *contractilité*. De là des méprises qu'il importe de dissiper.

Barthez (1734), le créateur de la doctrine vitaliste, distinguait des *forces sensitives*, sensibilité avec perception, sensibilité sans perception, et des *forces motrices* de resserrement, d'élongation, de situation fixe, tonique, équivalents de la *contractilité* actuelle : ces deux ordres de forces étant d'ailleurs subordonnés dans l'être vivant à la *force vitale*.

On a dit que Leibnitz avait accepté la doctrine de l'irritabilité de Glisson ; l'entéléchie perceptive qu'il considérait comme le principe d'activité inséparable des particules vivantes ne serait autre chose que l'*irritabilité* sous un autre nom. Les rapports de Leibnitz avec Campanella et Glisson permettraient de supposer que cette interprétation a pu se présenter à l'esprit du grand philosophe.

Bordeu (1742) distinguait une propriété vitale unique, la *sensibilité générale*, qui d'ailleurs les comprenait toutes. Première origine des confusions que nous avons annoncées ! Bordeu prenait ce mot dans une acception nouvelle et inusitée. Il désignait par là ce que l'on appelait de son temps les *irritations*, les *excitations*, l'*irritabilité* de Glisson, l'*incitabilité* de Brown, c'est-à-dire cette propriété de réagir sous l'influence d'un stimulus, à laquelle le médecin anglais Brown (1735-1798) avait attaché tant d'importance.

L'innovation de Bordeu est d'avoir généralisé la *sensibilité* au point (comme le lui reprochait Cuvier) de donner ce nom à « toute coopération nerveuse accom-
» pagnée de mouvement, lorsque l'animal n'en avait
» aucune perception. »

Outre cette sensibilité générale, dont le fond est le même pour toutes les parties, Bordeu imagine encore

une *sensibilité propre* pour chacune des parties : « Cha-
» que glande, chaque nerf a son goût particulier. Cha-
» que partie organisée du corps vivant a sa manière
» d'être, de sentir et de se mouvoir ; chacune a son
» *goût*, sa structure, sa forme intérieure et extérieure,
» son poids, sa manière de croître, de s'étendre et de
» se retourner toute particulière; chacune contribue à
» sa manière et pour son contingent à l'ensemble de
» toutes les fonctions et à la *vie générale;* chacune enfin
» a sa vie et ses fonctions distinctes de toutes les autres. »

Bordeu va jusqu'à dire que « *chaque organe* est un « animal dans l'animal » : *animal in animali*, excès de doctrine qui a excité les critiques de Cuvier, et plus récemment de Flourens.

Telle est la façon de voir de Bordeu relativement aux propriétés vitales ou *sensibilités particulières*.

Ce fut Haller, le célèbre physiologiste de Lausanne, qui eut l'honneur de donner une base expérimentale à la théorie des propriétés vitales et de l'affermir solidement. Il distingue trois propriétés :

1° La *contractilité*, qui n'est autre chose que la propriété physique que nous appelons aujourd'hui *élasticité;*

2° L'*irritabilité*, tout aussi mal dénommée. C'est la manière de se comporter du muscle. L'irritabilité hallérienne, c'est la *contractilité* actuelle. Les muscles, dit Haller, sont *irritables;* on dit maintenant *contractiles;*

3° La *sensibilité*. C'est la manière de se comporter des nerfs.

On voit par là que la distinction établie par Haller a un caractère pratique et expérimental. Il ne s'occupe pas de l'essence des propriétés qu'il constate. Il voit les nerfs et les muscles se comporter d'une manière différente, et il donne des noms différents à ces deux modes d'activité : irritabilité et sensibilité. Le résultat de ses expériences a donc été de séparer (ce qui n'avait pas été fait avant lui) le nerf et le muscle, au point de vue de leur manière d'agir, et de séparer l'un et l'autre des tissus différents, tendons, épiderme, cartilages, qui se comportent autrement.

C'est le principal mérite de Haller d'avoir montré que le nerf et le muscle ont en eux-mêmes ce qui est nécessaire à leur entrée en action, et qu'ils ne tirent pas d'ailleurs leur principe d'activité. La doctrine régnante depuis Galien, admise par Descartes, la doctrine des esprits animaux, enseignait que les organes recevaient leur principe d'action d'une force centrale transmise et distribuée par les nerfs sous le nom d'esprits animaux, et conduisait, dans le cas actuel, à supposer que le muscle tirait du nerf la propriété de se contracter. Avant de réfuter expérimentalement cette erreur accréditée et de démontrer l'autonomie des deux tissus et leur indépendance par des preuves directes, Haller établit ingénieusement et à priori le peu de fondement de la doctrine qui avait cours. Il fit observer que si le muscle tirait sa propriété du nerf, le nombre des nerfs qui animent un muscle devait être proportionné au volume de celui-ci, conséquence qui est en désaccord avec les faits ; le cœur, par exemple, qui est le muscle le plus actif de l'économie, est celui de tous dont l'innervation est la moins abondante et la plus difficile à découvrir.

La démonstration de l'indépendance essentielle du muscle et du nerf, tentée par Haller, a été complétée plus tard par J. Müller, qui a prouvé que le nerf séparé du corps s'éteint avant le muscle. Les principes d'action des deux tissus ne peuvent être les mêmes, puisque l'un a disparu alors que l'autre persiste. Quant aux objections dont l'argument de Müller était passible, je les ai levées plus tard par mes expériences sur le curare, qui supprime l'activité du nerf d'une manière complète en laissant subsister entière l'activité du muscle. Ici nous devons ajouter une réflexion : le curare détruit un mécanisme, son action ne porte pas sur le protoplasma, c'est-à-dire sur la base physique même de la vie du tissu. Le curare détruit le *rapport physique* du nerf et du muscle, rapport indispensable pour l'exercice de la contraction volontaire et du mouvement volontaire. Il sépare des éléments normalement unis, il détruit leur harmonie, tout en ne détruisant pas les éléments eux-mêmes.

En résumé, toutes ces recherches entreprises en vue de l'irritabilité ont abouti à prouver l'*autonomie* des tissus; elles n'ont pas éclairé la question de l'irritabilité, qui est restée au même point. La propriété des nerfs appelée sensibilité ou motricité et la propriété du muscle appelée contractilité ne sont point des attributs généraux de toute matière vivante, mais plutôt des réactions, des manifestations particulières d'une espèce déterminée de matière vivante. Ce sont des propriétés spéciales et non des propriétés vitales générales. Lorsque l'on examine attentivement le fond des choses, on voit que ces propriétés ne sont que des déterminations particulières d'une propriété plus générale, l'*irritabilité*.

C'est ainsi que pensait Broussais.

Broussais n'acceptait qu'une seule propriété essentielle de la substance organisée, l'*irritabilité*, entraînant comme conséquence la sensibilité, la contractilité et toutes les autres facultés secondaires. Virchow professe la même opinion ; les phénomènes vitaux ont pour condition intime l'*irritabilité*, terme générique qui comprend, suivant lui, l'*irritabilité nutritive*, l'*irritabilité formative* et l'*irritabilité fonctionnelle*.

Virchow a désigné par le mot d'*irritabilité* « la propriété des corps vivants qui les rend susceptibles de » passer à l'état d'activité sous l'influence des irritants, » c'est-à-dire des agents extérieurs. »

En d'autres termes, nous dirons, quant à nous, que « l'irritabilité est la propriété de l'élément vivant d'agir » suivant sa nature sous une provocation étrangère ». Avant tout, chaque tissu réagit à l'excitation du milieu extérieur, eau, air, chaleur, aliment, en y puisant certains principes, en y en rejetant d'autres, c'est-à-dire en opérant les échanges qui constituent la nutrition. C'est la ce que l'on a appelé l'*irritabilité nutritive* ou propriété de réagir à la stimulation alimentaire du milieu ambiant en s'en nourrissant. En outre, chaque élément a la possibilité de manifester ses propriétés particulières, de se comporter d'une manière spéciale, caractéristique : la fibre musculaire réagit en se contractant, la fibre nerveuse en conduisant l'ébranlement qu'elle a reçu, la cellule glandulaire en élaborant et en évacuant un produit spécial de sécrétion, le cil vibratile, en s'infléchissant et se redressant alternativement, le globule sanguin en attirant l'oxygène, le grain de chlorophylle en décomposant l'acide carbonique. Ce sont toutes ces facultés que l'on a appelées du nom générique d'*irritabilité fonctionnelle.* Mais toutes ces manifestations particulières sont dominées par une condition générale; elles sont les modes divers d'une faculté unique, l'*irritabilité* simple. Il n'est pas nécessaire selon nous de distinguer une irritabilité nutritive et une irritabilité fonctionnelle; encore moins faut-il établir des distinctions dans chacune de ces propriétés et démembrer, comme l'a fait Virchow, l'irritabilité nutritive en une *irritabilité formative*, qui serait la propriété d'un tissu de s'entretenir par des générations de cellules ou d'éléments anatomiques qui se succèdent; en une *irritabilité d'agrégation*, propriété de l'élément de s'incorporer les substances alimentaires convenables. C'est, au fond, la même propriété essentielle qui caractérise les rapports entre la substance organisée et vivante ou *protoplasma* d'une part, et le milieu extérieur d'autre part; la faculté la plus simple et la plus générale de la vie dans les animaux comme dans les plantes, l'irritabilité.

Les études expérimentales innombrables que l'on a tentées sur les propriétés des tissus vivants, et que nous ne pouvons retracer ici, conduisent à cette double conclusion :

1° Il y a dans tous les tissus vivants une faculté commune de réagir sous l'influence des excitants extérieurs : c'est l'*irritabilité*. Le tissu n'est déclaré vivant qu'à cette condition ;

2° Il existe en même temps dans tous les tissus vivants une réaction particulière et autonome, c'est la *propriété organique*, qui caractérise physiologiquement le tissu.

Maintenant, dans quelle partie constituante des tissus devons-nous localiser ces deux propriétés dont l'une est commune à tous, et dont l'autre est spéciale à chacun?

C'est dans le protoplasma seul que nous trouvons l'explication de toutes les propriétés du tissu. Le protoplasma possède en réalité, à l'état plus ou moins confus, toutes les propriétés vitales; il est l'agent de toutes les synthèses organiques, et par cela même de tous les phénomènes intimes de nutrition. Le protoplasma, en outre, se meut, se contracte sous l'influence des excitants et préside ainsi aux phénomènes de la vie de relation.

Par suite de l'évolution des organismes et par la différenciation successive de leurs tissus, chacune de ces propriétés primitives et confuses du protoplasma se différencie elle-même par une intensité relative devenue plus grande dans certains éléments organiques. Ainsi l'autonomie des tissus n'est au fond qu'une différenciation protoplasmique. Toutefois dans chaque tissu, quelle que soit la spécialité qu'il revêt, le protoplasma ne perd jamais la faculté de sentir les excitants qui doivent entrer en contact ou en conflit avec lui pour amener la manifestation d'une de ses propriétés spéciales. Dans certaines cellules, l'irritation extérieure produit des synthèses de matières ternaires, quaternaires, sous forme de sécrétion solide ou liquide ; c'est alors la propriété synthétique du protoplasma qui a été mise en jeu; ailleurs, l'irritation externe produira une multiplication de cellules et mettra en activité la propriété proliférante du protoplasma; ailleurs, enfin, l'irritation extérieure excitera la contraction musculaire et manifestera la propriété motrice ou contractile du protoplasma.

Telle est la conception que nous devons nous faire du protoplasma; il est l'origine de tout, il est la seule matière vivante du corps qui anime toutes les autres. C'est d'une partie du protoplasma de l'ancêtre que se développe le nouvel être, et c'est par la reproduction incessante du protoplasma que la vie se perpétue.

Nous ne ferons pas ici l'histoire de toutes les propriétés du protoplasma, ce serait embrasser la physiologie entière. Nous nous occuperons seulement, dans ce qui va suivre, de sa propriété dominante, la sensibilité ou l'irritabilité, sans laquelle les autres ne sont rien et restent incapables de manifestation. Nous dirigerons plus particulièrement notre étude sur l'action des excitants et des anesthésiants de l'irritabilité du protoplasma.

II. *Excitants et anesthésiants de l'irritabilité.* — Les conditions de la mise en jeu de l'irritabilité nous sont connues, nous les avons examinées en étudiant la vie latente; car, il faut bien le savoir, la vie latente ne peut cesser que parce que le protoplasma se réveille en quelque sorte, c'est-à-dire reprend ses propriétés d'irritabilité. Les excitants du protoplasma sont donc ceux de la vie elle-même : ce sont l'eau, la chaleur, l'oxygène, certaines substances dissoutes dans le milieu ambiant.

Sans doute les conditions extrinsèques qui doivent être réalisées pour permettre au protoplasma de chaque cellule de vivre et de fonctionner suivant sa nature sont très nombreuses, très variables et très délicates. Si l'on voulait les préciser dans tous leurs détails, comme la nature des excitants, leur dose, leurs variétés sont infinies, il faudrait pour les connaître faire l'histoire de chaque élément cellulaire en particulier.

Mais pour nous en tenir aux conditions générales, essentielles, nous dirons qu'elles sont les mêmes pour toute espèce de protoplasma, animal ou végétal : ce sont les quatre conditions que nous avons précédemment indiquées.

Par un singulier rapprochement, on pourrrait dire que ces quatre conditions indispensables à l'exercice de l'irritabilité, à la vie, sont précisément les quatre éléments que les anciens considéraient comme formant le monde : l'eau, l'air, le feu (chaleur), la terre (substances chimiques, nutritives ou salines), que l'être vivant rencontre dans le milieu ambiant.

Relativement aux conditions physico-chimiques de la vie, nous n'avons rien d'essentiel à ajouter à ce que nous avons déjà dit, d'une manière générale, à propos des conditions de la vie latente, de la vie oscillante et de la vie manifestée.

Nous nous arrêterons au contraire sur l'action des anesthésiants de l'irritabilité, sur lesquels nous avons fait des études particulières, chez les animaux et les végétaux.

Les anesthésiques, l'éther, le chloroforme, nous fournissent des moyens d'agir sur l'irritabilité, la faculté vitale par excellence, de la suspendre ou de la supprimer, de sorte que l'on peut considérer ces substances comme *les réactifs naturels de toute substance vivante, et par conséquent du protoplasma.*

Ces substances jouissent de la faculté de suspendre l'activité du protoplasma, de quelque nature qu'elle soit et de quelque manière qu'elle se manifeste. Tous les phénomènes qui sont véritablement sous la dépendance de l'*irritabilité vitale* sont suspendus ou supprimés définitivement; les autres phénomènes, de nature purement chimique, qui s'accomplissent dans l'être vivant sans le concours de l'irritabilité, sont au contraire respectés. De là un moyen, extrêmement précieux, de discerner dans les manifestations de l'être vivant ce qui est *vital* de ce qui ne l'est pas.

Ces vues ne sont pas purement théoriques : elles sont, au contraire, suggérées et démontrées par des expériences que nous avons instituées récemment et dont nous vous rendrons témoins successivement.

Tout le monde sait que les anesthésiques, l'éther, le chloroforme, ont la propriété d'éteindre momentanément la sensibilité, et par conséquent d'empêcher le malade qu'on opère d'avoir conscience et souvenir de la douleur, ce qui équivaut à sa suppression. Or nous avons trouvé que cette action des anesthésiques est générale, qu'elle ne s'adresse pas seulement à ce phénomène conscient qu'on appelle douleur ou sensibilité, mais qu'elle atteint *l'irritabilité du protoplasma* et s'étend à toute manifestation vitale, de quelque nature qu'elle soit. Il devait en être ainsi, puisque c'est au protoplasma que nous rattachons toutes les activités vitales.

L'action des anesthésiques se traduit par des effets plus ou moins rapides sur les différents organismes et sur leurs divers tissus. Le premier point sur lequel il faut insister, c'est que l'action éthérisante s'étend successivement à tous les tissus dans le même être. Quand on anesthésie un homme, par exemple au moyen du chloroforme ou de l'éther, la substance anesthésiante est respirée, absorbée dans le poumon, et circule avec le sang dans les tissus. C'est sur le protoplasma plus délicat des centres nerveux que l'anesthésique porte d'abord son action, et ce sont en effet les phénomènes de la conscience et de la perception sensorielle qui disparaissent les premiers, tandis que le protoplasma des nerfs, des muscles, des glandes et des autres éléments anatomiques n'est pas encore atteint. Cela nous explique pourquoi les fonctions vitales peuvent continuer à s'exercer et pourquoi l'anesthésie est alors sans péril pour la vie; car, si les protoplasmas de tous les éléments anatomiques dans tous les tissus étaient frappés à la fois d'anesthésie, toutes les fonctions cesseraient simultanément et la mort serait instantanée. L'anesthésie chirurgicale est donc une anesthésie essentiellement incomplète; elle n'atteint que les éléments nerveux les plus délicats, qui sont le siège des phénomènes de sensibilité consciente, et cela suffit pour le but que l'on se propose. Mais ici nous voulons démontrer que l'anesthésie est un phénomène général dans tous les tissus, et nous devons en donner la démonstration sur les animaux et sur les végétaux.

Phénomènes d'anesthésie du mouvement et de la sensibilité chez les animaux et chez les végétaux. — On peut étudier l'influence des anesthésiques sur les animaux et aussi chez les plantes. Beaucoup de végétaux présentent, en effet, des phénomènes de réactions motrices en rapport étroit avec les stimulations extérieures, comme les manifestations de la sensibilité animale. Les exemples de mouvement approprié à un but fourmillent chez les cryptogames.

On sait qu'il y a à la frontière des deux règnes tout un groupe d'êtres litigieux qu'on n'a pu annexer à aucun des deux. Les amibes végétaux, les *plasmodies* étudiées par de Bary présentent confondus les traits de l'animal et du végétal. Ce sont des masses protoplasmiques qui ne se constituent ni en cellules ni en tissu pendant toute leur période d'accroissement : elles cheminent en rampant sur les débris de plantes décomposées, sur les écorces, sur le tan. Elles émettent des prolongements, des sortes de bras, dans lesquels vient s'accumuler la matière protoplasmique granuleuse. L'apparence de structure, d'organisation, et le mode de reptation établissent les plus grandes analogies entre ces myxomycètes végétaux et les protistes animaux de Hæckel.

La faculté du mouvement se rencontre très nette et très évidente dans les appareils reproducteurs des algues, les zoospores. Ce sont de petites masses ovoïdes, terminées par une calotte ou rostre, muni de deux à quatre cils. Ces corpuscules se meuvent, se déplacent, se dirigent en nageant : ils semblent, dans bien des cas, éviter les obstacles, s'y prendre à plusieurs fois pour les contourner et arriver à un but déterminé. On trouverait là, non seulement le mouvement simple, mais le mouvement approprié à un but déterminé, les apparences, en un mot, du mouvement volontaire.

Les caractères du mouvement volontaire se retrouvent encore plus évidents chez les anthérozoïdes de certaines algues, les Œdogonium, par exemple. M. Pringsheim a vu, en 1854, ces anthérozoïdes, corpuscules reproducteurs mâles, en forme de coin, avec rostre garni de cils. L'anthérozoïde, une fois sorti de la cellule qui l'enfermait, nage dans le liquide environnant et se dirige vers la cellule femelle ; il vient buter contre la paroi de cette cellule, en quête de l'orifice que celle-ci présente. Après plusieurs tentatives infructueuses, il semble qu'un effort mieux dirigé lui permette de franchir l'étroit canal et de se précipiter dans la matière verte de l'oosphère, cellule où la fécondation s'accomplit.

Ces exemples de mouvement ne sont pas rares, parmi les plantes phanérogames. Le nombre des végétaux dont les organes foliaires sont susceptibles de mouvement est très considérable. De ces mouvements, les uns sont provoqués par des attouchements et des ébranlements; d'autres par l'action de la lumière et de la chaleur; d'autres, enfin, semblent se produire spontanément sous l'action de causes internes.

Nous citerons particulièrement les mouvements des étamines de l'épine-vinette (*Berberis*), des rossolis ou drosera, de la gobe-mouche (*Dionæa muscipula*), du sainfoin oscillant (*Hedysarum gyrans*).

La condition préalable de ces manifestations de mouvement, c'est la faculté de réagir aux excitants extérieurs qui les provoquent; cette faculté n'est pas l'attribut exclusif des animaux. Beaucoup de plantes en sont douées à un degré plus ou moins éminent.

Les légumineuses appartenant aux genres *Smithia*, *Æschynomene*, *Desmanthus*, *Robinia*, notre faux acacia; l'*Oxalis sensitiva* de l'Inde, présentent cette remarquable faculté de réagir aux excitations qu'on porte sur elles. Mais l'espèce la plus célèbre sous ce rapport, et la mieux étudiée, c'est la sensitive, *Mimosa pudica*.

Les feuilles de la sensitive sont disposées comme les feuilles composées pennées, sur quatre pétioles secondaires supportés eux-mêmes par un pétiole commun (voy. fig. 19, 20). Lorsque la plante a été soumise à un excitant quelconque, le pétiole commun s'abaisse, les pétioles secondaires se rapprochent et les folioles s'appliquent l'une contre l'autre par leur face supérieure. L'irritation s'étend plus ou moins loin suivant qu'elle est plus ou moins vive. Elle peut être produite par la plupart des agents que l'on connaît pour être des excitants de la sensibilité animale : ainsi les secousses, les chocs, les brûlures, l'action des substances caustiques, les décharges électriques. Il semble que quelques-uns de ces excitants s'affaiblissent par l'usage ou par la fatigue. Il y a comme une sorte d'habitude qui fait que la plante répond aux stimulations avec d'autant moins d'intensité qu'elles ont été plus répétées. Le naturaliste Desfontaines a observé le fait en transportant une sensitive. Les premiers cahots de la voiture amenèrent le rapprochement des folioles et l'abaissement des pétioles. Mais bientôt les feuilles se relevaient et s'épanouissaient de nouveau. Un arrêt et un départ nouveau déterminaient la répétition des mêmes phénomènes avec une intensité toujours décroissante.

Nous avons parlé plus haut de la pratique très connue aujourd'hui en chirurgie sous le nom d'*anesthésie*. Les agents que l'on emploie pour insensibiliser l'homme et les animaux sont l'éther et le chloroforme. Eh bien ! chose singulière, les plantes comme les animaux peuvent être anesthésiées, et tous les phénomènes s'observent absolument de la même manière. On a placé ici, séparément sous différentes cloches de verre, un oiseau, une souris, une grenouille et une sensitive. On introduit au-dessous de chacune de ces cloches une éponge imbibée d'éther. L'influence anesthésique ne tarde pas à se faire sentir : elle suit la gradation des êtres. C'est l'oiseau plus élevé en organisation qui est le premier atteint ; il chancelle et il tombe insensible au bout de quatre à cinq minutes. C'est ensuite le tour de la souris; après dix minutes on l'excite, on pince la patte ou la queue : pas de mouvement. Elle est complètement insensible et ne réagit plus. La grenouille est paralysée plus tard ; et vous la voyez retirée de dessous la cloche devenue flasque et indifférente aux excitants extérieurs. Enfin la sensitive reste la dernière. Ce n'est qu'au bout de vingt à vingt-cinq minutes que l'insensibilité commence à se manifester. Nous avons placé sous la cloche C (fig. 19) une sensitive bien

Fig. 19.

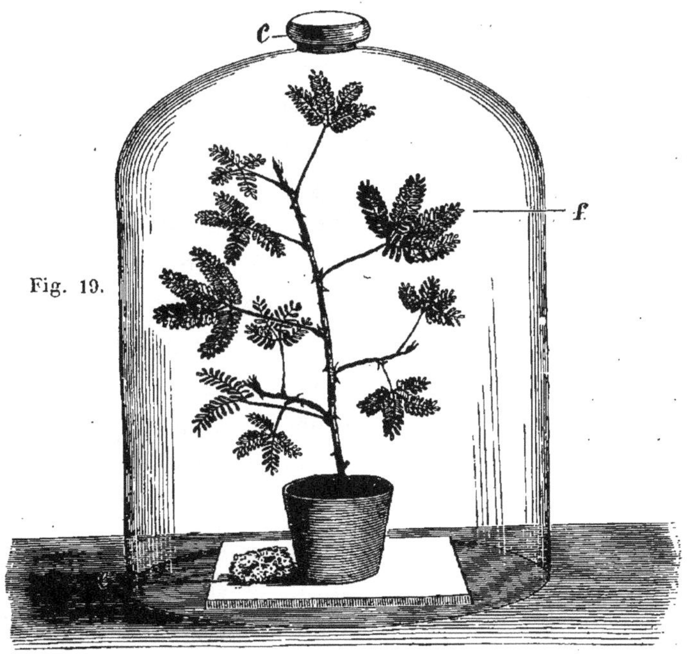

Fig. 19. — Sensitive (*Mimosa pudica*) placée dans une atmosphère éthérée. — *e*, éponge imbibée d'éther. — Les feuilles de la plante sont étalées, sont devenues insensibles, et ne se ferment plus quand on vient à les toucher.

vivace. A côté du pot a été introduite une éponge humide *e*, imprégnée d'éther. Bientôt la vapeur éthérée remplit la cloche et agit sur la plante. L'action anesthésiante est plus rapide dans les temps chauds que dans les temps froids et suit les diverses circonstances qui augmentent ou diminuent l'irritabilité de la sensitive. Il faudra donc graduer la quantité de l'anesthésique d'après ces diverses circonstances. Ici nous agissons à l'ombre, à la lumière diffuse; si nous opérions au soleil, l'effet serait beaucoup plus prompt, mais aussi beaucoup plus dangereux; souvent dans ce cas on tue la plante et elle ne récupère plus sa sensibilité. Cette influence singulière et spéciale de la lumière solaire que nous constatons ici à propos de l'action de l'éther ou du chloroforme sur la sensitive, nous la retrouverons ultérieurement dans bien d'autres phénomènes de la vie végétale.

Maintenant, après une demi-heure environ, la sensitive est anesthésiée, et nous voyons que l'attouchement des folioles ne détermine plus leur abaissement, tandis que la même excitation produit une contraction immédiate des folioles *f* sur une sensitive normale (*voy.* fig. 20). Nous observons encore ce fait que l'anesthésie atteint en premier lieu les bourrelets des folioles et ensuite les bourrelets P placés à la base du pétiole commun de la feuille composée.

Quelque temps s'est écoulé, et vous voyez que le moineau, le rat blanc et la grenouille anesthésiés ont maintenant retrouvé leur sensibilité et leur mouvement; bientôt il en sera de même pour notre sensitive; elle cessera d'être sous l'influence de l'éther et reprendra sa sensibilité comme auparavant.

Le résultat de l'anesthésie est donc le même chez les animaux et les végétaux. Ce que nous voyons ici pour la sensitive est vrai en effet pour tous les autres mouvements que nous avons signalés dans les plantes, mouvement des étamines de l'épine-vinette, etc. Il reste à savoir si le mécanisme par lequel ce phénomène est réalisé est identique. C'est là une question très importante à résoudre. Si l'analogie des effets se poursuit jusque dans le mode d'action, on conçoit quelle relation intime sera ainsi manifestée entre l'organisation animale et l'organisation végétale.

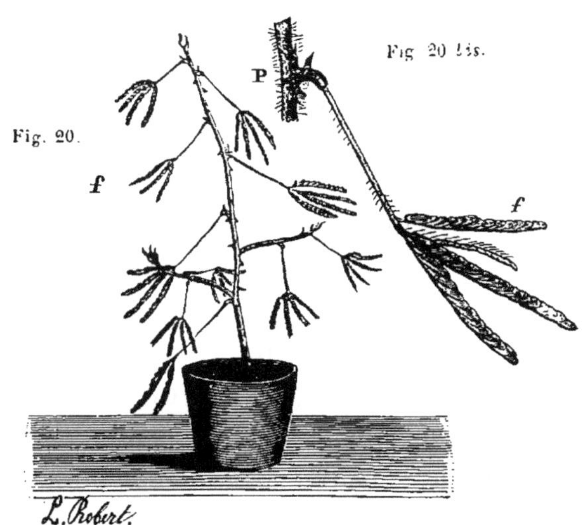

Fig. 20. — Sensitive à l'état de contraction. Ses feuilles se sont rétractées et abaissées sous l'influence d'une excitation mécanique portée sur la plante.

Fig. 20 *bis*. — Feuille de sensitive isolée, pour montrer le renflement qui est à la base du pétiole et dans lequel siège le tissu contractile végétal.

D'abord rappelons comment agit l'éther ou le chloroforme sur l'animal.

Dans l'anesthésie de l'homme et des animaux telle qu'on la pratique ordinairement, l'agent anesthésique arrive avec l'air de la respiration au contact du poumon ou de la peau; il est absorbé, pénètre dans le sang et vient baigner tous les organes, tous les tissus et les éléments anatomiques. On explique ordinairement l'action de la substance anesthésique en disant que de tous les éléments organiques avec lesquels il est mis en contact, un seul d'entre eux, spécial à l'animal, est atteint : l'élément sensitif, l'élément cérébral du système nerveux central. D'où il résulte que la sensibilité est détruite dans son foyer perceptif et par suite la douleur abolie.

Si cette interprétation était vraie, les expériences que nous venons de faire devant vous resteraient incompréhensibles et il n'y aurait pas d'analogie possible à établir entre l'animal et le végétal. Car dans le végétal on ne retrouve pas de système nerveux, pas d'organe central d'innervation, pas de cerveau. Il est bien vrai que quelques auteurs, Dutrochet lui-même, ont cru trouver dans la sensibilité des végétaux la preuve qu'ils auraient quelque organe analogue aux nerfs, et il en est même (Leclerc de Tours) qui ont poussé l'esprit de système et l'invraisemblance jusqu'à admettre, dans la sensitive, l'existence d'un appareil nerveux, d'un cerveau et d'un cervelet.

Quelques auteurs, des botanistes distingués, M. Unger, M. Sachs, de Würtzbourg, considèrent les mouvements en question comme résultant de la rupture de l'équilibre entre deux forces antagonistes, à savoir, l'attraction endosmotique du contenu des cellules pour l'humidité extérieure, et l'élasticité des membranes cellulaires. Mais quel que soit le mécanisme intime de ces phénomènes, nous ne pouvons attribuer leur suppression qu'à la disparition de l'irritabilité des cellules contractiles de la plante.

En effet, l'agent anesthésique n'agit pas exclusivement sur le système nerveux, il porte en réalité son action sur tous les tissus animaux : il atteint chaque élément, à son heure, suivant sa susceptibilité. De même qu'il frappe plus rapidement l'oiseau et plus lentement la souris, la grenouille et le végétal, suivant ainsi la gradation des êtres, de même dans un organisme animal il suit pour ainsi dire la gradation des tissus. L'effet se montre sur les autres systèmes après qu'il s'est déjà manifesté sur le système nerveux, le plus délicat de tous. C'est là ce qui explique comment l'influence anesthésique sur cet élément est la première en date.

Ainsi tous les tissus répondent de la même manière à l'action de l'agent anesthésique : il y a dans tous une même propriété essentielle dont le jeu est suspendu ; cette propriété, c'est l'*irritabilité du protoplasma.*

En résumé, l'agent anesthésique atteint l'activité commune à tous les éléments ; il atteint, suspend ou détruit l'irritabilité générale de leur protoplasma. Il fait disparaître l'irritabilité pour un temps si le contact dure peu, définitivement s'il est prolongé. Et ceci, nous l'avons vu se produire partout où l'irritabilité existe, dans les plantes comme dans les animaux.

Nous avons dit que, dans nos expériences, l'agent anesthésique n'agit pas sur la sensibilité comme fonction, mais sur l'irritabilité du protoplasma, comme propriété de la fibre ou de la cellule nerveuse sensitive ;

dès lors la manifestation de la sensibilité et l'expression de la douleur se trouvent supprimées ainsi que les conséquences fonctionnelles qui en résultent. Et ce que nous disons ici est vrai non seulement pour l'irritabilité de l'élément nerveux sensitif, mais pour l'irritabilité de l'élément moteur et de tous les éléments vivants du corps.

La preuve expérimentale est facile à faire.

Prenons pour exemple le tissu musculaire du cœur. Voici le cœur d'une grenouille détaché du corps de l'animal et qui continue de battre en raison même de son irritabilité qui persiste. Nous le plaçons dans une atmosphère éthérisée. Bientôt les battements s'arrêtent pour reprendre de nouveau lorsque nous faisons cesser l'influence de l'éther.

Prenons encore un autre tissu, l'épithélium vibratile qui se meut d'une manière incessante en vertu de son irritabilité. L'épithélium vibratile se présente facile à observer dans l'œsophage de la grenouille dont il constitue le revêtement interne. Les cils qui surmontent les cellules épithéliales sont animés d'un mouvement constant qui persiste longtemps après que l'irritabilité des autres tissus animaux est déjà complètement éteinte. En étalant, comme vous le voyez ici, la membrane de l'œsophage de la grenouille sur une plaque de liège, et en y déposant de petits grains de noir animal, on les voit transportés par l'action des cils de la bouche à l'estomac. On peut suivre le mouvement à l'œil nu et on les voit aller même contre le sens de la pesanteur. Cette action des cils vibratiles de la membrane œsophagienne est suffisamment puissante pour charrier des corps assez lourds, tels que des grains de plomb, etc. D'ailleurs ces mouvements vibratiles sont connus et ont été bien étudiés.

On peut les amplifier au moyen d'un appareil très simple qui les rend appréciables à distance. Vous voyez l'un de ces appareils. Une lame de verre repose sur la membrane et se déplace, entraînant un levier très long et très léger formé d'un fétu de paille et pouvant tourner autour d'un de ses points. — Le déplacement de ce levier nous rend donc sensibles les mouvements des cils vibratiles.

Ce que nous voulons démontrer ici, c'est que la vapeur d'éther ou de chloroforme fait cesser l'agitation et tomber les cils au repos : on constate alors que le transport des petits corps à la surface de la membrane œsophagienne s'arrête pour reprendre quand on a fait disparaître l'éthérisation.

Comment l'irritabilité des tissus ou des éléments de tissus se trouve-t-elle atteinte par l'éther ? Par suite, évidemment, de quelque changement chimique ou moléculaire que le poison anesthésique aura déterminé dans la substance même de l'élément. D'après des expériences que j'ai faites autrefois, je pense que cette modification consiste en une sorte de coagulation. L'éther coagule le protoplasma de l'élément nerveux : il coagule le contenu de la fibre musculaire et produit une rigidité musculaire analogue à la rigidité cadavérique. Dans l'état physiologique, les tissus et les éléments de tissus ne peuvent manifester leur activité que dans des conditions d'humidité et de semi-fluidité spéciales de leur matière. Ainsi, pendant la vie, la substance musculaire est semi-fluide ; si cet état physique cesse d'exister, et s'il y a coagulation, la fonction se suspend : comme, par exemple, si de l'eau vient à se congeler, ses propriétés mécaniques cessent jusqu'à ce que l'état fluide soit revenu. Enfin nous ajouterons que ces modifications, dans l'état physico-chimique de la matière organisée, bien que passagères, finissent par amener la mort de l'élément, lorsqu'on les reproduit successivement un certain nombre de fois, parce qu'alors sans doute l'élément n'a pas le temps de se reconstituer suffisamment dans les intervalles de repos.

L'expérience directe nous a montré cette coagulation de l'élément musculaire déterminée par l'action de l'éther (1). Si l'on place un muscle dans des vapeurs d'éther, ou si l'on injecte dans le tissu musculaire de l'eau légèrement éthérée, on amène après un certain temps la rigidité définitive du muscle; le contenu de la fibre est coagulé. Mais, avant cet état extrême, il arrive un moment où le muscle a perdu son excitabilité, il est anesthésié. Si alors on examine la fibre musculaire au microscope, on voit que son contenu n'est plus transparent, qu'il est opaque et dans un état de semi-coagulation. On observe très bien ces phénomènes sur la grenouille en injectant de l'eau éthérée dans l'épaisseur de son muscle gastrocnémien; nous obtenons ainsi une anesthésie locale, une cessation d'irritabilité

(1) Cl. Bernard, *Leçons sur les anesthésiques et sur l'asphyxie*. Paris, 1875, p. 154.

du muscle qui ne se contracte plus. En abandonnant l'animal au repos, nous verrons peu à peu le muscle revenir à son état normal : la coagulation de son contenu, la rigidité, disparaîtront de l'élément anatomique baigné sans cesse et lavé par le courant sanguin.

Il est permis de supposer que quelque chose de semblable se passe pour le nerf.

L'expérience établit que l'éther, le chloroforme, sont bien les réactifs naturels de toute substance vivante ; leur action décèle dans la sensibilité une propriété commune à tous les êtres vivants, animaux ou végétaux, simples ou complexes. Bien loin par conséquent que la sensibilité et la motilité soient, ainsi que l'avait voulu Linné, un caractère distinctif entre les deux règnes, les anesthésiques établissent au contraire leur rapprochement et leur assimilation sur une base solide physiologique, comme l'analogie de structure établissait déjà l'unité vitale sur le terrain anatomique.

Mais ce n'est pas seulement sur l'irritabilité du protoplasma des éléments organiques, sensitif et moteur, que les agents anesthésiques portent leur action ; ils atteignent aussi le protoplasma des éléments organiques qui agissent dans les synthèses chimiques, dans les phénomènes de germination, de fermentation, dans les phénomènes de nutrition en un mot.

Phénomènes d'anesthésie du protoplasma dans les phénomènes de germination, de développement de nutrition et de fermentation chez les animaux et les végétaux.

Anesthésie de la germination. — Nous avons constaté

il y a déjà quelques années que l'éther ou le chloroforme suspendent la germination des graines.

L'irritabilité germinative, comme on pourrait dire, est ici atteinte.

Voici comment nous disposons les expériences : nous prenons des graines de *cresson alénois*, qui germent très vite, et nous les plaçons dans les conditions nécessaires et suffisantes pour leur germination : air, humidité, chaleur convenable, mais en même temps dans une atmosphère anesthésiante. Nous opérons toujours comparativement sur les mêmes graines placées dans des circonstances identiques, moins la présence de l'agent anesthésique.

Dans un premier dispositif expérimental (*voy.* fig. 21), nous faisons passer comparativement un courant d'air ordinaire et un courant d'air contenant des vapeurs anesthésiques sur des éponges humides *ee'* dans deux éprouvettes et portant renfermées à leur surface des graines de cresson alénois.

Une trompe P placée sur un robinet d'eau R, reliée aux éprouvettes par le tube de caoutchouc *bb'*, est destinée à faire l'aspiration dans les éprouvettes et à y faire passer l'air. Mais dans un cas l'éprouvette aspire directement l'air extérieur par le tube *a'* placé à sa partie inférieure ; dans l'autre cas, l'air qui entre par le tube *a* doit traverser préalablement une première éprouvette *t*, au fond de laquelle se trouve une couche d'éther S. L'air se charge ainsi de la vapeur éthérée qui sature l'atmosphère intérieure de l'éprouvette, et par le tube de caoutchouc V est porté dans l'éprouvette et sur l'éponge *e'*. Dans l'éprouvette qui reçoit l'air ordinaire, les graines germent très bien sur l'éponge *e*, tandis que dans l'éprouvette qui reçoit l'air éthéré, la

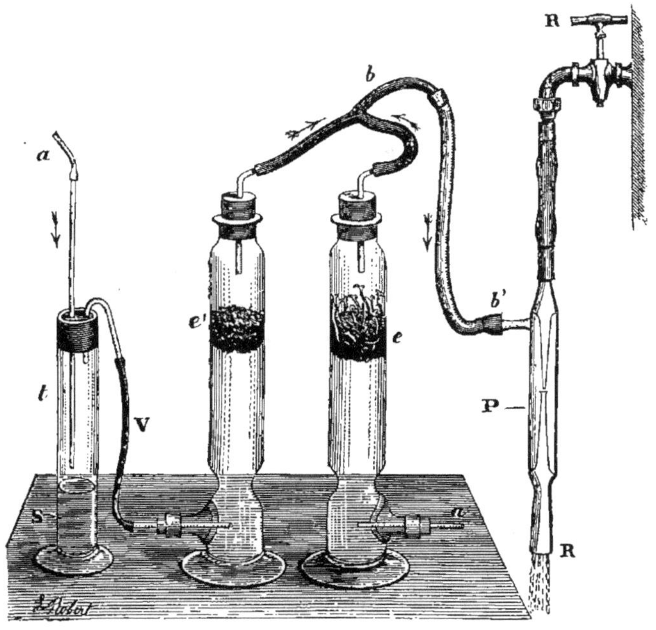

Fig. 21.

a a', tubes laissant entrer l'air extérieur dans les éprouvettes.
b b', tube de caoutchouc bifurqué, emportant l'air des éprouvettes et s'adaptant à la trompe à eau par son extrémité *b'*.
e e', éponges humides sur lesquelles sont placées les graines de cresson alénois ; elles ont germé et poussé sur l'éponge *e*.
t, éprouvette contenant de l'éther S à sa partie inférieure.
S, éther.
V, tube de caoutchouc portant l'air éthéré dans l'éprouvette à l'éponge *e'*.
R R, courant d'eau traversant la trompe et produisant l'aspiration dans l'appareil.

germination est suspendue dans les graines qui reposent sur l'éponge *e'*. La germination a pu être ainsi arrêtée pendant cinq à six jours pour le cresson alénois, qui germe du jour au lendemain ; mais dès qu'on a enlevé l'éprouvette d'éther *t* et qu'on a substitué l'air ordinaire à l'air éthéré, la germination a pu se montrer et marcher avec activité.

J'ai répété cette expérience sur un certain nombre de graines ; sur le chou, la rave, le lin, l'orge, et toujours avec les mêmes résultats. Seulement la lenteur de la germination est souvent un inconvénient. C'est pourquoi je choisis pour les expériences de cours les graines de cresson alénois, qui sont de toutes les plus convenables à cause de leur rapide germination.

On peut faire ces expériences d'anesthésie germinative à l'aide de moyens encore plus simples (*voy.* fig. 22). Il suffit d'humecter, par exemple, les éponges

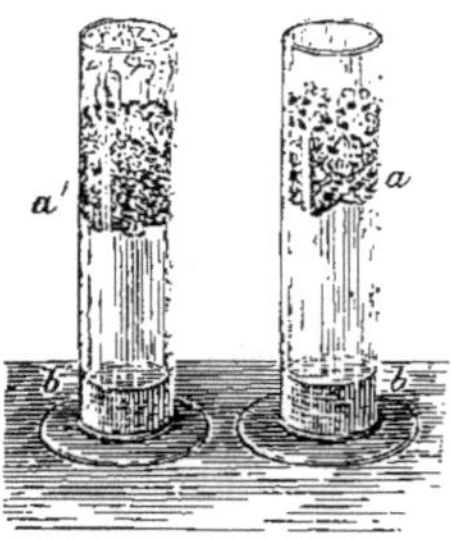

FIG. 22. — Deux éprouvettes à pied dans lesquelles on a disposé l'expérience pour l'anesthésie germinative.

a, éponge humide à la surface de laquelle sont des graines de cresson. — *b*, eau chloroformée au fond de l'éprouvette : les graines n'ont pas germé. — *a'*, éponge humide à la surface de laquelle sont des graines de cresson. — *b'*, couche d'eau ordinaire au fond de l'éprouvette : les graines ont germé.

aa', sur lesquelles sont placées les graines, l'une *a*, avec de l'eau éthérée ou chloroformée, et l'autre *a'* avec de l'eau ordinaire ; on verse au fond de chaque éprouvette une couche égale de liquide éthéré en *b* et non éthéré en *b'*. Toutefois ce dispositif échoue parfois, soit parce que, en raison de la température ambiante, l'évaporation n'étant pas assez active, l'éponge reste trop chargée d'agent anesthésique et tue la graine, soit parce qu'au contraire l'évaporation étant trop active, l'agent anesthésique disparaît et la germination n'est pas empêchée, mais seulement retardée.

J'ai voulu régulariser l'expérience et la rendre très exacte et aussi simple que possible à répéter. Voici comment il convient de procéder : on prend une éprouvette à pied ordinaire de 130 centimètres cubes de capacité environ ; on introduit dans cette éprouvette une petite éponge humide garnie de graines de cresson alénois et suspendue dans l'atmosphère de l'éprouvette à l'aide d'un fil. On place au fond de l'éprouvette environ 20 centimètres d'eau distillée et on bouche l'éprouvette. Dès le lendemain, à la température chaude de l'été, les graines de cresson sont en pleine germination. Maintenant si, dans une autre éprouvette exactement disposée comme la première, on ajoute 10 centimètres d'eau éthérée aux 20 centimètres d'eau pure, et qu'on bouche l'éprouvette comme précédemment, la germination n'a plus lieu et reste suspendue pendant quatre, cinq, six, sept jours ; si l'on débouche alors l'éprouvette, et qu'on enlève l'eau éthérée, la germination reparaît dès le lendemain dans les graines où elle avait été arrêtée par l'anesthésie.

Nous ajouterons seulement un détail relatif à la préparation de l'eau éthérée ou chloroformée. Pour préparer l'eau chloroformée ou éthérée, on prend deux flacons, on verse dans l'un du chloroforme, dans l'autre de l'éther, on ajoute de l'eau distillée, on agite, après avoir bouché les flacons. L'excès d'éther monte à la surface de l'eau, l'excès de chloroforme tombe au fond du flacon ; mais dans les deux cas l'eau est saturée de l'agent anesthésique. C'est l'eau dont on se sert pour faire les expériences.

Nous avons dit que les anesthésiques distinguent les phénomènes vitaux d'*organisation* des phénomènes purement chimiques de *destruction*. L'éthérisation de la germination va nous en fournir un exemple frappant. Dans la germination en effet deux ordres de phénomènes ont lieu : 1° les phénomènes de création organique proprement dits, en vertu desquels la graine germe, pousse et développe sa radicelle, sa tigelle, etc. ; 2° les phénomènes chimiques concomitants, qui sont par exemple la transformation de l'amidon en sucre sous l'influence de la diastase, l'absorption de l'oxygène avec exhalation d'acide carbonique. Or, chez la graine dont les phénomènes vitaux de la germination sont suspendus par l'anesthésie, on observe comme à l'ordinaire les phénomènes chimiques de la germination ; on constate que l'amidon se change en sucre sous l'influence de la diastase, que l'atmosphère qui entoure la graine se charge d'acide carbonique, etc.

On démontre ainsi que la graine anesthésiée dont la végétation est arrêtée respire comme la graine normale en germination. Pour cela il suffit de mettre au fond des éprouvettes bouchées de l'eau de baryte ; il se précipite dans l'un et l'autre cas une quantité sensiblement égale de carbonate de baryte.

Nous considérons la respiration des êtres vivants comme identique dans les deux règnes, et comme un

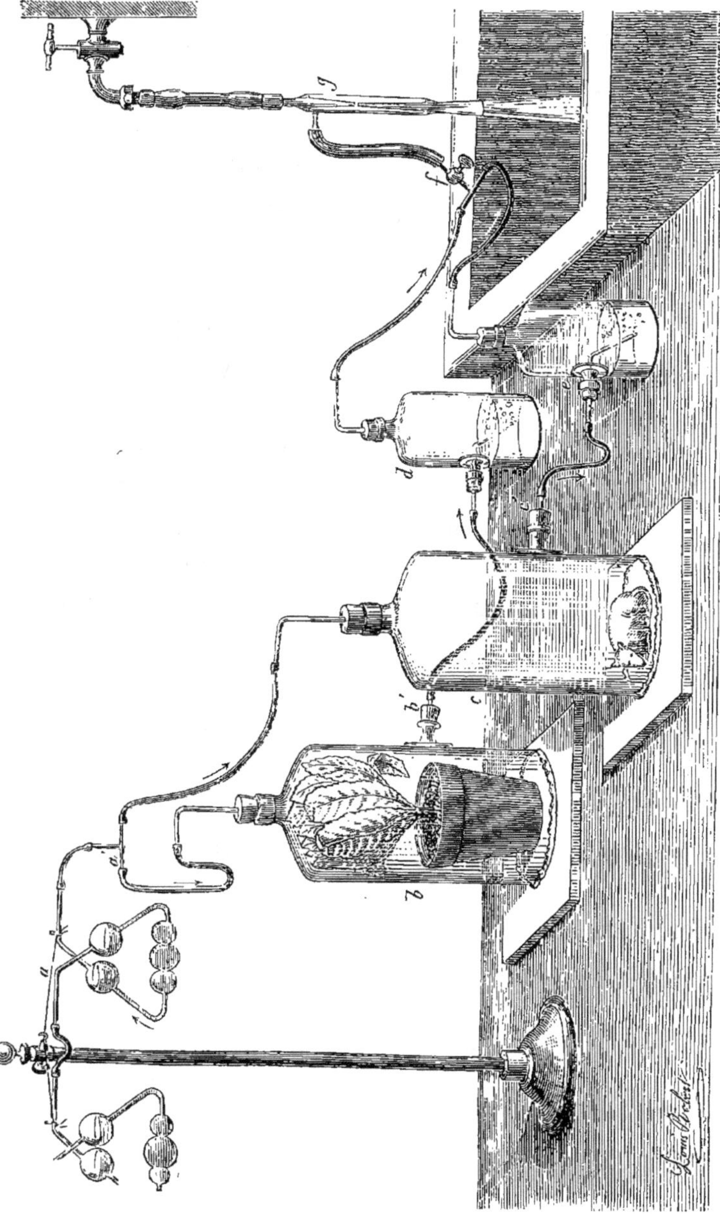

Fig. 23. — Respiration des plantes et des animaux.

phénomène de destruction caractérisé par l'absorption de l'oxygène et l'exhalation de l'acide carbonique chez les végétaux aussi bien que chez les animaux. Cela est vrai non seulement pour la graine qui germe, mais aussi pour la plante adulte. Seulement chez celle-ci la fonction respiratoire est masquée plus ou moins par la fonction chlorophyllienne.

Nous démontrons depuis bien longtemps dans nos cours cette identité de la respiration chez les animaux et chez les végétaux à l'aide de l'appareil ci-dessus (*voy.* fig. 23).

Dans le laboratoire, à la lumière diffuse, sous une cloche *b* est placé un jeune chou; sous une autre cloche *c* est placé un rat blanc. Le chou et le rat respirent de même, comme on va le voir. On fait passer un courant d'air dans les deux cloches à l'aide d'une trompe qui aspire l'air en *g*. Un robinet *f* permet de modérer ou d'accélérer le courant gazeux. L'air qui entre dans l'appareil en *a* est dépouillé des moindres traces d'acide carbonique, par son passage à travers deux tubes de Liebig remplis d'eau de baryte; le second tube servant de témoin, son contenu doit rester parfaitement limpide. Le courant d'air en *a'* se divise en deux parties : l'une qui traverse la cloche du chou *b*, et ressort en *b'*, pour aller se rendre dans le flacon *d* et traverser l'eau de baryte qui se trouble très manifestement par la formation du carbonate de baryte; l'autre partie du courant d'air se rend dans la cloche du rat *c*, et ressort en *c'*, pour se rendre dans un semblable flacon d'eau de baryte, où l'on voit se former également un trouble et un dépôt de carbonate de baryte.

On s'est assuré que la terre du pot où est planté ce chou ne peut apporter aucune cause d'erreur dans l'expérience.

Le végétal respire donc comme l'animal, et la prétendue opposition entre la respiration des animaux et des végétaux n'existe réellement pas.

Anesthésie des œufs. — J'ai essayé à diverses reprises d'anesthésier des œufs de poule, des œufs de mouche, des œufs de ver à soie, en agissant dans des conditions convenables et en faisant usage de l'appareil à courant d'air décrit précédemment (*voy.* fig. 11 et 23). Je n'y ai jamais réussi. Les œufs se sont très bien développés dans l'éprouvette qui recevait l'air ordinaire, mais dans l'autre ils ont été tués, c'est-à-dire que le développement arrêté n'a pas repris quand on a substitué un courant d'air ordinaire au courant d'air éthéré ou chloroformé.

Je n'oserais dire qu'il est impossible de réussir en se plaçant dans de meilleures conditions. Je signale seulement ces essais pour montrer que la vie de la graine et la vie de l'œuf ne sont pas comparables, ainsi que je l'ai déjà dit ailleurs à propos de la vie latente. Toutefois, je le répète, on pourrait peut-être réussir en étudiant mieux les circonstances dans lesquelles il faut se placer. M. Henneguy a fait, sous la direction de M. Balbiani, et publié des observations intéressantes sur l'action des substances anesthésiques et autres sur les œufs et les spermatozoïdes des poissons.

Anesthésie des ferments figurés. — Mes expériences ont spécialement porté sur la levure de bière. Je les ai poursuivies assez loin. Seulement je me bornerai aujourd'hui à une simple indication, me réservant de revenir avec détail sur ce sujet important.

On prend un des petits tubes dont nous nous servons habituellement pour l'étude des fermentations, on y introduit de l'eau chloroformée et éthérée sucrée ; on y ajoute de la levure de bière. Dans un autre tube semblable, on ajoute de la levure de bière à de l'eau sucrée ordinaire. On laisse les deux tubes à une température basse pendant vingt-quatre heures, afin que l'agent anesthésique ait le temps d'agir sur les cellules de levure. On place les deux tubes dans un bain-marie à 35 degrés, et bientôt on voit la formation de gaz se développer avec activité dans le tube contenant de l'eau sucrée ordinaire tandis qu'elle n'a pas lieu dans l'autre tube. Mais si alors on jette le contenu de ce tube sur un filtre de manière à laver la levure de bière par un courant d'eau pendant un temps suffisant, et qu'on replace cette levure dans de l'eau sucrée ordinaire, on voit la fermentation reprendre au bout d'un certain temps. M. Müntz avait déjà signalé l'influence du chloroforme pur pour arrêter la fermentation de la levure de bière. M. Bert avait observé une influence semblable de l'air comprimé ; dans ces cas, il n'y avait pas anesthésie mais destruction de la levure, tandis que dans nos expériences il s'agit d'une véritable anesthésie, puisque la levure reprend ses propriétés de ferment que l'éther avait momentanément fait disparaître.

En étudiant au microscope les cellules de levure de bière anesthésiées, on reconnaît des modifications apportées dans le contenu protoplasmique de ces cellules, qui nous expliquent les effets observés.

De la non-anesthésie des ferments solubles. — Un fait intéressant est l'impossibilité de suspendre par les anesthésiques l'activité des ferments solubles.

Nous nous bornerons ici à une simple indication, ne voulant pas anticiper sur les études que nous poursuivons encore en ce moment en vue de notre cours prochain *sur les fermentations*.

Si l'on dissout les ferments diastasiques animaux ou végétaux dans de l'eau chloroformée ou éthérée, on constate que leur activité n'est en rien altérée ou diminuée ; au contraire, elle paraît jusqu'à un certain point plus énergique. Il en est de même du ferment inversif animal ou végétal. Ceci nous explique pourquoi, quand on met de la levure de bière dans de l'eau éthérée sucrée avec de la saccharose, les résultats de la fermentation alcoolique ne se montrent pas, tandis que ceux de la fermentation inversive de la saccharose en glycose s'opèrent parfaitement.

On pourrait donc, d'après cela, distinguer les fermentations en deux espèces : fermentations à ferments protoplasmiques ou vivants, qui sont arrêtés par les anesthésiques ; fermentations non-protoplasmiques ou produites par des agents qui ne sont pas doués de vie et qui ne peuvent être anesthésiés.

C'est ainsi que le chloroforme et l'éther deviendraient, comme je l'ai dit ailleurs, de véritables réactifs de la vie.

Anesthésie de la fonction chlorophyllienne des plantes. — J'ai étudié l'action des anesthésiques sur des plantes aquatiques des Potamogeton et des Spirogyra. Voici comment je dispose l'expérience.

Sous une cloche tubulée à sa partie supérieure et remplie d'eau, contenant de l'acide carbonique, je place des plantes aquatiques du genre de celles qui sont indiquées; puis, toute la cloche étant immergée dans un grand bocal, je coiffe la tubulure de la cloche avec une éprouvette également remplie d'eau et destinée à recevoir les gaz qui seront dégagés par les plantes. Je place au soleil deux cloches ainsi disposées; seulement dans l'une d'elles j'ai placé, avec les plantes, une éponge humide imbibée d'un peu de chloroforme. Dans la première cloche, sans chloroforme, il se dégage de l'oxygène presque pur et en assez grande quantité; dans la seconde cloche, avec chloroforme, il ne se dégage que très peu de gaz qui est de l'acide carbonique. Si, après une durée de l'épreuve suffisante pour démontrer que la chlorophylle de la plante est devenue inapte à dégager de l'oxygène, je viens à reprendre la même plante, à la bien laver à grande eau et à la replacer au soleil sous une cloche sans chloroforme, je vois reparaître sa faculté d'exhaler de l'oxygène au soleil, qui avait été momentanément suspendue.

Nous devons relever un fait intéressant parmi ceux que nous venons de signaler, à savoir que la plante aquatique anesthésiée a dégagé de l'acide carbonique.

Ce fait est d'accord avec ce que nous avons vu précédemment : que les phénomènes chimiques de synthèse vitale sont seuls abolis par les anesthésiques, tandis que les phénomènes chimiques de destruction ne le sont pas. En effet, la formation de l'acide carbonique par l'acte respiratoire n'est pas un phénomène vital, puisque, ainsi que l'a montré Spallanzani, les muscles séparés du corps, inertes, dépourvus de vie, forment encore de l'acide carbonique. Une tranche de jambon cuit mise sous une cloche respire et produit de l'acide carbonique.

On pourrait donc, à l'aide de l'anesthésie, séparer la fonction chlorophyllienne des végétaux, qui est protoplasmique ou vitale, de la respiration, qui, comme celle des animaux, est de nature purement chimique.

Anesthésie des anguillules du blé niellé. — J'ai fait peu d'expériences sur l'anesthésie des animaux inférieurs.

L'éther ou le chloroforme tuent très rapidement les infusoires; je n'ai pu réussir à en graduer l'action. Il n'en est pas de même des anguillules du blé niellé, qui se prêtent très bien à ce genre d'expériences.

Nous avons vu, à propos de la vie latente, que les anguillules du blé niellé desséchées ont la propriété de revivre quand on les immerge dans de l'eau ordinaire. Elles ne manifestent pas cette propriété si on les immerge dans de l'eau chloroformée ou éthérée ; seulement il faut, en général, affaiblir l'eau éthérée ou chloroformée en y ajoutant moitié ou plus d'eau ordinaire, sans quoi l'anguille serait tuée définitivement. Dans l'eau anesthésique suffisamment diluée l'anguille reste immobile, ne revient pas à la vie; elle se réveille dès qu'on l'en a retirée pour la placer dans de l'eau ordinaire.

En examinant au microscope les anguillules plongées dans l'immobilité anesthésique, on constate quelques modifications dans l'aspect de leur corps. Il paraît plus grenu, comme s'il y avait une légère coagulation de la substance.

Les faits que nous avons cités précédemment et que nous aurions pu encore multiplier démontrent que les agents anesthésiques suspendent l'*irritabilité* de toutes les parties vivantes en agissant d'une manière physique sur leur protoplasma considéré comme le siège de l'irritabilité. Nous concevons dès lors facilement comment la fonction vitale est suspendue lorsque l'*irritabilité* qui est son *primum movens* se trouve engourdie.

Si maintenant nous voulions résumer dans une conclusion générale toutes nos expériences faites sur l'homme, sur les animaux supérieurs, sur les animaux inférieurs, sur les végétaux, les graines, les œufs, etc., nous arriverions à dire que les anesthésiants agissent à la fois sur l'*irritabilité* et sur la *sensibilité*. Qu'est-ce que cela signifie? L'irritabilité et la sensibilité sont-elles donc identiques, ou, si elles sont différentes, comment comprendre cette action commune exercée par les mêmes agents? Ce sont là des questions importantes que nous devons maintenant examiner.

III. *De l'irritabilité et de la sensibilité.* — Le protoplasma jouit de la faculté remarquable de se déplacer, de changer de forme sous l'influence des excitants : il est contractile. Cette faculté de mouvement est visible daus toutes les masses protoplasmiques nues, dans les éléments embryonnaires du tissu conjonctif, les globules blancs du sang chez les animaux supérieurs ; les amibes, les myxomycètes, parmi les êtres inférieurs.

La *motilité* et l'*irritabilité* sont d'ailleurs deux propriétés corrélatives, qu'on ne saurait séparer l'une de l'autre ; le mouvement est en effet déterminé par l'influence d'un agent : l'agent, c'est l'*excitant;* la faculté de réagir par une manifestation physique, mécanique ou chimique, contre l'excitation, c'est l'*irritabilité.*

Nous professons qu'il faut voir dans l'irritabilité une forme élémentaire de la sensibilité; dans la sensibilité, une expression très élevée de l'irritabilité, c'est-à-dire la propriété commune à tous les tissus et à tous les éléments de réagir suivant leur nature aux stimulants étrangers.

Linné avait placé, nous l'avons souvent répété, dans la sensibilité le critérium de l'animalité : *Vegetalia vivunt*, *animalia sentiunt*, disait-il.

Pour le célèbre naturaliste d'Upsal, la sensibilité était l'attribut caractéristique des animaux ; ses successeurs ont vu, à son imitation, dans l'existence de cette propriété le moyen de distinguer les deux règnes de la nature vivante, la preuve de sa dualité.

En examinant ce qu'est, en dernière analyse, cette sensibilité dont on a fait le mode supérieur de la vie animale, on y reconnaît non pas une *propriété* simple, mais une manifestation vitale complexe qui répond à une *fonction.*

On doit établir une distinction entre les fonctions d'un être vivant et les *propriétés* de la substance organisée, qui en sont le support. La sensibilité serait un phénomène complexe, spécial à certains êtres, mais qui se ramènerait cependant à un phénomène général plus simple, l'irritabilité. Broussais, nous l'avons déjà dit, avait exprimé en partie cette opinion en n'acceptant qu'une seule propriété essentielle de la substance organisée, l'*irritabilité*, entraînant comme conséquence la sensibilité, la contractilité et tous les autres phénomènes secondaires. Virchow a, nous l'avons déjà vu, professé la même opinion; selon lui, les phénomènes vitaux ont pour condition intime l'irritabilité, terme générique qui comprend toutes les autres propriétés vitales.

On peut dire que cette doctrine se trouve déjà en germe dans Bichat.

Le mot seul n'est pas clair : Bichat, en effet, conserve partout le mot de sensibilité, source de tant de confusions; mais il est aisé de voir qu'il l'entend dans le sens où nous entendons aujourd'hui l'irritabilité qui de son temps n'était pas encore distinguée nettement. Il reconnaît, dans les animaux, la *sensibilité animale* et d'autre part une *sensibilité végétative* ou *inconsciente* résidant dans les organes de la vie végétative et se traduisant par les actes visibles que ces organes accomplissent lorsqu'ils sont provoqués par une stimulation extérieure. Mais il peut arriver que cette réaction aux stimulants, artificiels ou physiologiques, ne se traduise par aucun mouvement, par aucun signe visible, et qu'elle existe pourtant, qu'elle se confonde avec le mouvement nutritif, qui ne se manifeste que par ses effets; c'est là ce qui arrive dans les plantes, et Bichat accordait aux végétaux et à certaines parties des animaux, une *sensibilité insensible*, c'est-à-dire ne se traduisant par aucun signe sensible.

Quoi que l'on puisse penser de ces désignations : sensibilité *consciente*, sensibilité *inconsciente*, sensibilité *insensible*, l'on n'est pas moins forcé de reconnaître qu'elles représentent des faits et qu'elles correspondent à un sentiment exact de la réalité. Tous les actes de l'organisme sont des actes provoqués par des stimulations internes ou externes, physiologiques, normales ou artificielles ; ils exigent donc une *sensibilité* si l'on ne voit dans ce mot que la faculté de réagir à l'excitant. Or, il est certain que dans cette réaction l'on trouve tous les degrés depuis la *réaction purement nutritive ou trophique* invisible, jusqu'à la *réaction motrice* tombant sous le sens et enfin la *réaction consciente*.

Le terme de sensibilité présenterait donc pour les physiologistes une signification tout à fait différente de celle que les philosophes lui attribuent. De là un perpétuel malentendu entre les uns et les autres.

Les philosophes donnent généralement le nom de sensibilité *à la faculté que nous avons d'éprouver des modifications psychiques agréables ou désagréables à la suite de modifications corporelles*.

C'est dans ce sens de *réaction de conscience* que le mot est employé dans le langage courant.

Il est facile de comprendre que les physiologistes, quand ils parlent de sensibilité, ne doivent par l'envisager à un point de vue aussi restreint ; ils ne peuvent la considérer comme étant réduite à des modifications psychiques de la conscience, du *moi*, qui sont les seules préoccupations du philosophe. Ces manifestations psychiques échappent au physiologiste, qui n'étudie et ne connaît que des faits matériels et tangibles, lors même qu'ils sont tout à fait étrangers au *moi*. De telles manifestations de la sensibilité perdent toute existence et toute signification lorsque l'on envisage les animaux, lorsque l'homme sort de son *for intérieur* et du domaine de sa conscience.

Pour les physiologistes, la sensibilité n'est pas seulement un fait de conscience, elle est en outre accompagnée de manifestations matérielles et saisissables qui peuvent servir de base à une définition physiologique.

Les phénomènes de la sensibilité sont, en réalité, des actes complexes auxquels concourent des éléments secondaires nombreux.

Chez l'homme, et au plus haut degré de complexité, la sensibilité constitue la fonction du système nerveux, fonction qui existe en vue d'harmoniser les vies cellulaires en satisfaisant le besoin de chaque cellule d'être excitée, impressionnée par les agents cosmiques ou organiques qui lui sont extérieurs.

Le système nerveux, en un mot, répond à un besoin qu'ont les éléments organiques d'être influencés les uns par les autres, comme les appareils respiratoire et circulatoire répondent au besoin qu'éprouvent les éléments anatomiques d'être influencés par l'oxygène, etc.

Le phénomène de sensibilité comprend l'ensemble des faits secondaires suivants :

1° *Impression* d'un agent extérieur (action mécanique sur un nerf périphérique) ;

2° *Transmission* de cette impression comme un ébranlement purement matériel ou mécanique jusqu'aux centres nerveux, où elle se transforme ;

3° Phénomène psychique de la *perception* (qui peut manquer).

L'impression, la transmission, ébranlements purement matériels du centre nerveux, déterminent une modification *physique*, c'est-à-dire de même nature, dans les centres nerveux. Les physiologistes l'ont appelée *sensation brute*, *sensation inconsciente*. Le phénomène ne s'arrête pas là : l'ébranlement, qui fait entrer en activité les parties reliées les unes aux autres, se continue, se réfléchit sur les nerfs de mouvement et provoque une réaction motrice (mouvement, cri) le plus ordinairement, et quelquefois des réactions d'une autre nature, nutritives, trophiques, secrétoires, plus difficilement appréciables (ictère, pâleur produite par une émotion, etc.).

Ainsi, le phénomène de sensibilité chez l'homme même, en prenant l'expression dans le sens ordinaire, au lieu d'être une propriété vitale simple, est donc une manifestation très complexe. On voit déjà qu'elle comprend deux espèces de phénomènes : 1° des phénomènes purement matériels, réaction motrice ou autre, à la suite de l'impression d'un agent extérieur; 2° des phénomènes psychiques.

Si donc nous laissons de côté le phénomène psychique, il nous reste, pour caractériser la sensibilité, un ensemble de phénomènes organiques ayant pour point de départ l'impression d'un agent extérieur et pour terme la production d'un acte fonctionnel variable, mouvement, sécrétion, etc. : ce qui caractérise la sensibilité, c'est *la réaction matérielle à une stimulation.*

Lorsque la réation matérielle ou motrice fait défaut, nous perdons toute possibilité d'apprécier le phénomène de sensibilité chez les animaux. En dehors de nous, de notre conscience, nous n'avons de renseignement que dans la production des réactions motrices ; si nous les voyons se produire chez un animal, nous affirmons que la sensibilité est en jeu ; si elles font défaut, nous ne pouvons plus rien affirmer. Ainsi, l'élément le plus général. et par conséquent le plus important de la sensibilité pour le physiologiste, c'est la réaction qui termine le cycle des faits matériels et qui est tantôt mécanique, tantôt physico-chimique.

Ce n'est pas toujours, en effet, l'élément moteur qui répond à l'excitation. Il y a souvent réaction moléculaire d'autre espèce que cette réaction de translation, qui n'apparaît guère que chez les animaux élevés en organisation, mais qui manque chez les végétaux. Toutefois, il y a toujours réaction moléculaire dans tous les cas.

La sensibilité est réduite à la réaction motrice dans le cas des *réflexes* proprement dits, *sensibilité réflexe*, *pouvoir excito-réflexe*, où la réaction motrice existe seule sans que la consience intervienne. Aussi y a-t-il pour le physiologiste, en outre de la *sensibilité consciente*, une *sensibilité inconsciente*, expression qui paraît un véritable abus de mots aux philosophes.

D'un autre côté la réaction motrice peut faire défaut chez l'animal empoisonné par le curare ; le processsus sensitif s'arrête alors à l'impression, transmission, perception, *sans réaction motrice*. Aucun phénomène apparent ne la trahit, et elle échapperait au physiologiste s'il n'avait recours à des artifices. Mais alors même qu'aucune réaction manifeste ne se produirait, on ne serait pas obligé de caractériser la sensibilité par le phénomène psychique de la sensation ; car il pourrait y avoir d'autres réactions qui, pour n'être pas évidentes, n'en sont pas moins réelles. Il y a des faits physiologiques, matériels, tels que l'ébranlement moléculaire des nerfs, l'activité spéciale des cellules cérébrales ; et quoique ces faits ne soient point saisissables par les moyens habituels, il suffit qu'ils existent et que des artifices appropriés les révèlent pour nous permettre de dire que le processus sensitif a encore lieu. Nous ne rapporterons pas tous les exemples particuliers que nous pourrions citer. Nous devons nous borner à des indications générales sur un sujet qui demanderait de très grands développements si nous voulions le traiter complètement.

En résumé, ce qu'il y a de particulier dans la sensibilité, c'est *la réaction à la stimulation des agents extérieurs*. Cette réaction est ordinairement motrice, si les organes du mouvement sont en état de la manifester ; elle peut être encore d'autre nature, trophique, sécrétoire ou autre. Lorsque l'on descend au fond du phénomène sensible, on ne trouve donc pas autre chose que ceci : la faculté de transmettre, en la modifiant, la stimulation produite en un point, de manière à provoquer dans chaque élément organique l'entrée en jeu de son activité propre.

Arrivés à ce point, nous saisissons facilement la cause du malentendu entre les philosophes et les physiologistes. Pour les premiers, la *sensibilité est l'ensemble des réactions psychiques provoquées par les modificateurs externes;* pour les seconds, pour nous, *c'est l'ensemble des réactions physiologiques de toute nature, provoquées par ces modificateurs.*

La réaction pouvant être envisagée dans la cellule, dans l'organe ou dans l'appareil qui répond aux excitations, *la sensibilité sera l'aptitude à réagir soit de l'organisme total, de l'appareil nerveux tout entier; soit d'une de ses parties, soit d'une simple cellule.*

L'aptitude à réagir de la cellule, c'est l'irritabilité, c'est la sensibilité de la cellule; de même, l'aptitude à réagir de l'ensemble de l'appareil nerveux ou *sensibilité consciente* peut être considérée comme l'irritabilité de cet appareil tout entier. La *sensibilité inconsciente* est la réaction d'une partie de cet appareil, une sensibilité secondaire.

Dans la variété infinie des êtres, le système nerveux peut manquer par quelques-unes de ses parties, ou tout entier, et alors la vie ne réside plus que dans l'organisme le plus simple, tel que l'organisme cellulaire. La sensibilité, cette *base physiologique de la vie*, ne saurait faire défaut pour cela. Aussi l'irritabilité, cette sorte de *sensibilité simple*, existe dans le protoplasma de la cellule, c'est la propriété élémentaire, irréductible, tandis que les réactions de l'appareil ou des organes nerveux n'ont rien de différent et ne sont que des manifestations de perfectionnement.

La sensibilité, dans l'acception ancienne, considérée comme propriété du système nerveux, ne serait donc qu'un degré élevé d'une propriété plus simple qui existe partout : elle n'a rien d'essentiel ou de spécifiquement distinct; c'est l'irritabilité spéciale au nerf, comme la propriété de contraction est l'irritabilité spéciale au muscle, comme la propriété de sécrétion est l'irritabilité spéciale à l'élément glandulaire. Ainsi, ces propriétés sur lesquelles on fondait la distinction des plantes et animaux ne touchent pas à leur vie même, mais seulement aux mécanismes par lesquels cette vie s'exerce. Au fond, tous ces mécanismes sont soumis à une condition générale et commune : l'*irritabilité*.

L'expérimentation confirme et établit solidement ces vues.

En effet, l'expérience des anesthésiques prouve que le même agent détruit et suspend d'abord la *sensibilité consciente*, puis la *sensibilité inconsciente*, puis la *sensibilité insensible*, ou l'*irritabilité*. Ces suppressions sont des degrés différents de l'action du même agent, et par conséquent les phénomènes eux-mêmes sont des degrés différents d'un même phénomène élémentaire. La manière identique dont ils sont influencés par un même réactif prouve leur identité, qui devient tout à fait évidente si l'on considère surtout les conditions simples et claires de l'expérience.

En résumé, au point de vue physiologique nous sommes nécessairement conduits à admettre l'identité de la sensibilité et de l'irritabilité (1), à cause de l'identité d'action des anesthésiques sur ces manifestations vitales. Car en science physique expérimentale nous n'avons pas d'autres manières de juger, si ce n'est de considérer comme identiques les phénomènes qui présentent des caractères physiques identiques.

L'agent anesthésique n'atteint donc pas, à proprement parler, la sensibilité ; il agit en définitive toujours sur l'*irritabilité* et jamais sur autre chose, malgré les apparences. L'irritabilité du protoplasma des cellules cérébrales est atteinte par l'éther, et dès lors la fonction sensorielle consciente est abolie. De même le protoplasma des cellules de la moelle épinière ou des ganglions nerveux étant altéré, les fonctions de sensibilité inconsciente seraient abolies dans les mécanismes nerveux correspondants. En un mot, la sensibilité serait une *fonction*, l'irritabilité serait une *propriété :* c'est la propriété seule que nous atteindrions.

Mais si nous voulions descendre encore plus profondément dans l'analyse des phénomènes que nous examinons, nous verrions qu'en réalité l'irritabilité, tout aussi bien que la sensibilité ou les sensibilités, que toutes les propriétés vitales aussi bien que toutes les fonctions, sont des créations de notre esprit, des représentations métaphysiques sur lesquelles nous ne pouvons pas par conséquent porter notre action.

(1) Voyez ma conférence de Clermont-Ferrand, *Revue scientifique*, n° 7, 18 août 1877, et *La Science expérimentale*, 2° édition. Paris, 1878.

Nous n'atteignons réellement pas l'irritabilité, qui est quelque chose d'immatériel, mais bien le protoplasma, qui est matériel. L'éther ou le chloroforme produisent par leur contact avec le protoplasma nerveux une action physique encore peu connue, mais réelle. C'est ainsi que nous agissons toujours sur la matière et jamais sur les propriétés ni sur les fonctions vitales. Il n'y a, en un mot, que des conditions physiques au fond de toutes les manifestations phénoménales de quelque ordre qu'elles soient. Il n'y a que cela de tangible. Seulement les interprétations que nous donnons de ces phénomènes physiques sont toujours métaphysiques parce que notre esprit ne peut pas concevoir les choses et les exprimer autrement.

La métaphysique tient à l'essence même de notre intelligence, nous ne pouvons parler que métaphysiquement. Je ne suis donc pas de ceux qui croient qu'on puisse jamais supprimer la métaphysique; je pense seulement qu'il faut bien étudier son rôle dans nos conceptions des phénomènes du monde extérieur, pour ne pas être dupe des illusions qu'elle pourrait faire naître dans notre esprit.

HUITIÈME LEÇON

Synthèse organisée, Morphologie.

SOMMAIRE : Le protoplasma ne représente que la vie sans forme spécifique. — Il faut nécessairement la forme pour caractériser l'être vivant. — La morphologie est distincte de la constitution chimique des êtres.

I. *Morphologie générale.* — Quatre procédés : 1° multiplication cellulaire; 2° rajeunissement; 3° conjugaison ; 4° gemmation.

II. *Morphologie spéciale.* — Développement de l'œuf primordial. — Période ovogénique; théorie de l'emboîtement des germes ; épigenèse. — Période de la fécondation. — Période embryogénique.

III. *Origine et cause de la morphologie.* — La morphologie dérive de l'atavisme, de l'état antérieur. — Distinction de la synthèse morphologique et de la synthèse chimique. — Des causes finales ; elles se confondent dans la cause première et n'ont pas d'existence distincte.

Il importe, ainsi que nous l'avons déjà dit, de distinguer chez l'être vivant la *matière* et la *forme*.

La matière vivante, le *protoplasma*, n'a point de morphologie en soi, nulle complication de figure, ou du moins (et cela revient au même) il a une structure et une complication identiques. Dans cette matière amorphe ou plutôt *monomorphe* réside la vie, mais la *vie non définie*, ce qui veut dire que l'on y retrouve toutes les propriétés essentielles dont les manifestations des êtres supérieurs ne sont que des expressions diversifiées et définies, des modalités plus hautes. Dans le protoplasma se rencontrent les conditions de la synthèse chimique qui assimile les substances ambiantes et crée les produits organiques ; on y retrouve, ainsi que nous l'avons montré, l'irritabilité, point de départ et forme particulière de la sensibilité.

Ainsi le protoplasma a tout ce qu'il faut pour vivre ; c'est à cette matière qu'appartiennent toutes les propriétés qui se manifestent chez les êtres vivants. Cependant le protoplasma seul n'est que la matière vivante ; il n'est pas réellement un *être vivant*. Il lui manque la forme qui caractérise la *vie définie*.

En étudiant le protoplasma, sa nature, ses propriétés, on étudie pour ainsi dire la vie à l'état de nudité, la *vie sans être spécial*. Le plasma est une sorte de chaos vital qui n'a pas encore été modelé et où tout se trouve confondu : faculté de se désorganiser et de se réorganiser par synthèse, de réagir, de se mouvoir, etc.

L'être vivant est un *protoplasma façonné;* il a une forme spécifique et caractéristique. Il constitue une machine vivante dont le protoplasma est l'agent réel. La *forme* de la vie est indépendante de l'*agent* essentiel de la vie, le protoplasma, puisque celui-ci persiste semblable à travers les changements morphologiques infinis.

La forme ne serait donc pas une conséquence de la nature de la matière vitale. Un protoplasma identique dans son essence ne saurait donner origine à tant de figures différentes. Ce n'est point par une propriété du protoplasma que l'on peut expliquer la morphologie de l'animal ou de la plante.

C'est pourquoi nous séparons la synthèse morphologique qui crée les formes, de la synthèse organique qui crée les substances et la matière vivante amorphe. C'est comme un nouveau degré de complication dans l'étude de la vie. Après avoir fixé les conditions de l'être vivant *idéal*, amorphe, réduit à la substance, il faut connaître l'être vivant, *réel*, façonné, apparaissant avec un mécanisme, une forme spécifique.

Il importe de faire immédiatement deux observations qui ont leur intérêt, l'une relative à la morphologie minérale et animale, l'autre au rapport de la forme avec la substance.

La morphologie n'est point particulière aux êtres vivants, ils ne sont pas seuls à se présenter sous des formes spécifiques, constantes. Les substances minérales sont susceptibles de cristalliser ; ces cristaux eux-mêmes sont susceptibles de s'associer pour former des figures diverses et très constantes, *groupements*, *astérescences*, *macles*, *trémies*, etc. ; d'autres fois les substances prennent des formes qui ne sont point véritablement cristallines, glycose en mamelons, leucine en boules, lécithine en globes, etc.

Il y a donc lieu, jusqu'à un certain point, de rapprocher les deux règnes des minéraux et des êtres vivants, en ce sens que nous voyons chez les uns et les autres cette influence morphologique qui donne aux parties une forme déterminée. Nous savons que l'analogie ne s'arrête pas à cette première ressemblance générale ; les faits de rédintégration cristalline signalés précédemment (1) nous ont montré dans le cristal quelque chose d'assimilable à la tendance par laquelle l'animal se répare, se complète et reconstitue le type morphologique individuel.

Or les formes minérales, cristallines, ne sont pas plus que les formes vivantes une conséquence rigoureuse, absolue de la nature chimique de la matière. Les substances dimorphes en sont un exemple bien clair : le

(1) Voyez leçon I.

soufre peut se présenter avec deux formes cristallines incompatibles et à l'état amorphe; le phosphore, l'acide arsénieux nous montrent aussi une même matière façonnée dans des moules différents. Les substances isomères et polymères de la chimie organique nous offrent encore une preuve d'un autre ordre que l'identité du substratum est compatible avec des variétés de figures, de groupements et de manifestations phénoménales.

En d'autres termes, il y a en chimie minérale et organique des corps de même forme qui ont une composition chimique différente et des corps différents en composition chimique qui ont une forme identique.

L'étude des formes n'appartient plus à la chimie et ne s'explique point par ses lois. La chimie s'occupe de la composition des corps; là où la morphologie, c'est-à-dire l'étude de la forme commence, la chimie proprement dite cesse.

Les matières que l'organisme produit ou met en œuvre ne sont donc pas seulement constituées chimiquement, elles sont encore travaillées morphologiquement et arrangées sous une figure plus ou moins caractéristique. Il peut même arriver que la forme paraisse plus essentielle que la matière. Ainsi en est-il du squelette osseux et de la coquille de l'œuf des oiseaux. En modifiant l'alimentation de ces animaux et en y substituant les sels de magnésie aux sels de chaux, on a annoncé que la composition habituelle des os et la composition de la coquille étaient changées et qu'une certaine proportion de magnésie avait pris la place de la chaux. J'ai souvent entendu dire au naturaliste A. Moquin-

Tandon que les mêmes espèces de colimaçons, habitant des terrains calcaires ou siliceux, avaient tantôt de la silice, tantôt du carbonate de chaux dans la composition de leur coquille, sans que, bien entendu, la morphologie spécifique en fût autrement modifiée. Ces diverses substances se seraient remplacées en toutes proportions dans la formation organique et elles se seraient comportées comme les substances isomorphes dans la formation cristalline.

Ces comparaisons entre les formes minérales et les formes vivantes ne constituent certainement que des analogies fort lointaines, et il serait imprudent de les exagérer. Il suffit de les signaler. Elles doivent simplement nous faire mieux concevoir la séparation théorique de ces deux temps de la création vitale : la création ou synthèse *chimique*, la création ou synthèse *morphologique*, qui, en fait, sont confondues par leur simultanéité, mais qui n'en sont pas moins essentiellement distinctes dans leur nature.

Il nous faut maintenant étudier cette synthèse morphologique d'abord dans ses résultats, ensuite dans ses causes.

L'indépendance de la forme et de la matière est poussée plus loin encore dans l'être vivant que dans le minéral. La morphologie, comme nous le verrons, paraît gouvernée par des lois absolument indépendantes de celles qui règlent les manifestations vitales essentielles du protoplasma. Elle suppose cette matière avec ses propriétés, mais elle l'utilise d'une façon tout à fait indépendante et suivant des conditions qui n'y sont pas nécessairement contenues.

Les formes variées qui résultent de ces lois morphologiques donnent lieu à des *phénomènes* vitaux, très différents les uns des autres et qui ne sont que l'expression de la *morphologie de l'être*.

La matière protoplasmique, ainsi que nous l'avons dit antérieurement (1), peut au début constituer des êtres en quelque sorte sans forme fixe, ou tout au moins sans mécanismes vitaux, morphologiquement déterminés. Ce sont les êtres les plus simples, ne possédant que la vie nue, sans les formes variées et diversifiées à l'infini sous lesquelles elle nous apparaît plus tard. Ces êtres sont en réalité des êtres protoplasmiques ou cytodes, dont Hæckel a fait un groupe, même un règne, sous le nom de *monères*.

Dans ces êtres monériens ou protoplasmiques, nous avons d'abord les amibes. Nous représentons ici une monère d'eau douce, la *Protamœba primitiva* (*voy.*

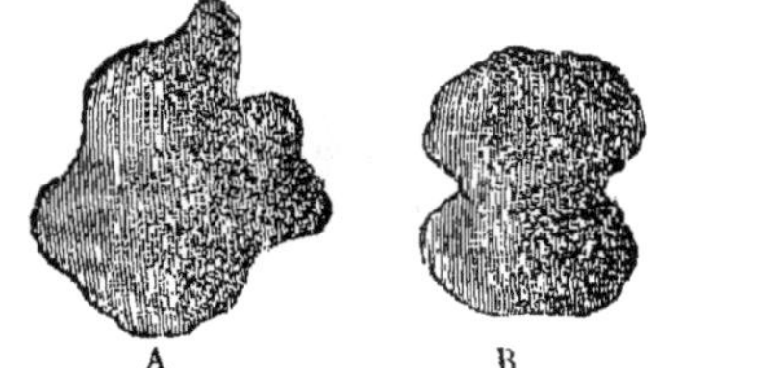

Fig. 24. — *Protamœba primitiva*, Hæckel.
A, une monère entière.
B, la même monère divisée en deux moitiés par un sillon médian.

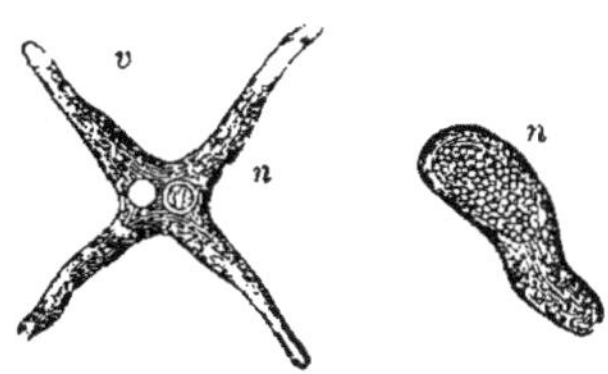

Fig. 25. — Deux formes différentes d'amibes de la vase.
n, noyau.
v, vésicule contractile.

fig. 24), et des amibes avec leurs différentes formes changeantes (*voy.* fig. 25). Nous ferons observer que ces êtres amiboïdes, qui peuvent vivre à l'état libre

(1) Voyez leçon V.

dans le milieu cosmique, peuvent également vivre comme élément en quelque sorte du milieu intérieur chez d'autres êtres plus élevés. C'est ainsi que nous voyons dans la figure 26 des amibes isolés et des amibes

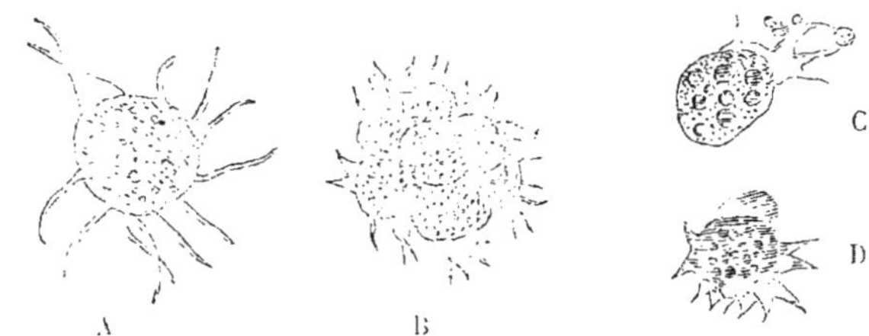

Fig. 26. — Corpuscule lymphatique du lombric et amibes des infusions.

A, un corpuscule lymphatique du lombric isolé.
B, corpuscules lymphatiques du lombric agrégés.
C, amibes des infusions englobant des corpuscules colorés.
D, corpuscules lymphatiques du lombric ayant englobé les mêmes corpuscules colorés (bleu de Prusse). (Voyez la planche à la fin du volume.)

du sang ou corpuscules lymphatiques du *lombricus agricola*, se comporter exactement de même. M. Balbiani, à l'obligeance de qui je dois cette figure, a vu que les amibes du lombricus peuvent s'incorporer des petits corps en suspension dans le sang, absolument comme

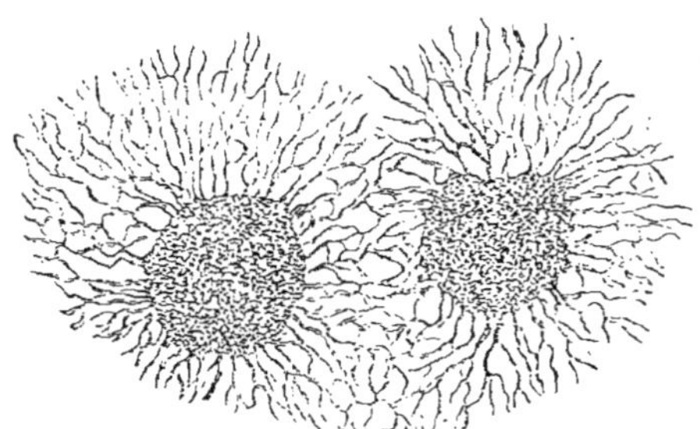

Fig. 27. — *Protogenes primordialis.*

le font les amibes des infusions, ce qui prouve bien que ce sont les mêmes êtres. Nous reproduisons également la figure du *Protogenes primordialis* découvert, en 1864, par Hæckel (*voy*. fig. 27, et leçon V, page 190). Il faut encore signaler parmi ces êtres rudimentaires le *Bathybius Hæckelii*, découvert, en 1868, par Huxley, espèce de réseau amiboïde gigantesque qui siège au fond des mers (fig. 28, 28.*bis*, et leçon V, p. 189).

Nous ne discuterons pas la question de savoir si ces êtres monériens ont une véritable morphologie, et si la

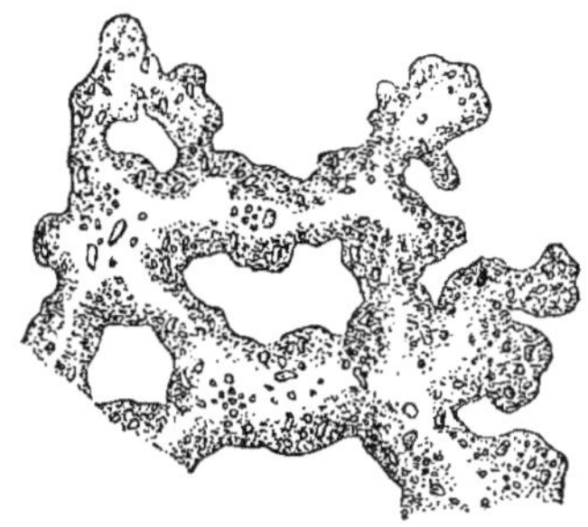

Fig. 28. — *Bathybius Hæckelii*, organisme protoplasmatique vivant dans le fond des mers. La figure représente une petite portion du réseau protoplasmatique nu.

Fig. 28 *bis*. — Réseau protoplasmatique avec discolithes et cyatholithes trouvés dans d'autres monères, et qui sont vraisemblablement des produits d'excrétion. (Hæckel.)

cytode d'Hæckel peut être à la fois, par une sorte d'arrêt de développement, soit un animal vivant isolé complet, soit le commencement possible d'autres organismes beaucoup plus complexes. Ces questions sont fort incertaines et fort problématiques. Pour nous, nous n'admettons de morphologie réelle que lorsque nous voyons le même élément organique partir d'un point fixe et suivre régulièrement une marche évolutive, qui le conduit à un type organique également fixe et déterminé d'avance. Or cette évolution ne commence réellement qu'à la cellule.

Les cellules se forment, se multiplient, s'accumulent pour constituer d'abord la masse de l'organisme, puis elles se modifient, donnant naissance à des formes spécifiques qui caractérisent dès le début les êtres qui doivent en sortir.

Le mécanisme de la formation et de la multiplication des cellules est ce que nous appellerons la *morphologie générale*. Le groupement de ces cellules et la configuration spécifique suivant laquelle elles se disposent pour former les êtres vivants constituent la *morphologie spéciale*.

I. *Morphologie générale*. — La constitution du protoplasma en un *élément anatomique* doué d'une morphologie évolutive certaine et à longue portée est représentée par la cellule, qui est le premier degré de la synthèse morphologique, commun à tous les êtres vivants.

Comment se forme cet élément anatomique primordial, la cellule ?

Nous savons que la vie existe, avant la cellule, dans le protoplasma, mais dans l'état actuel des choses nous ne voyons jamais une cellule apparaître évolutionnellement sans une cellule antérieure. L'axiome « *Omnis cellula e cellulâ* » resterait donc vrai pour les deux règnes. Les physiologistes qui ont le mieux étudié la question sont arrivés à cette conclusion : « La for- » mation de cellules, en l'absence d'autres, dans les » liquides organiques ou *blastèmes*, est, dit Strasbur- » ger (1876), une hypothèse qui n'a jamais été prou- » vée. Leur génération spontanée n'est pas plus exacte » que celle des formes organiques individuelles. » — C'est l'avis des botanistes comme des zoologistes, que les cellules naissent toutes du protoplasma d'une cel-

lule préexistante. « Toute production nouvelle de cel-
» lule, dit Sachs, n'est au fond que l'arrangement
» nouveau d'un protoplasma préexistant. »

Il importe d'examiner par quels procédés la cellule apparaît aux dépens d'une cellule préexistante.

Les procédés de genèse des cellules sont les mêmes dans les deux règnes, ainsi que l'on devait s'y attendre.

On peut distinguer quatre formes principales de genèse cellulaire, présentant quelques variétés secondaires :

1° La *multiplication* cellulaire, comprenant :

a la formation cellulaire libre;

b la division.

2° Le *rajeunissement* ou formation pleine :

3° La *conjugaison;*

4° La *gemmation.*

A. *Multiplication.* — C'est le procédé de genèse cellulaire dans lequel il y a production de deux ou plusieurs éléments aux dépens d'un seul.

Il peut arriver qu'une portion seulement du protoplasma de l'élément originel participe à la formation des éléments nouveaux. C'est alors ce qu'on a appelé la *formation cellulaire libre.*

Les plantes et les animaux en offrent des exemples. C'est ainsi que se forment les cellules endospermiques des Phanérogames à l'intérieur du sac embryonnaire et aux dépens d'une portion seulement du protoplasma qui y est contenu (*voy.* fig. 29).

Chez les animaux, M. Balbiani a observé ce mode de genèse pour la constitution des cellules blastodermiques des insectes aux dépens du vitellus. Une partie seulement de ce vitellus fournit des cellules nouvelles (*voy.* fig. 30).

Si tout le protoplasma de l'élément originel est employé à la constitution des cellules nouvelles, on a alors le procédé de *division*.

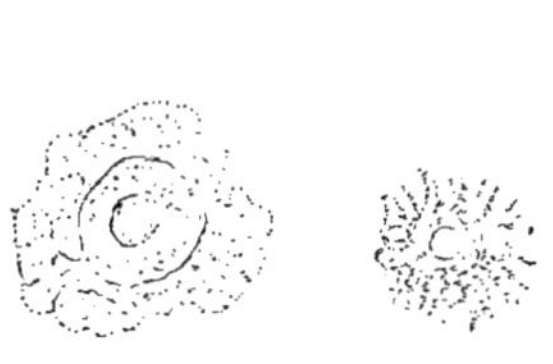

FIG. 29. — Formation libre de cellules dans l'endosperme du *Phaseolus multiflorus*, 1re forme. (Strasburger, p. 501.)

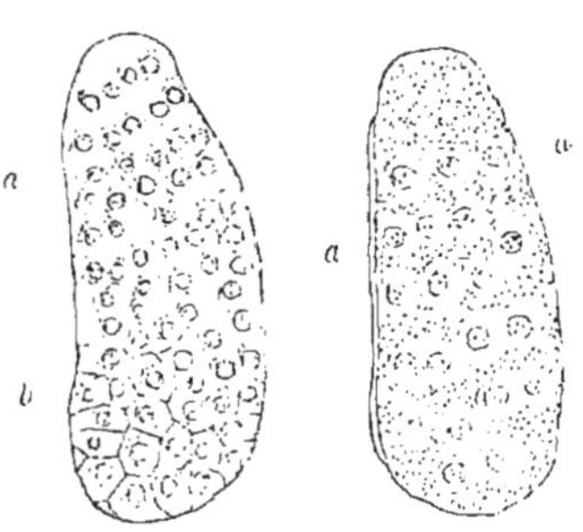

FIG. 30. — Genèse de cellules par formation libre dans la couche blastodermique d'un œuf d'insecte. (Balbiani.)
a, formation des noyaux.
b, différenciation des cellules.

Ce procédé de division est le plus général de tous. Le plus grand nombre des éléments végétaux se produit de cette façon. Quant aux éléments animaux, on a admis depuis un certain nombre d'années que la *division* était leur unique origine. Ce mode de genèse, que Remak a fait connaître depuis 1850 en étudiant la division des cellules du blastoderme, a été considéré comme le mode exclusif de la genèse cellulaire. C'est l'avis de Kölliker.

La division est donc le mode génétique le plus universel. Une cellule se divise et en donne deux nouvelles. Il peut y avoir deux cas : ou bien l'élément primitif n'a point d'enveloppe épaisse, ou bien il a une enveloppe bien caractérisée. Dans le premier cas, il y a *scission simple ;* dans le second cas, *division endogène*.

Les monères, les amibes, les infusoires, les globules sanguins de l'embryon se divisent ainsi. La masse protoplasmique qui constitue ces animaux s'allonge, s'étrangle, et se sépare bientôt en deux masses nouvelles ; chacune constitue désormais un individu distinct dans lequel recommence de nouveau le même procédé des phénomènes vitaux (*voy.* fig. 24).

Quant à la *division endogène*, on la décrivait, il y a quelques années, d'une manière fort simple. Le noyau, disait-on, en prend l'initiative, et dans le noyau, le nucléole. Au lieu d'un seul nucléole on en aperçoit deux ; puis le noyau s'étrangle et se segmente, entraînant le nucléole nouveau. La division du noyau entraîne celle du protoplasma, et finalement au lieu d'une cellule on en a deux.

Mais cette idée que l'on se formait jusqu'à ces dernières années n'était pas l'expression réelle de la vérité. Nous avons fait déjà connaître les recherches nouvelles qui tendent à réformer ces vues trop simples. Nous devons y revenir (1).

Strasburger a étudié la production des cellules au sommet organique du sac embryonnaire chez quelques plantes, en particulier chez les conifères, *Picea vulgaris* (*voy.* fig. 31, 32, 33, 34, 35).

D'abord, le protoplasma de ce sac donne naissance par une de ses parties à quatre cellules provenant de *formation libre*. Ce sont ces cellules qui se prêtent bien ultérieurement à l'étude de la division et des circonstances qui l'accompagnent.

On distingue deux phases successives. Le noyau de la masse protoplasmique, dans la première phase,

(1) Voyez leçon V, page 196.

montre deux amas de granulations situées aux deux pôles ou points antagonistes ; ces amas sont reliés par des filaments intermédiaires. Ces filaments, renflés uni-

Genèse des cellules par division chez les végétaux.

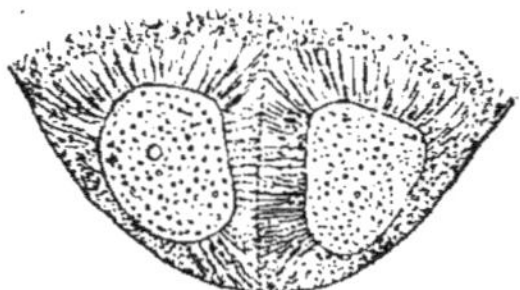

Fig. 31. — Noyaux apparaissant simultanément dans l'œuf du *Pinus sylvestris*. (Strasburger, p. 250.)

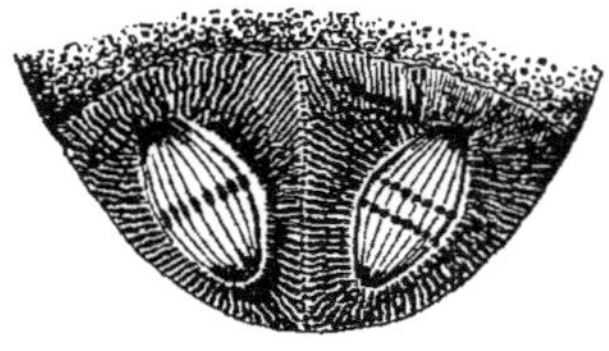

Fig. 32. — Prélude de la division des noyaux de l'œuf du *Pinus sylvestris*. Le noyau à droite montre un degré plus avancé qu'à gauche. (Strasburger, p. 260.)

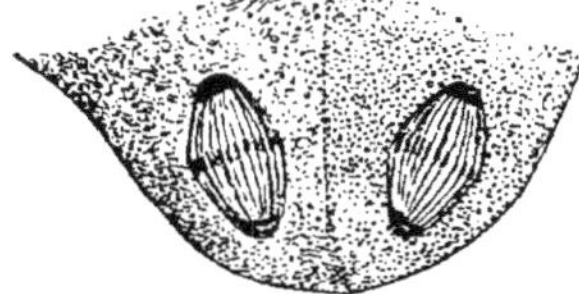

Fig. 33. — État plus avancé que dans la figure 27. Les plaques cellulaires se dessinent déjà à l'équateur entre les nouveaux noyaux en voie de formation. (Strasburger, p. 250.)

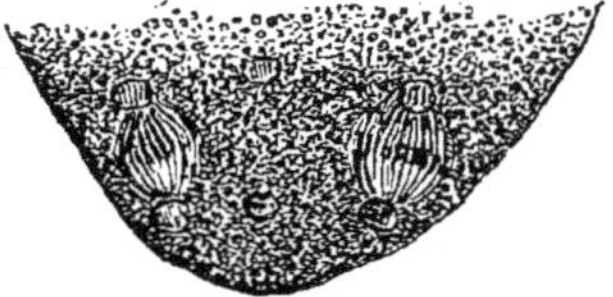

Fig. 34. — La formation des nouveaux noyaux vient de se terminer ; les plaques cellulaires sont plus marquées. (Strasburger, p. 250.)

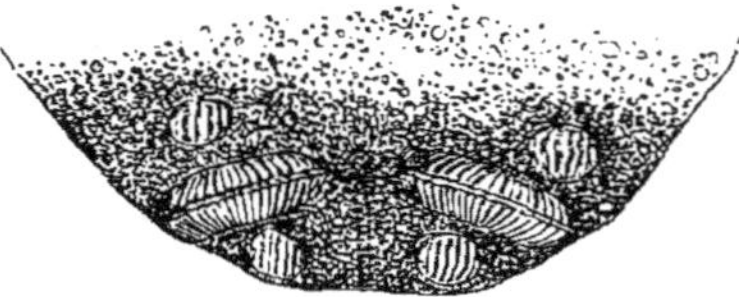

Fig. 35. — La membrane cellulaire déjà sécrétée au milieu de la plaque de la cellule (Strasburger, p. 250.)

formément à leur milieu, constituent par leur ensemble un disque équatorial ou *disque nucléaire*. C'est ce que l'on voit dans la partie gauche de la figure 32. Puis les renflements se divisent et remontent chacun vers le pôle correspondant. Cette séparation et ce mouvement s'aperçoivent dans la partie droite de la figure 32.

Dans la deuxième phase, il se reforme sur le plan équatorial une série nouvelle de renflements dont l'ensemble constitue la *plaque cellulaire ;* celle-ci se clive en deux : entre les deux clivages se forme une cloison de cellulose, et, le travail se continuant, on a bientôt, au lieu de la masse primitive, deux cellules complètes dans le sac embryonnaire.

Le noyau ne joue pas toujours ce rôle essentiel dans la genèse cellulaire. On connaît des cas où il n'existe pas encore au moment où le protoplasma se divise, et des cas où ce noyau existant reste pour ainsi dire étranger à l'apparition des centres attractifs, qui grouperont la matière protoplasmique pour en former deux cellules nouvelles.

Voilà des phénomènes complexes qui ont été observés chez les végétaux, et également chez les animaux, et qui paraissent avoir une très grande généralité. Bütschli (1) a observé la division des cellules embryonnaires du sang du poulet (*voy.* fig. 36) ; Weitzel, la prolifération des cellules de la conjonctive enflammée ; Balbiani, la multiplication des cellules de l'épithélium ovarique des insectes ; Auerbach, Fol, Strasburger, Klebs, ont rencontré un nombre considérable de faits du même genre. En interprétant ces faits, on est conduit à penser qu'il n'existe chez les animaux qu'un procédé unique de genèse cellulaire, auquel se ramènent tous les autres, qui en seraient simplement des abréviations.

Ces études nous montrent, dans la genèse cellulaire par division, quelque chose d'analogue au jeu de forces

(1) Voyez leçon V, p. 195.

attractives et répulsives, s'exerçant surtout sur le noyau, et manifestées par la polarité et la disposition rayonnante qu'elles impriment aux particules du protoplasma.

Genèse des cellules par division chez les animaux.

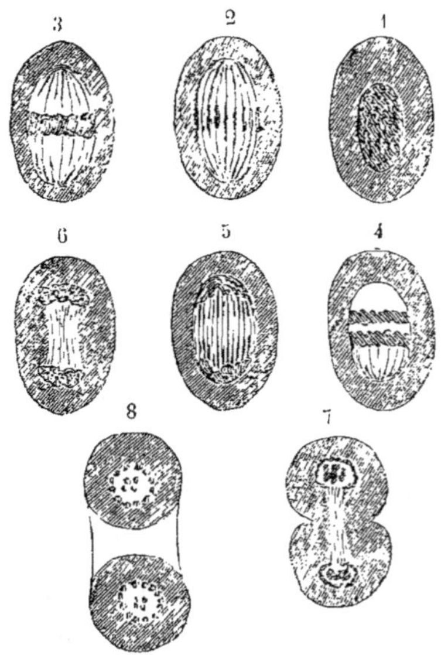

Fig. 36. — 1, 2, 3, 4, 5, 6, 7, 8, phases successives de la division d'un globule sanguin chez un embryon de poulet, d'après Bütschli.

B. Le *rajeunissement*, ou formation pleine, est un procédé rare dont on trouve quelques exemples dans le règne végétal; on n'en connaît point dans le règne animal. Il y a une cellule préexistante : la masse entière du protoplasma de cette cellule forme une cellule nouvelle, par une sorte de renouvellement ou de simple rajeunissement de ce protoplasma. C'est par ce moyen que Pringsheim a vu se former les zoospores dans les algues du genre *Œdogonium* (*voy.* fig. 37).

C. La *conjugaison* consiste dans la fusion de deux ou

plusieurs masses protoplasmiques en une seule. Deux éléments participent à la formation de l'élément nouveau, et cela peut se faire de deux manières : ou par conjugaison proprement dite, ou par conjugaison sexuelle, c'est-à-dire par fécondation.

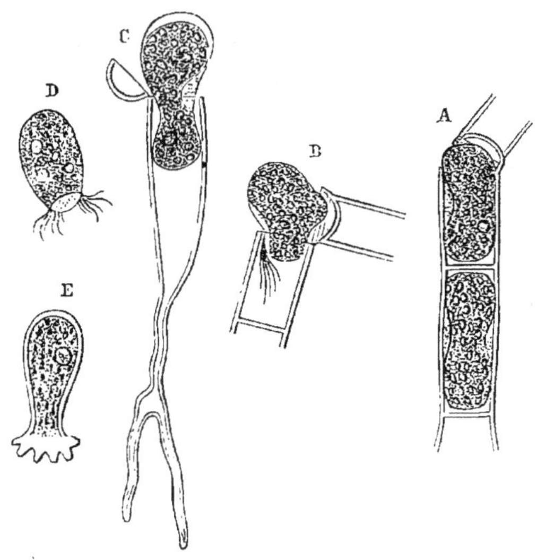

Fig. 37. — Formation pleine par rajeunissement (Sachs, p. 12).

A, B, sortie des zoospores d'un *Œdogonium;* — C, sortie du protoplasma tout entier d'un jeune plant d'*Œdogonium* sous forme d'une zoospore ; — D, zoospore libre en mouvement ; — E, la même, après qu'elle s'est fixée et qu'elle a formé son disque d'adhérence.

Dans la conjugaison ordinaire, les deux cellules qui interviennent sont sensiblement identiques en forme et en taille. C'est ainsi que se forment les zygospores des algues conjuguées et volvocinées, et les zygospores des champignons myxomycètes et des mucorinées. Le règne animal n'offre pas d'exemple connu de cette genèse cellulaire (*voy.* la planche à la fin du volume).

Quant à la conjugaison sexuelle ou fécondation, dans

laquelle les deux éléments sont différenciés, on en a des exemples dans les oospores des cryptogames et, chez les animaux, un type universel dans la fécondation de l'œuf.

D. Enfin, nous avons signalé un quatrième mode de genèse cellulaire, c'est la *gemmation*, ou bourgeonnement. Les observations sont peu nombreuses, et il est certain qu'il s'agit ici d'un procédé rare : la majorité des auteurs, Kölliker entre autres, le passent sous silence.

Cependant il semble y avoir un petit nombre de faits positifs à cet égard (*voy.* fig. 38).

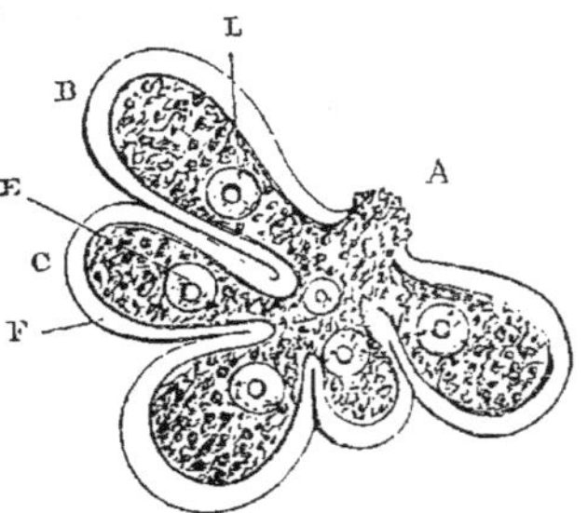

Fig. 38. — Gemmation.

Ovulation d'un mollusque lamellibranche (*Venus decussata*). A, cellule mère ; — B, C, bourgeons formés par le refoulement de la paroi cellulaire F sous la pression des nouveaux noyaux D, E, provenant de la division du nucléus primitif (d'après Leydig).

Telles, par exemple, la formation des œufs par bourgeonnement des cellules de la gaîne ovigène des insectes ; la formation des globules polaires, observée par Robin ; la multiplication des infusoires acinètes (Podophrya gemmipara), observée par Hertwig, et enfin la division des globules lymphatiques de l'axolotl, qui a été observée par Ranvier. Le noyau s'allonge, s'étrangle en bissac, et alors on voit naître de ce noyau des bourgeons plus ou moins nombreux, et dans chacun de ceux-ci un nucléole. Chacun de ces bourgeons semble gouverner la masse du protoplasma environnant qu'il groupe autour de lui de manière à former une cellule nouvelle.

Tels sont les procédés de la *morphologie générale*, par lesquels une cellule sort d'une autre cellule; par lesquels se constitue, en somme, l'organisme le plus simple.

Nous examinerons, maintenant, la *morphologie spéciale*, qui préside à la production des formes complexes et spécifiques des animaux et des plantes.

II. *Morphologie spéciale.* — Le point de départ des espèces animales ou végétales est une cellule appelée œuf ou ovule.

A la vérité, un certain nombre d'êtres proviennent de parents par des procédés monogéniques ou asexués : mais la reproduction sexuée est le procédé génétique par excellence, général, et suffisant à lui seul à assurer la perpétuité de l'espèce.

L'œuf lui-même est primitivement une cellule. En remontant jusqu'à sa première apparition, on le retrouve chez tous les animaux à l'état de *protovum* ou *ovule primordial;* il est formé d'une masse protoplasmique ou *vitellus primitif*, ou *archilécithe*, ou *plasma primitif*, masse au centre de laquelle existe un noyau granuleux, volumineux, réfringent, qui est le *noyau primitif* ou *vésicule de Purkinje*.

Cet ovule primordial ainsi constitué est primitivement une cellule épithéliale, apparaissant dès les premiers temps du développement dans l'organisme maternel ; cette cellule se distingue des cellules épithéliales voisines, du même rang, grossit et se caractérise bientôt en tant qu'ovule primordial.

Le mode de formation de cet ovule primordial aux dépens d'une cellule épithéliale préexistante, sa constitution en tant que masse protoplasmique à noyau, sont des faits absolument généraux applicables à tous les animaux, depuis les protozoaires jusqu'aux vertébrés, ainsi que l'ont établi les travaux embryogéniques publiés depuis dix ans.

C'est là l'origine commune de tous les êtres vivants : cette cellule si simple jouit de la faculté de donner naissance, par une série de différenciations successives dans les produits de sa prolifération, aux formes spécifiques les plus complexes.

L'œuf, en effet, ne reste pas indéfiniment à l'état d'ovule primordial : il est un élément essentiellement doué de la faculté d'évolution, qui se modifie, se multiplie, se complète, se différencie, par un mouvement progressif et un travail continuel. L'individu animal à son état achevé n'est pour ainsi dire que la phase la plus avancée ou la phase ultime de cette évolution; tandis que, d'autre part, l'ovule primordial pourrait être appelé le premier état de l'animal, son début ou sa première ébauche.

M. Balbiani, en poursuivant ses belles études sur les organes de la reproduction chez les aphidiens, a été amené à reporter plus loin encore l'origine de l'ovule. — Pour lui, l'œuf n'est pas un simple élément anatomique, c'est déjà un *organisme* : il est constitué par l'union ou conjugaison de deux éléments, l'un jouant le rôle d'élément mâle, l'autre le rôle d'élément femelle; ces deux corps, dont l'union constitue l'ovule, sont d'une part la *vésicule germinative* avec son protoplasma, d'autre part la *cellule embryogène* ou *androblaste*. Ce dernier ne serait pas un produit de l'organisme maternel *déjà constitué*, mais il existerait déjà dans l'œuf d'où sort cet organisme maternel. Il y aurait donc dans l'œuf de la mère un élément essentiel de l'œuf du rejeton. Cet élément ovulaire se transmet, persiste, non plus comme un organe appartenant à l'individu qui en est porteur, mais comme un élément appartenant à l'ancêtre et qui dans l'économie de l'être actuel constituerait un véritable parasite atavique. — On a commencé par croire que l'œuf est une production de l'organisme maternel à l'état de plein développement; puis on a dit qu'il était une production de l'organisme maternel, dès son état embryonnaire et avant même que le sexe y fût caractérisé. M. Balbiani fait un pas de plus dans cette voie des origines, et il rattache l'œuf à l'organisme maternel non encore développé, existant seulement en puissance, c'est-à-dire à l'œuf maternel.

On en peut dire autant de celui-là même qui se rattache à l'œuf antérieur, et ainsi de suite, en remontant. L'œuf contient donc un élément essentiel des œufs des générations successives, élément spécifique et non individuel. Cette doctrine de M. Balbiani semble donc, à un certain degré, rajeunir la célèbre théorie de l'involution ou de l'*emboîtement des germes*, qu'avait proposée au siècle dernier le philosophe naturaliste

Ch. Bonnet, de Genève. — On pensait, à l'époque où le naturaliste génevois proposait son hypothèse, que l'être nouveau existait tout préformé dans l'œuf ; d'autres disaient dans la liqueur séminale : ce n'était pas l'être actuel qui le créait, il ne faisait pour ainsi dire que le porter et fournir l'habitation à cette ébauche ou miniature du rejeton. Ch. Bonnet fut conduit par ses méditations a priori et ses expériences sur les pucerons à admettre la *préformation* ou *préexistence du germe* non pas seulement dans l'œuf qui le développera, mais la préformation indéfinie et de tout temps de cet œuf lui-même.

L'origine de cette doctrine se trouve dans les idées philosophiques de Leibnitz. Leibnitz considérait tous les phénomènes de l'univers comme la simple conséquence d'un acte primordial, la création. La puissance créatrice qui était intervenue une première fois n'avait pas eu besoin de répéter son effort, et l'ordre naturel était fixé pour la série des temps. En particulier, le premier être contenait en puissance et en substance toutes les générations qui lui ont succédé, et l'observateur ne fait qu'assister au développement de ces germes du premier jour, inclus les uns dans les autres.

C'est cette vue qu'adopta le philosophe génevois Bonnet. Il admit qu'un animal ne créait pas véritablement les êtres dont il devenait la souche ; qu'il en contenait simplement les germes, enveloppés pour ainsi dire les uns par les autres et se dépouillant successivement de leurs enveloppes. Si l'on en croit certains témoignages, Cuvier, dont le génie précis s'accommodait mal des hypothèses, aurait pourtant accueilli celle-ci avec faveur.

Le développement de la science a écarté ce qui, dans cette doctrine, était manifestement erroné : à savoir que l'œuf serait l'image réduite de l'être nouveau qui n'aurait pour ainsi dire qu'à se déployer et à s'amplifier. L'animal se forme non par l'ampliation de parties existantes déjà, mais par formation, création successive de parties nouvelles ou *épigenèse*, ainsi que nous le dirons tout à l'heure. Quant à l'autre partie de la doctrine, qui consiste à imaginer que l'œuf renferme non pas seulement en puissance, mais sous une forme figurée et substantielle, quelque élément des générations successives, c'est cette partie de la doctrine que les idées de M. Balbiani viennent de tirer de l'oubli et de la défaveur où elle était tombée.

Dans l'histoire du développement ou de l'évolution d'un animal, on peut distinguer trois périodes :

1° La *période ovogénique*, qui s'étend depuis l'origine de l'œuf jusqu'à sa constitution complète ;

2° La *période de la fécondation*, qui correspond au moment où l'œuf, arrivé à l'état de maturité, reçoit l'impulsion nouvelle résultant du contact de l'élément mâle ;

3° Enfin la *période embryogénique*, la plus longue, qui comprend la série des phénomènes par lesquels l'œuf fécondé est amené jusqu'au développement complet de l'animal.

Nous n'avons pas ici à faire l'histoire de ces trois périodes : nous devons seulement les caractériser brièvement, puisqu'elles marquent les trois étapes principales de la morphogénie.

Nous signalons le point de départ commun de toute organisation dans cette forme partout identique, qui est l'*ovule primordial*, simple masse protoplasmique à noyau. Cette identité d'origine pour tous les êtres organisés est un phénomène bien essentiel et bien digne d'être mis en lumière. Il est acquis surtout depuis les travaux de Waldeyer, en 1870.

Cet ovule primordial subit un développement (développement ovogénique) qui l'amène à l'état où il doit être pour subir efficacement l'imprégnation de l'élément mâle, c'est-à-dire à l'état d'œuf mûr. Ce développement comprend trois faits principaux : la formation d'une enveloppe limitant extérieurement l'élément, ou *enveloppe vitelline ;* l'accroissement de la masse protoplasmique primitive par l'adjonction d'éléments nouveaux constituant le *vitellus secondaire*, ou vitellus nutritif, ou *paralécithe*, ou *deutoplasme*, suivant les différents noms que lui ont donnés les auteurs. Enfin, et en troisième lieu, le noyau, ou *vésicule germinative* de Purkinje, jusque-là homogène dans toutes ses parties, permet d'apercevoir des granulations nucléolaires, *taches germinatives* ou taches de Wagner.

Dès cette première période, des différences apparaissent suivant que l'œuf devra former un animal de tel ou tel groupe zoologique. Avant toute fécondation, avant tout développement, il est possible de prédire, d'après les caractères anatomiques particuliers de l'œuf complet, la direction générale de son évolution et le groupe auquel appartiendra l'animal qu'il formera. L'enveloppe vitelline, par exemple, est striée radiairement chez les mammifères et les poissons osseux, et y présente un micropyle. Rien de pareil n'a lieu chez les oiseaux. Le vitellus secondaire peut être en proportions différentes relativement au vitellus primitif; tantôt il est très abondant, c'est le cas des animaux ovipares, oiseaux et reptiles ; tantôt il est très peu abondant, ce qui est le cas des vivipares, tels que les mammifères. Enfin les taches germinatives du noyau sont bien différentes en nombre chez les uns ou chez les autres des vertébrés : il y en a plus de 100 à 200 chez les poissons, au contraire 1 ou 2 chez les mammifères.

Une étude de l'ovogenèse étendue à tous les groupes aurait donc pour résultat de montrer une différenciation très précoce dans le travail du développement. Il semble bien que dès le début commun les routes vont en divergeant et que chaque ovule primordial ait sa voie fixée d'avance, dans laquelle il marchera sans arrêt, jusqu'à réaliser sous la direction des lois morphologiques le type animal qui était virtuellement inscrit en lui.

La seconde période du développement de l'œuf est caractérisée par le phénomène de la fécondation et tous les faits secondaires qui la préparent ou s'y rattachent. L'œuf, ainsi que nous l'avons dit, est un élément plastique très énergique, centre d'attraction chimique et morphologique. Le processus évolutif de cet élément est renforcé d'une manière encore inconnue par l'intervention de l'élément mâle, c'est-à-dire par la fécondation.

Une fois la fécondation accomplie, le travail évolutif prend une extrême activité et la phase embryogénique commence.

Le problème de l'embryogénie consiste, en définitive, à expliquer par quels procédés successifs la cellule ovulaire simple a donné naissance à cette construction polycellulaire d'une architecture si complexe qui est la machine vivante.

On a eu d'abord recours aux hypothèses, avant de s'adresser à l'observation, pour essayer de percer ce mystère.

Deux théories opposées se présentent à l'esprit du naturaliste philosophe, dont chacune a eu ses partisans : c'est la théorie de l'*involution* d'une part, de l'autre, la théorie de l'*épigenèse*. Le débat est aujourd'hui tranché, et l'on sait, depuis les travaux du célèbre embryologiste Caspar-Frederick Wolff, que l'organisme se développe de l'œuf par *épigenèse*.

Les partisans de l'involution pensaient que la génération d'un être n'était pas une véritable création. Le rejeton préexistait tout formé, avec ses organes, ses appareils, sa forme, dans le germe, et la fécondation ne faisait que le déployer. Ce germe, image réduite de l'être nouveau, c'était l'*œuf* pour certains naturalistes, qui de là prenaient le nom d'*ovistes*, tels Swammerdamm, Malpighi, Haller. — Pour d'autres, les *spermatistes*, Leeuwenhœck, Spallanzani, c'était l'*animal spermatique*, qui était le germe ; mais pour les uns et pour les autres, le germe était l'ébauche, la miniature de l'embryon; et c'est là le point essentiel de la doctrine. L'être ne commençait donc pas à l'acte de la génération; il préexistait déjà, à l'état dormant et n'attendant que d'être tiré de cette condition léthargique par l'impulsion fécondatrice. — Défendue par Leibnitz parmi les philosophes, par Haller parmi les physiologistes, cette doctrine subsista universellement acceptée jusqu'au moment où C.-F. Wolff, le premier fondateur de l'embryologie moderne, vint lui porter le coup mortel et révéler la véritable nature du développement organique. « Il prouva que le développement de chaque » organisme s'effectue par une série de formations nou- » velles, et que, ni dans l'œuf, ni dans les spermato- » zoaires, il n'existe la moindre trace des formes défi- » nitives de l'organisme (1). »

C.-F. Wolff montra en effet, en étudiant chez le poulet le développement du tube digestif, qu'il y a une époque où cet appareil n'est encore qu'une sorte de membrane ovale, un *feuillet germinatif*, qui passe par une série de transformations continuelles et par des additions nouvelles, arrive à constituer le canal intestinal, les glandes qui en dépendent, le foie, le poumon, etc. — On trouve dans cette observation le germe de la découverte des *feuillets embryonnaires*, que Baër compléta et introduisit plus tard dans la science.

Ainsi, les parties du corps sont faites successivement les unes après les autres, par additions et différenciations successives. Rien ne préexiste dans sa forme et

(1) Hæckel, *Anthropogénie*, p. 28.

son dessin définitif. Le germe de l'homme n'est pas un *homoncule*, image réduite et parfaite de l'adulte ; c'est une masse cellulaire qui, par un travail lent, acquiert des formes successivement compliquées.

Les premiers phénomènes par lesquels débute l'évolution embryogénique sont sensiblement les mêmes d'un bout à l'autre du règne animal. Chez les mammifères, la masse protoplasmique qui forme l'œuf fécondé se segmente en deux moitiés par division endogène. Chacune des deux masses nouvelles subit une segmentation pareille. Ce phénomène, appelé *fractionnement du vitellus*, aboutit, par ces divisions réitérées de la masse protoplasmique principale, à la formation d'une masse de cellules toutes pareilles entre elles, groupe cellulaire provenant par générations successives de la cellule primitive.

Ce groupe formé de cellules pressées les unes contre les autres est une masse sphérique framboisée, muriforme. On a proposé de désigner ce premier stade de l'évolution embryogénique commun à tous les animaux par un nom particulier, celui de *morula*.

Chez les mammifères, cette masse pleine, compacte de cellules vitellines se creuse bientôt à son centre où s'amasse un liquide, et se condense à la surface. L'œuf est alors transformé en une vésicule sphérique, dont l'enveloppe est constituée par une couche plus ou moins épaisse de cellules juxtaposées, et l'intérieur occupé par un liquide. Cette poche s'appelle *blastula*, *vésicule blastodermique ;* la paroi, *blastoderme;* ses éléments, *cellules du blastoderme*.

La vésicule blastodermique a environ 1 millimètre de

diamètre. Elle est formée d'une seule assise de cellules. En un de ses points, cette paroi est doublée par un petit amas de cellules de segmentation à contour elliptique, faisant saillie dans la cavité blastodermique, simulant à la surface l'apparence d'une tache et que l'on appelle area germinativa, *aire germinative*, rudiment primitif du corps du mammifère.

La partie de cet amas cellulaire qui en forme la limite vers le centre se développe bientôt activement; elle fournit une nouvelle couche qui s'étale à la face interne du blastoderme, et s'y dispose comme une seconde assise. Il y a donc alors deux couches ou *deux feuillets* comprenant entre eux au niveau de l'aire germinative une masse intermédiaire. Ces deux feuillets ont des caractères différents : on les appelle feuillet externe ou *ectoderme*, feuillet interne ou *entoderme*, ou encore *épiblaste* et *hypoblaste*. Quant à la partie comprise entre les deux feuillets au niveau de l'aire germinative, c'est la *masse intermédiaire* ou *mésoblaste*.

Chez les oiseaux, les reptiles, les plagiostomes et les céphalopodes, les insectes, les arachnides supérieurs, et les crustacés qui ont des œufs à vitellus nutritif volumineux, il y a *segmentation partielle*, portant seulement sur le vitellus primitif. Aussi ces œufs sont dits *mésoblastiques* ou à fractionnement partiel, par opposition aux œufs *oloplastiques* des mammifères ou à fractionnement total. Mais c'est là une différence sans importance, car dans l'un comme dans l'autre cas le résultat premier du travail embryogénique est la formation de *deux feuillets primaires*.

On trouve encore chez les animaux inférieurs le fractionnement total, la formation d'une masse framboisée ou *morula* et la constitution d'une poche à deux feuillets, munie d'une ouverture. Cette forme constitue le *gastrula* avec son entoderme et son ectoderme. C'est ce qui s'observe chez les éponges, les polypes et les vers.

Il y a, comme on le voit, une certaine analogie dans la première phase du développement embryogénique chez tous les animaux.

Plus tard, on trouve quatre feuillets; cette multiplication résulte, comme l'a montré Remak, du dédoublement du mésoblaste en une *lame musculo-cutanée* et une *lame fibro-intestinale*. Quant à l'épiblaste ou ectoderme, il prend le nom de feuillet corné ou cutané sensitif, ou sensoriel; l'hypoblaste ou feuillet interne est appelé intestino-glandulaire. Cette division en quatre feuillets, qui caractérise le second stade du développement embryogénique, se rencontre chez tous les vertébrés et chez la plupart des invertébrés, sauf chez les derniers des zoophytes, les spongiaires, où le travail se réduit à la division en deux feuillets primaires.

Les cellules qui constituent chacun de ces feuillets et leur descendance ont dans la constitution de l'être un rôle particulier. Le *feuillet corné* ou sensitivo-cutané, encore appelé épiblaste, forme l'épiderme avec ses annexes (cheveux, ongles, glandes sudoripares et sébacées), et le système nerveux central, la moelle épinière.

La *lame musculo-cutanée* du mésoblaste, ou mésoderme, forme le derme, les muscles, le squelette interne, os, cartilages, ligaments, c'est-à-dire le système musculaire et les systèmes conjonctifs.

La *lame fibro-intestinale* du mésoblaste forme le cœur, les gros vaisseaux, les vaisseaux lymphatiques, le sang lui-même et la lymphe, c'est-à-dire le système vasculaire, plus le mésentère et les parties musculaires et fibreuses de l'intestin.

Le *feuillet interne*, hypoblaste ou hypoderme, ou feuillet intestino-glandulaire, fournit le revêtement épithélial de l'intestin, les glandes intestinales, le poumon, le foie (*voy.* fig. 40).

Comment se disposent ces éléments, suivant quel dessin et quel plan?

On peut répondre que ce dessin et ce plan sont caractérisés dès le début, et que si ces éléments constituent des matériaux de même nature et de même situation, ils reçoivent au premier moment une destination architecturale distincte; ils servent à édifier un monument d'un style particulier qui se révèle et peut se prédire sitôt qu'il commence à s'exécuter.

Chez les vertébrés, dès ce moment, le disque germinatif offre deux parties, une zone marginale opaque, *area opaca*, entourant une partie centrale claire, *area pellucida*. Les cellules les plus centrales des feuillets externe et moyen se multiplient dans l'*area pellucida* et forment une tache ovalaire plus brillante encore qui est le germe proprement dit, *protosoma*. Une gouttière, sillon primitif, divise bientôt ce germe en deux moitiés, et les bords de la gouttière s'épaississent de manière à constituer deux bourrelets saillants grâce à la prolifération des cellules du feuillet externe. Le contour du germe change dans le même temps, et, s'étranglant vers son milieu, prend la forme d'un corps de violon (*voy.* fig. 38). Pendant ce temps le feuillet moyen, mésoderme, s'épaissit et se comporte d'une manière différente dans sa partie centrale, dans sa partie périphérique et dans la région intermédiaire; sa partie centrale, sous-jacente à la gouttière, se différencie et commence à s'organiser pour former le cylindre cellulaire appelé *corde dorsale;* la partie périphérique de ce mésoblaste se fissure pour constituer les deux lames musculo-cutanée et fibro-intestinale qui tendent à s'écarter l'une de l'autre, laissant entre elles une fente, rudiment du cœlome ou cavité pleuro-péritonéale. Quant à la région intermédiaire de ce feuillet moyen, comprise entre la corde dorsale au centre et la partie divisée à la périphérie, elle constitue de chaque côté une sorte de cordon appelé *cordon vertébral primitif*, d'où proviendront les pièces des vertèbres.

Les bourrelets dorsaux formés par le feuillet externe se rapprochent, s'affrontent, se ferment, et ainsi se trouve constitué un *tube médullaire* destiné à devenir la moelle épinière; celle-ci sera refoulée vers l'intérieur et enfermée dans le canal spinal qui l'entoure, en se constituant aux dépens des pièces vertébrales droites et gauches du feuillet moyen qui viendront se rejoindre sur la ligne médiane au-dessus et au-dessous, et lui formeront un étui.

Du côté du feuillet interne ou hypoblaste les choses se passent de même, mais plus tardivement. Réduit pendant longtemps à une seule couche cellulaire, ce feuillet montre bientôt dans l'axe du germe une dépression en gouttière, dont les bords s'affrontent et constituent finalement un tube complet, le tube intestinal.

Ce n'est pas le lieu de suivre pas à pas le développement de ces diverses parties. Il nous suffit d'en saisir le dessin général.

Chez les vertébrés, le type se marque et se caractérise dès le début, en ce sens qu'il y a un sillon primitif au-dessous duquel le feuillet moyen resté indivis forme un *cordon axial*, et les choses sont symétriques de part et d'autre. Cette division du germe en deux moitiés par une ligne primitive indique la direction que suivra le développement et l'embranchement auquel appartiendra l'animal.

Les particularités distinctives des divers vertébrés, et d'une façon générale des divers groupes, n'apparaissent que graduellement et d'autant plus tardivement que les êtres adultes se ressembleront davantage. Hæckel a énoncé cette loi dans les termes suivants :

« Plus deux animaux adultes se ressemblent par leur » structure générale, plus leur forme embryonnaire » reste longtemps identique, plus longtemps leurs » embryons se confondent ou ne se distinguent que » par des caractères secondaires. »

Si nous voulons résumer les résultats précédents et les comprendre dans une formule générale, nous dirons après Baër :

« L'être vivant provient d'une cellule primitivement identique, l'œuf primordial ; il s'édifie par formation progressive ou ÉPIGENÈSE, par suite de la prolifération de cette cellule primitive qui forme des cellules nouvelles, qui se différencient de plus en plus et s'associent en cordons, en tubes, en lames, pour arriver à constituer les différents organes. Cette structure va se compliquant successivement, de manière que les formes se particularisent de plus en plus à mesure que le développement avance. C'est la forme la plus générale, celle de l'embranchement, qui se manifeste la première ; puis celle de la classe, puis celle de l'ordre, et ainsi de suite jusqu'à l'espèce. »

Le développement suit donc des routes d'abord communes, puis divergentes, lorsqu'il doit aboutir à des formes différentes. La seule question en litige est de savoir à partir de quel point commence cette divergence, car, au premier moment, il n'y a aucune différenciation, et les stades originels semblent identiques. La plupart des embryologistes ont pensé que ce qu'il y a de commun dans un groupe animal est toujours développé dans l'embryon plus tôt que ce qu'il y a de spécial ; et, par conséquent, lorsqu'on imagine quatre types de structure, comme le faisaient Cuvier, Baër et Agassiz, il est naturel que l'on retrouve quatre types de développement ou d'évolution. Baër, en particulier, admettait quatre procédés embryologiques, qui se caractérisaient depuis une époque fort reculée du développement et qui conduisaient à leur forme parfaite les germes des animaux des quatre embranchements de Cuvier. Ce système était quelque peu prématuré, et les observations embryologiques modernes en contredisent bien des parties. Des quatre types primitifs admis par Baër, il y en a un, l'*evolutio contorta*, qui a été ultérieurement rejeté; un autre, l'*evolutio radiata*, ne saurait plus être admis qu'avec d'expresses réserves. Néanmoins, et en l'absence de tout autre classement des procédés embryologiques, nous rappelons ici le système, si imparfait soit-il, de Baër; il offre tout au moins un intérêt historique et le cadre pour les systèmes nouveaux auxquels conduiront les observations si minutieuses des zoologistes modernes.

Baër admettait donc quatre types de développement, de même que Cuvier admettait quatre types d'organisation. Il les caractérisait par les noms suivants :

1° *Evolutio bigemina;* vertébrés.
2° *Evolutio gemina;* arthropodes.
3° *Evolutio contorta;* mollusques.
4° *Evolutio radiata;* rayonnés.

1° Le premier type, offert par les vertébrés, est le *type à symétrie double*. Baër employait pour en caractériser le développement la désignation d'*evolutio bigemina*. Plus tard, Kölliker (1) acceptait le même type et la même désignation comme exprimant en réalité le procédé de développement de ces vertébrés.

L'embryon né d'une portion localisée de l'œuf fractionné (*evolutio in una parte*) se développe dans deux directions différentes, en présentant la symétrie bilatérale.

(1) *Entwickelungsgeschichte der Cephalopoden* (Zurich, 1844).

Le développement de l'embryon se fait par une double répétition de parties, répétition latérale et répétition

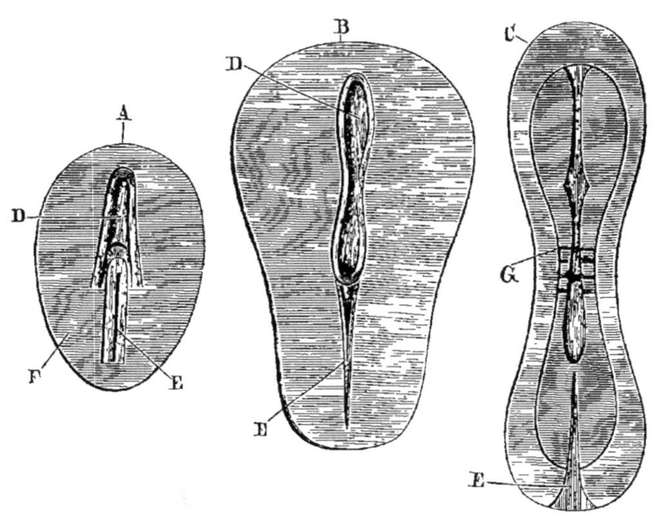

Fig. 39. — Développement des vertébrés ; type des mammifères (évolution symétrique double). — A, B, C, trois stades de l'embryon du lapin. — D, système nerveux. — E, bandelette axile. — F, *area germinativa*. — G, vertèbres primitives. On voit ici deux axes de symétrie constitués, l'un par le système nerveux, l'autre par le système viscéral. (Hensen et Kölliker.)

de haut en bas, c'est-à-dire qu'il se produit des organes identiques qui partent des deux côtés d'un axe (corde dorsale), se projettent en haut et en bas (lames dorsales et lames ventrales), et s'affrontent le long de deux lignes parallèles, de telle sorte que le feuillet interne du germe se ferme en dessous, et le feuillet externe en dessus; par là se trouvent constituées deux cavités allongées : l'une, *cavité viscérale*, qui loge et circonscrit le système des viscères ou système végétatif; l'autre, *cavité médullaire*, entourant et circonscrivant la moelle épinière et le cerveau, organe central de la vie animale.

2° Le second type d'organisation et d'évolution est offert par les articulés (*voy.* fig. 41).

Il constitue l'*evolutio gemina* de Baër et de Kölliker.

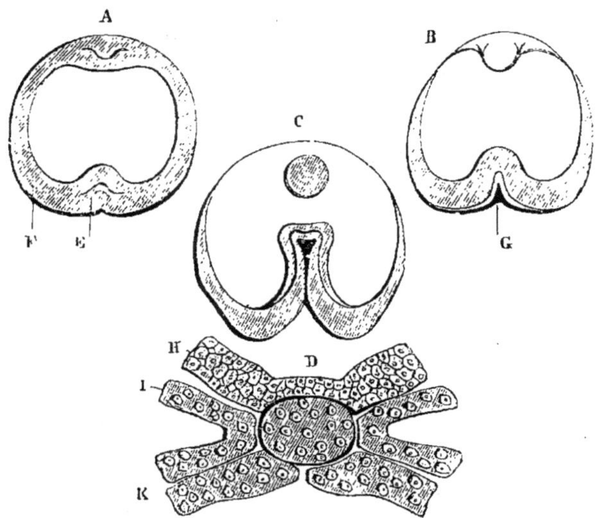

Fig. 40. — Développement des vertébrés, évolution symétrique double (*evolutio bigemina* de Baër). — Type des poissons ; A, B, C, trois stades de l'embryon de la torpille (*Torpedo oculata*) ; E, embryon ; F, *area germinativa* ; G, système nerveux. — D, coupe des feuillets embryonnaires ; H, ectoderme formant la moelle primitive ; I, mésoderme ; K, entoderme ; au centre se voit la corde dorsale séparant les deux axes de développement. (Al. Schutz.)

Il est caractérisé en ce que les lames dorsales demeurent ouvertes et se transforment en membres.

Le développement produit ici des parties identiques émanant des deux côtés d'un axe et se refermant le long d'une ligne parallèle et opposée à l'axe. Ce type pourrait encore être appelé type longitudinal. Il y a une seule cavité qui loge tous les viscères et le système nerveux. Le canal intestinal, les troncs vasculaires et le système nerveux s'étendent dans la longueur du corps qui présente deux extrémités. C'est entre ces deux extrémités, avant et arrière, que s'accuse l'opposition ; elle se traduit moins clairement entre le dessus et le dessous, car le système nerveux va d'un côté à l'autre du système digestif.

Les parties appendiculaires ou surbordonnées se

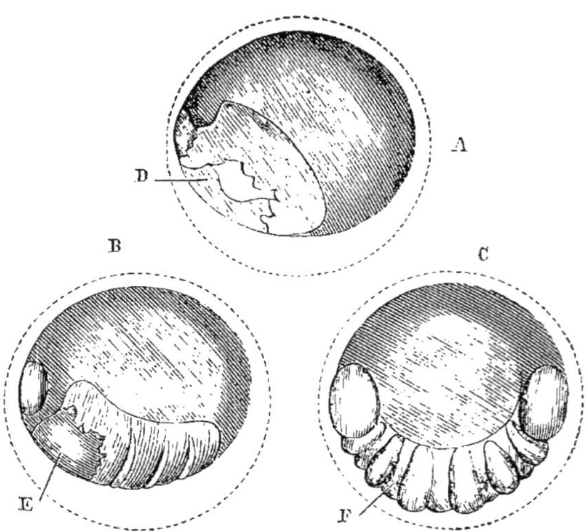

Fig. 41. — Développement des articulés ; exemple d'évolution symétrique simple (*evolutio gemina* de Baër). — Œuf d'une arachnide (*Agelena labyrinthica*) à divers degrés de développement. A B, de profil ; C, de face. D E F, embryon symétrique par rapport à un seul axe de développement. (Balbiani.)

projettent latéralement, à gauche et à droite, ainsi que le montrent les figures que nous plaçons sous les yeux du lecteur (*voy.* fig. 41).

3° Le troisième type d'organisation et de développement est le moins bien fondé des trois et celui qui doit subir les plus radicales transformations. C'est le *type massif*, caractérisé par le nom d'*evolutio contorta*. Il exprime que le développement produit des parties identiques *courbées* autour d'un espace, conique ou autrement disposé. L'appareil digestif est plus ou moins curviligne. L'étude plus complète du développement des mollusques a établi que l'enroulement offert par quelques-uns de ces animaux n'est pas un fait primitif, pas plus qu'il n'est général. D'ailleurs, Kölliker lui-même, à une époque déjà ancienne (1844), a considéré les mollusques comme des êtres à évolution

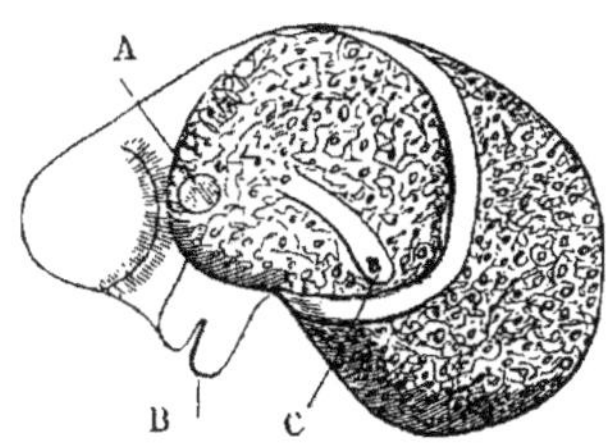

Fig. 42. — Développement des mollusques ; évolution contournée (*evolutio contorta* de Baër). Jeune embryon de gastéropode (*Nassa mutabilis*) vu de de profit : A, rein primordial ; B, pied ; C, anus, auquel aboutit la portion terminale du tube digestif qui commence derrière le pied, décrivant ainsi primitivement une forte courbure. (Bobretzky.)

se faisant uniformément et indifféremment dans toutes les directions, c'est-à-dire qu'il les a rangés dans le type de l'*evolutio radiata.*

4° Le quatrième type d'organisation et d'évolution est offert par le grand nombre des rayonnés. Il constitue le *type périphérique*, et se développe par le mode appelé *evolutio radiata* par Baër et Kölliker. Tout le corps de l'embryon fait saillie à la fois (*evolutio in omnibus partibus*). Le développement se fait autour d'un centre et produit des parties identiques dans un ordre rayonnant, sur un plan transversal. C'est donc entre le centre et la périphérie que se fait le travail évolutif, et c'est entre ces deux régions qu'existe le contraste essentiel. Au contraire, le contraste est moins marqué entre le dessus et le dessous parallèlement à l'axe longitudinal, ainsi qu'entre l'avant et l'arrière. En consé-

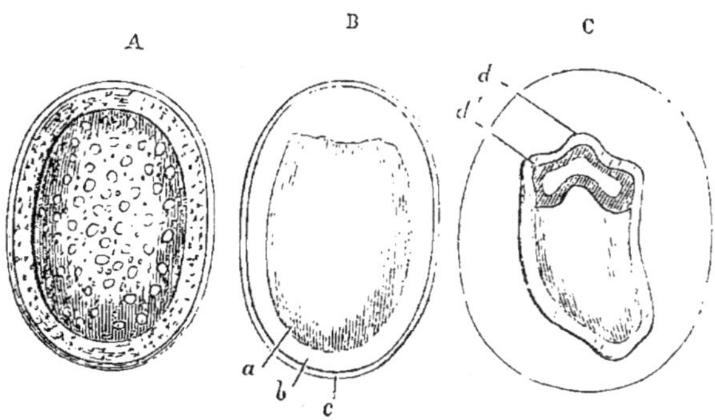

Fig. 43. — Développement des zoophytes ; évolution rayonnée (*evolutio radiata* de Baër). — A, B, C. trois stades de l'embryon d'une hydre (*Hydra aurantiaca*). — *a*. entoderme ; — *b*. ectoderme ; — *c*. enveloppe de l'œuf ; — *d*, *d'*, tentacules présentant d'emblée leur apparence radiée. (N. Kleinenberg.)

quence, le type évolutif se trouve être le rayonnement.

III. *Origine et causes de la morphologie.* — C'est surtout par l'étude du développement que l'on peut acquérir la notion de l'existence de lois qui règlent la constitution morphologique des êtres. On entrevoit dès les premiers moments un plan idéal qui se réalise degré par degré ; on en saisit l'ébauche grossière d'abord, qui se perfectionne et se complète successivement. Le point de départ est identique en apparence; le terme est infiniment diversifié et l'animal va de l'un à l'autre d'une façon régulière et invariable par un travail toujours le même dans sa complexité.

Si l'on n'a que le point de départ, si l'on voit seulement l'ovule primordial, on ne sait rien de ce qui arrivera ; on ne peut prévoir si le résultat du travail formateur sera la création d'un zoophyte ou d'un vertébré, d'un mammifère, d'un homme.

Il faut, pour prédire l'issue du travail, connaître l'origine de ce *protovum*. Si l'on sait d'où il sort, on sait ce qu'il sera. Ainsi tout le travail morphologique est contenu dans l'état antérieur. Ce travail est une pure *répétition* : il n'a pas ses raisons à chaque instant dans une force actuellement active; il a ses raisons dans une force antérieure. Il n'y a point de morphologie sans prédécesseurs.

Dans la réalité, nous n'assistons à la naissance d'aucun être : nous ne voyons qu'une continuation périodique. La raison de cette création apparente n'est donc pas dans le présent, elle est dans le passé, à l'origine. Nous ne saurions la trouver dans des causes secondes ou actuelles; il faudrait la chercher dans la cause première.

L'être vivant est comme la planète qui décrit son orbe elliptique en vertu d'une impulsion initiale; tous les phénomènes qui s'accomplissent à la surface de cette planète, comme les phénomènes vitaux dans l'organisme, manifestent le jeu des forces physiques actuellement présentes et actives; mais la cause qui lui a imprimé son impulsion initiale est en dehors de ses phénomènes actuels et liée seulement à l'équilibre cosmique général. Il faudrait changer le système planétaire tout entier pour la modifier; l'état de choses actuel est le résultat d'un équilibre auquel concourent toutes les parties, et qui troublerait toutes les parties si lui-même était changé en un point.

Cette comparaison s'applique à l'être vivant et à son évolution. La morphologie n'est pas plus liée à la manifestation vitale actuelle que les phénomènes des agents physiques à la surface de la terre ne sont liés au mouvement de notre planète sur le plan de l'écliptique. C'est pourquoi nous séparons absolument la phénoménologie vitale, objet de la physiologie, de la morphologie organique dont le naturaliste (zoologiste et botaniste) étudie les lois, mais qui nous échappe expérimentalement et qui n'est pas à notre portée.

La loi morphologique n'a pas à chaque instant sa raison d'être : elle traduit une influence héréditaire ou antérieure dont nous ne saurions effacer l'influence, une action primitive qui est liée à un ensemble cosmique général que nous sommes impuissants à atteindre. Il en résulte qu'en l'état actuel des choses la morphologie est fixée, et cela, bien entendu, quelle que soit l'idée que nous nous formions de l'évolution qui y a conduit. Que l'on soit Cuviériste ou Darwiniste, cela importe peu : ce sont deux façons différentes de comprendre l'histoire du passé et l'établissement du régime présent; cela ne peut fournir aucun moyen de régler l'avenir. On ne changera pas l'œuf du lapin et, lui faisant oublier l'impulsion primitive et ses états antérieurs, on n'en fera pas sortir un chien ou un autre mammifère. Les limites entre lesquelles la morphologie est fixée, si elles ne sont pas absolues (il n'y a rien d'absolu dans l'être vivant), sont au moins très restreintes. Si l'on cherche à écarter un être de sa route, comme cela a lieu par la création des variétés artificielles, on sera obligé constamment de le maintenir dans la voie nouvelle. Les variétés tendent sans cesse à retourner à leur point de départ.

Il ne faudrait pas voir dans cette tendance à revenir au départ une force particulière, mystérieuse, qui veillerait à la conservation des espèces. Si la chose a lieu ainsi, c'est que l'être est en quelque sorte emprisonné dans une série de conditions dont il ne peut sortir, parce qu'elles se répètent toujours les mêmes en dehors de lui et aussi en lui. Ainsi un carnivore naissant avec des organes de carnivore, il faut bien qu'il suive la direction que ses organes lui donnent. C'est antérieurement à la formation de ces organes, antérieurement à la vie adulte qu'il aurait fallu agir; mais cela est impossible, parce que l'œuf a déjà en puissance l'état adulte, et que sa formation a lieu dans des conditions tellement déterminées qu'on ne peut pas changer sans amener la mort des êtres qu'on voudrait modifier. Il n'est donc pas étonnant que dans de pareilles circonstances les espèces, les types se perpétuent et se conservent, et qu'on ne puisse pas porter l'intervention expérimentale au delà de certaines limites.

Dans un autre équilibre cosmique, la morphologie vitale serait autre. Je pense, en un mot, qu'il existe virtuellement dans la nature un nombre infini de formes vivantes que nous ne connaissons pas. Ces formes vivantes seraient en quelque sorte dormantes ou expectantes; elles apparaîtraient dès que leurs conditions d'existence viendraient à se manifester, et, une fois réalisées, elles se perpétueraient autant que leurs conditions d'existence et de succession se perpétueraient elles-mêmes.

Il en est ainsi des corps nouveaux que forment les chimistes; ils ne les créent pas, ils étaient virtuellement possibles dans les lois de la nature. Seulement le chimiste réalise artificiellement les conditions extérieures ou cosmiques de leur existence.

Les phénomènes de l'évolution s'exécutent, pourrait-on dire, par suite d'une *cause* initiale donnée : leur apparition représente une série de consignes réglées d'avance qui *en réalité* s'exécutent isolément. Si vous voyez deux organes se développer successivement ou simultanément pour concourir en apparence à un but commun, vous pouvez croire que l'influence ou la présence de l'un a commandé logiquement la formation de l'autre; ce serait une erreur : les deux organes se sont développés aveuglément par suite d'une consigne qui peut parfois nous paraître complètement illogique, comme le sont d'ailleurs toutes les consignes quand on les considère dans leur application à des cas particuliers imprévus. Prenons un exemple : si l'on observe le premier développement du poulet, on voit le cœur se former dans la cicatricule, et tout autour s'épanouir un système de vaisseaux, l'*area vasculosa*, qui se relie au système circulatoire central de l'embryon. Il paraît bien naturel de penser que le système vasculaire périphérique se forme parce que le cœur de l'embryon le commande : il n'en est rien. Si vous empêchez l'embryon d'apparaître, l'*area vasculosa* ne se produit pas moins, quoique sa fonction soit devenue tout à fait inutile.

Nous ferons à ce sujet une remarque générale qui sera développée ultérieurement dans des études plus spéciales. Les organes du corps, qui sont tous associés et harmonisés dans leur fonctionnement, ont leur développement autonome et indépendant. L'organisme représente sous ce rapport ce qui a lieu dans une fabrique de fusils, par exemple, où chaque ouvrier fait une pièce indépendamment d'un autre qui fait une autre pièce sans connaître l'ensemble auquel elles doivent concourir. Il semble y avoir ensuite un ajusteur qui met toutes ces pièces en harmonie. Dans l'organisme animal, c'est le système nerveux qui est le grand harmonisateur fonctionnel chez l'adulte. Lorsque cet ajustement des organes dans l'embryon animal ou végétal se fait de travers, par une cause quelconque, il en résulte la mort de l'organisme ou des monstruosités, des *malformations*, comme on dit ordinairement.

Nous voulons bien faire comprendre ce point essentiel que la morphologie doit être complètement distinguée de l'activité physiologique des organes. Les lois morphologiques sont des lois que nous avons appelées dormantes ou expectantes, qui n'empêchent ni ne produisent aucun phénomène vital, qui n'agissent pas et sur lesquelles on ne saurait agir.

Le rôle actuel des organes n'est pas la cause qui a déterminé leur formation. M. Paul Janet (1) a rassemblé tous les arguments pour démontrer que les choses sont arrangées, harmonisées en vue d'une fin déterminée. Nous sommes d'accord avec lui, car sans cette

(1) P. Janet, *Les causes finales*, 1876.

harmonie la vie serait impossible ; mais ce n'est pas, pour le physiologiste, une raison de chercher l'explication de la morphologie dans des causes finales actuellement actives. Ici comme toujours, l'ordre des causes finales se confond avec l'ordre des causes initiales ou premières. — Prenons encore un exemple. Imaginons que l'on suive le développement d'un être donné, d'un lapin. On verra successivement se constituer les différents organes. L'œil avec sa structure si particulière est organisé précisément afin de permettre au lapin de recevoir l'impression de la lumière et, suivant un partisan des causes finales, c'est ce but qui déterminera sa formation et qui présidera à sa constitution successive.

C'est contre cet abus qu'il faut protester en physiologie. La cause finale n'intervient point comme loi de nature actuelle et efficace. Ce lapin n'arrivera peut-être pas à terme, son œil lui sera inutile ; il ne recevra jamais l'action de la lumière. Il en est de même dans le cas d'une poule sans mâle qui pond un œuf nécessairement infécond. L'organe n'est pas fait dans la prévision de la fonction, car la cause finale serait singulièrement trompée. Ce serait une prévoyance bien aveugle que celle dont les calculs seraient si souvent déjoués. L'œil se fait chez le lapin parce qu'il s'est fait chez ses antécédents et que la nature répète éternellement sa consigne. Ce n'est point pour l'usage que celui-ci en tirera que la nature travaille. Elle refait ce qu'elle a fait ; c'est là la loi. C'est donc seulement au début que l'on peut invoquer sa prévoyance : c'est à l'origine. Il faut remonter à la cause première. La cause finale est la conséquence de la cause première : suivant moi, elles se confondent l'une et l'autre dans un inaccessible lointain.

La raison qui fait que la poule couve ses œufs n'est pas actuellement de produire le développement du jeune animal. Donnez-lui un œuf de plâtre, elle le couvera également et elle poussera des cris si on le lui enlève. Elle couve en vertu d'une consigne que ses antécédents ont observée et non dans un but et par un mobile actuel.

Nous n'admettons donc pas que les forces particulières qui travaillent continuellement dans un être vivant aient pour loi le salut de chaque être vivant ; que ce soit pour cette utilité présente que le conduit biliaire coupé se reforme et que la fibre nerveuse sectionnée se répare et se cicatrise. C'est à tort, à notre avis, qu'on admettrait, dans l'homme comme dans les animaux, une force organique, agissant avec pleine conscience de ses actes, au mieux de ses intérêts. Aristote avait placé dans chaque organe un pouvoir spirituel (ψυχὴ θρεπτικά), opérant en dehors du *moi*, ignoré de la conscience et agissant pourtant dans les circonstances diverses avec un parfait discernement. Alexandre de Humboldt n'a pas voulu décider si chaque acte organique ne supposait pas une force qui l'eût conçu au préalable d'une manière représentative.

Pour nous la loi préalable n'existe qu'à l'origine, et tout ce qui est actuel en est le déroulement.

En ramenant ainsi la cause finale à la cause première, le physiologiste l'écarte de son domaine, c'est-à-dire du champ de la science active pour la rattacher à la science spéculative, à la philosophie. La finalité n'est point une *loi physiologique* ; ce n'est point une *loi de la nature*, comme le disent certains philosophes : c'est bien plutôt une loi rationnelle de l'esprit. Le physiologiste doit se garder de confondre le but avec la cause ; le *but* conçu dans l'intelligence avec la *cause efficiente* qui est dans l'objet. « Les causes finales, suivant le mot de Spinoza, ne marquent point la nature » des choses, mais seulement la constitution de la » faculté d'imaginer. »

Les philosophes qui font effort pour arracher du monde métaphysique le principe des causes finales et l'implanter dans le monde objectif de la nature se placent à un tout autre point de vue que les hommes de science. Les philosophes partent de cette donnée, que tout ce qui *est réel est rationnel* et que tout ce qui se manifeste est *intelligible*. Les choses se passent, disent-ils, comme si la cause des phénomènes avait *prévu* l'effet qu'ils doivent amener. Cette cause est faite à l'image de celle que nous portons en nous, de la volonté qui préside à nos actions. « Ayant ainsi en lui le type de la cause finale, l'homme a été entraîné à la concevoir en dehors de *lui*, et comme il fait les choses par art ou industrie, il a imaginé que les choses de la nature étaient faites de même par art ou industrie » ; c'est là ce qu'exprime le mot de Gœthe : la nature est un artiste. On a cru qu'une *pensée* conforme à celle de l'homme dirigeait vers un but tous les rouages qui fonctionnent dans l'être organisé, et subordonnait à un effet futur déterminé les phénomènes qui se succèdent isolément. De sorte que cet effet final en vue duquel tous les phénomènes se coordonnent, devient *rétroactivement* la cause directrice de ceux qui le précèdent. L'*acte futur* qui apparaîtra comme un *résultat* serait un *but* toujours présent sous forme d'anticipation idéale dans la série des phénomènes qui le précèdent et le réalisent; il serait une cause finale.

C'est là une conception essentiellement métaphysique que l'on peut accueillir à ce titre.

Mais l'homme de science envisage seulement les causes ou les conditions efficientes, et non, selon l'expression de M. Caro (1), leurs *conditions intellectuelles*. Il voit l'ordre, le rapport des phénomènes, leur harmonie, leur *consensus;* il reconnaît leur enchaînement prédéterminé. C'est là un fait irrécusable. A la constatation de ce fait est borné le rôle de la science. M. Janet reconnaît lui-même à la conscience le droit de s'interdire toute autre recherche que celles qui ramènent des effets à leurs conditions ou causes prochaines. Sans doute ces causes physiques ou conditions ne suffisent pas à nous rendre compte des phénomènes, mais elles suffisent à nous en rendre maîtres.

Que si l'on veut se rendre compte de la cause première de cette préordonnance vitale, on sort de la science. Qu'il y ait là une *intention intelligente et prévoyante*, comme le veulent les finalistes, une *condition d'existence*, comme le veulent les positivistes, une *volonté aveugle*, selon Schopenhauer, un *instinct inconscient* comme le dit Hartmann, c'est affaire de sentiment. La

(1) Caro, *Journal des savants*, 1877.

cause finale est une de ces interprétations adéquate à la nature de l'intelligence, imaginée pour arriver à la compréhension des causes premières : c'est, selon M. Caro, une *loi de la raison* ou mieux la loi même essentielle de la raison humaine confondue avec la loi de *causalité*.

Mais en limitant ainsi la finalité dans le domaine métaphysique pour satisfaire aux exigences de la pensée, il faut encore n'en point faire abus. On peut, dans cet ordre d'idées, admettre comme physiologiste philosophe une sorte de *finalité particulière*, de *téléologie intra-organique :* le groupement des phénomènes vitaux en fonctions est l'expression de cette pensée. Mais alors, la cause finale, le but est cherché dans l'objet même, et non en dehors de lui. Tout acte d'un organisme vivant a sa fin dans l'enceinte de cet organisme. Celui-ci forme en effet un microcosme, un petit monde où les choses sont faites les unes pour les autres, et dont on peut saisir la relation parce que l'on peut embrasser l'ensemble *naturel* de ces choses.

Cette finalité particulière est seule absolue. Dans l'enceinte de l'individu vivant seulement, il y a des lois absolues prédéterminées. Là seulement on peut voir une intention qui s'exécute. Par exemple, le tube digestif de l'herbivore est fait pour digérer des principes alimentaires qui se rencontrent dans les plantes. Mais les plantes ne sont pas faites pour lui. Il n'y a qu'une nécessité pour sa vie, nécessité qui sera obéie, c'est qu'il se nourrisse : le reste est contingent. Les rapports de l'animal avec la plante sont purement contingents et non plus nécessaires. La nature, pourrait-on dire, a fait les choses pour elles-mêmes, sans s'occuper du contingent. Elle ne condamne pas certains êtres à être dévorés par d'autres ; elle leur donne au contraire l'instinct de conservation, de prolifération, et des moyens de résistance pour échapper à la mort. En résumé, les lois de la finalité particulière sont rigoureuses, les lois de la finalité générale sont contingentes.

La conception de finalités particulières peut être un adjuvant pour l'esprit, l'intelligence.

Il faut au contraire rejeter toute finalité extra-organique. Pour saisir le rapport de deux objets naturels du monde extérieur, il faudrait saisir ce monde extérieur tout entier, le macrocosme dans son ensemble. Ceci est impossible et le sera toujours comme la limite de la connaissance humaine. Ajoutons d'ailleurs qu'en fait toutes les tentatives de ce genre n'ont abouti qu'à des conclusions ridicules ou tombant sous le coup des plus graves reproches.

Pour revenir au point de départ de cette discussion, la physiologie signale l'existence des lois morphologiques, mais elle ne les étudie point. Ces lois morphologiques dérivent de causes qui sont hors de notre portée ; la physiologie ne conserve dans son domaine que ce qui est à notre portée, c'est-à-dire les conditions phénoménales et les propriétés matérielles par lesquelles on peut atteindre les manifestations de la vie.

L'étude des lois morphologiques constitue le domaine de la zoologie ou de la phytologie. Aristote considérait que, dans l'être vivant, ce qu'il y a de plus essentiel, c'est précisément cette forme qui lui est si profondément imprimée par une sorte d'héritage ancestral. La zoologie était donc pour lui l'étude de la vie même. Aujourd'hui nous séparons la physiologie de la zoologie, parce que nous séparons la *phénoménologie* vitale de la *morphologie* vitale.

La morphologie vitale, nous ne pouvons guère que la *contempler*, puisque son facteur essentiel, l'hérédité, n'est pas un élément que nous ayons en notre pouvoir et dont nous soyons maîtres comme nous le sommes des conditions physiques des manifestations vitales : la phénoménologie vitale, au contraire, nous pouvons la diriger.

A la vérité on peut considérer l'hérédité comme une condition expérimentale et l'employer, comme on fait en zootechnie, par les croisements et la sélection. On substitue ainsi des atavismes fugaces à l'atavisme fondamental ; mais on met en œuvre, dans de telles expériences, une condition qui n'en reste pas moins obscure. C'est, nous le répétons, cette morphologie générale de l'être vivant avec les morphologies particulières et indépendantes de ses divers organes qui constituent le vrai terrain de la zoologie en tant que science distincte. En fixant ainsi son rôle, on fixe du même coup celui de la physiologie et la différence de ces deux branches des connaissances humaines.

NEUVIÈME LEÇON

RÉSUMÉ DU COURS.

SOMMAIRE : I. *Conception de la vie.* — La vie n'est ni un principe ni une résultante; elle est la conséquence d'un conflit entre l'organisme et le monde extérieur. — Démonstration de cette proposition par divers développements.

II. *Conception des organismes vivants.* — La vie est indépendante d'une forme organique déterminée. — Loi de construction des organismes. — L'organisme est construit en vue des vies élémentaires. — Autonomie des vies élémentaires et leur subordination à l'ensemble. — Lois de différenciation et de division du travail. — Loi de perfectionnement organique. — Unité morphologique de l'organisme. — Démonstrations diverses. — Rédintégration, cicatrisation, etc. — Formes diverses des manifestations vitales. — Phénomènes vitaux. — Fonctions. — Propriétés.

III. *Conception de la science physiologique.* — Physiologie générale et descriptive. — Physiologie comparée. — Problème de la physiologie : connaître les lois des phénomènes de la vie et agir sur l'apparition de ces phénomènes. — La physiologie est une science active. — Son principe est le déterminisme, comme celui de toutes les sciences expérimentales.

I. *Conception de la vie.* — Nous sommes arrivé maintenant au but que nous voulions atteindre; nous avons esquissé l'ensemble des phénomènes de la vie en les considérant dans leur plus grande généralité. Essayons de résumer les traits essentiels de ce tableau.

Voyons d'abord quelle conception nous devons avoir de la vie. Nous avons établi, dès le premier pas, qu'il était illusoire de chercher à *définir* la vie, c'est-à-dire de prétendre en pénétrer l'essence, aussi bien qu'il est illusoire de chercher à saisir l'essence de quelque phénomène que ce soit, physique ou chimique. Les diverses tentatives qui se sont produites dans l'histoire de la science, dans le but de définir la vie, ont toutes abouti, nous le savons, à la considérer, soit comme un principe particulier, soit comme une résultante des forces générales de la nature, c'est-à-dire aux deux conceptions, vitaliste ou matérialiste. — L'une et l'autre sont mal fondées ; la première, la doctrine vitaliste, parce que, ainsi que nous l'avons établi, le prétendu principe vital ne serait capable de rien exécuter et conséquemment de rien expliquer par lui-même, et, au contraire, emprunterait le ministère des agents généraux, physiques et chimiques. La doctrine matérialiste est tout aussi inexacte, en ce que les agents généraux de la nature physique capables de faire apparaître les phénomènes vitaux isolément n'en expliquent pas l'ordonnance, le *consensus* et l'enchaînement.

En se plaçant au point de vue du jeu spécial des organismes, peut-être pourrait-on dire que les propriétés vitales sont à la fois résultante et principe. En effet, les facultés vitales supérieures, l'irritabilité, la sensibilité, l'intelligence, pourraient être considérées comme les résultats des phénomènes physico-chimiques de la nutrition ; mais il faudrait aussi admettre que ces facultés deviennent les formes ou les principes de direction et de manifestation de tous les phénomènes de l'organisme de quelque nature qu'ils soient.

Toutefois, en considérant la question d'une manière absolue, on doit dire que la vie n'est ni un principe ni une résultante. Elle n'est pas un principe, parce que ce principe, en quelque sorte dormant ou expectant, serait incapable d'agir par lui-même. La vie n'est pas non plus une résultante, parce que les conditions physico-chimiques qui président à sa manifestation ne sauraient lui imprimer aucune direction, aucune forme déterminée.

Aucun de ces deux facteurs, pas plus le principe directeur des phénomènes que l'ensemble des conditions matérielles de manifestation, ne peut isolément expliquer la vie. Leur réunion est nécessaire. Par conséquent, pour nous, la vie est un conflit. Ses manifestations résultent d'une relation étroite et harmonique entre les *conditions* et la *constitution de l'organisme*. Tels sont les deux facteurs qui se trouvent en présence et pour ainsi dire en collaboration dans chaque acte vital. Ces deux facteurs sont, en d'autres termes :

1° Les *conditions physico-chimiques* déterminées, extérieures, qui gouvernent l'apparition des phénomènes ;

2° Les *conditions organiques* ou *lois préétablies* qui règlent la succession, le concert, l'harmonie de ces phénomènes. Ces conditions organiques ou morphologiques dérivent par atavisme des êtres antérieurs, et forment comme l'héritage qu'ils ont transmis au monde vivant actuel.

Nous avons démontré la nécessité du conflit ou de la collaboration de ces deux ordres d'éléments, en examinant les trois formes que présente la vie (1). Suivant la liaison plus ou moins étroite des conditions organiques aux conditions physico-chimiques, on distingue : la *vie latente*, la *vie oscillante*, la *vie constante*. Dans la vie latente, l'organisme est dominé par les conditions

(1) Leçon II.

physico-chimiques extérieures, au point que toute manifestation vitale peut être arrêtée par elles. — Dans la vie oscillante, si l'être vivant n'est pas aussi absolument soumis à ces conditions, il y reste néanmoins tellement enchaîné qu'il en subit toutes les variations; actif et vivace, quand ces conditions sont favorables, inerte et engourdi, quand elles sont défavorables. Dans la vie constante, l'être paraît libre, affranchi des conditions cosmiques extérieures, et les manifestations vitales semblent n'être tributaires que de conditions intérieures. Cette apparence, ainsi que nous l'avons vu, n'est qu'une illusion, et c'est particulièrement dans le mécanisme de la vie constante ou libre que les relations étroites des deux ordres de conditions se montrent de la manière la plus caractéristique.

La vie étant, pour nous, le résultat d'un conflit entre le monde extérieur et l'organisme, nous devons écarter toutes les conceptions vagues dans lesquelles elle serait considérée comme un principe essentiel. Il nous reste seulement à déterminer les conditions et à donner les caractères du conflit vital d'une manière générale.

Le conflit vital engendre deux ordres de phénomènes, que nous avons appelés :

Phénomènes de *création organique*,

Phénomènes de *destruction organique*.

Cette division, que nous avons proposée, doit, suivant nous, servir de base à la physiologie générale.

Tout ce qui se passe dans l'être vivant se rapporte soit à l'un soit à l'autre de ces types, et la vie est caractérisée par la réunion et l'enchaînement de ces deux ordres de phénomènes.

Cette division est conforme à la véritable nature des choses et fondée uniquement sur les propriétés universelles de la matière vivante, abstraction faite de la complication morphologique des êtres, c'est-à-dire des moules spécifiques dans lesquels cette matière est entrée.

Il y a quatre-vingts ans, Lavoisier avait eu l'intuition de ces deux faces sous lesquelles peut se présenter l'activité vitale et de la classification simple et féconde qui en résulte pour les phénomènes de la vie. Il avait entrevu que la physiologie devait tendre, comme but pratique, à fixer les conditions et les circonstances de ces deux ordres d'actes, l'organisation et la désorganisation.

1° Les phénomènes de *désorganisation* ou de *destruction organique* correspondent aux phénomènes fonctionnels de l'être vivant.

Quand une partie fonctionne, muscles, glandes, nerfs, cerveau, la substance de ces organes se consume, l'organe se détruit. Cette destruction est un phénomène physico-chimique, le plus souvent le résultat d'une combustion, d'une fermentation, d'une putréfaction. Au fond, c'est une véritable mort de l'organe. Elle correspond aux manifestations fonctionnelles qui éclatent aux yeux, manifestations par lesquelles nous connaissons la vie et par lesquelles, à la suite d'une illusion, nous sommes amenés à la caractériser.

2° Les phénomènes de *création organique* ou d'*organisation* sont les actes plastiques qui s'accomplissent dans les organes au repos et les régénèrent. La synthèse assimilatrice rassemble les matériaux et les réserves que le fonctionnement doit dépenser. C'est un travail intérieur, silencieux, caché, sans expression phénoménale évidente.

On pourrait dire que de ces deux ordres de phénomènes, ceux de création organique sont les plus particuliers, les plus spéciaux à l'être vivant ; ils n'ont pas d'analogues en dehors de l'organisme. Aussi, les phénomènes que nous rassemblons sous ce titre de *création organique* sont-ils précisément ceux qui caractérisent le plus complètement la vie.

Nous rappellerons encore que ces deux ordres de phénomènes ne sont divisibles et séparables que pour l'esprit; dans la nature, ils sont étroitement unis; ils se produisent, chez tout être vivant, dans un enchaînement qu'on ne saurait rompre. Les deux opérations de destruction et de rénovation, inverses l'une de l'autre, sont absolument connexes et inséparables, en ce sens que la destruction est la condition nécessaire de la rénovation ; les actes de destruction sont les précurseurs et les instigateurs de ceux par lesquels les parties se rétablissent et renaissent, c'est-à-dire de ceux de la rénovation organique. Celui des deux types de phénomènes qui est pour ainsi dire le plus vital, le phénomène de création organique, est donc en quelque sorte subordonné à l'autre, au phénomène physico-chimique de la destruction. Nous en avons eu la preuve en étudiant la vie latente (leçon II); nous avons vu que chez les êtres plongés dans cet état d'inertie absolue, le réveil ou réviviscence débute par le rétablissement primitif des actes de la destruction vitale. L'animal ou la plante en renaissant, pour ainsi dire, commence par détruire son organisme, par en dépenser les matériaux préalablement mis en réserve. La vie créatrice ne se montre qu'en second lieu, et elle ne se manifeste qu'au sein de la mort ou des produits de la destruction.

C'est précisément parce que le phénomène plastique ou synthétique est subordonné au phénomène fonctionnel ou de destruction, que nous avons un moyen indirect de l'atteindre expérimentalement en agissant sur ce dernier. La subordination n'existe, bien entendu, que dans l'exécution, car, considérés dans leur importance relative, ceux qui commandent les autres et les provoquent sont précisément les moins essentiels, les moins vitaux.

La distinction que nous avons établie entre les phénomènes de la vie fournit une division naturelle de la physiologie qui doit se proposer successivement l'étude des phénomènes de destruction, puis celle des phénomènes de création.

En physiologie générale cette division, seule légitime, doit être substituée, ainsi que nous l'avons longuement établi (1), à la division en *phénomènes animaux* et *phénomènes végétaux* que l'on a pendant longtemps opposés les uns aux autres. La séparation des êtres de la nature en deux règnes ne peut être fondée que sur les différences morphologiques des phénomènes, mais non sur leur nature essentielle. Tous les êtres vivants,

(1) Leçon III.

sans exception, depuis le plus compliqué des animaux jusqu'à l'organisme végétal le plus simple, nous présentent les deux ordres de phénomènes de destruction et d'organisation avec les mêmes caractères généraux.

Ces deux ordres de phénomènes peuvent être étudiés isolément, et c'est de cette étude que nous avons tracé le plan et les linéaments généraux. Dans la leçon IV, nous nous sommes occupés des phénomènes de la destruction organique que nous avons ramenés à trois types, à savoir : la fermentation, la combustion, la putréfaction.

Quant à la création organique, elle est pour ainsi dire à deux degrés. Elle comprend : la *synthèse chimique* ou formation des principes immédiats de la substance vivante, en un mot la constitution du protoplasma ; et en second lieu, la *synthèse morphologique*, qui réunit ces principes dans un moule particulier, sous une forme ou une figure déterminée, qui sont la figure ou le dessin spécifique des différents êtres, animaux et végétaux.

Mais cette dernière synthèse répond aux formes en quelque sorte accessoires des phénomènes de la vie ; elle n'est pas absolument nécessaire à ses manifestations essentielles. La vie n'est point liée à une forme fixe, déterminée ; elle peut exister réduite à la destruction et à la synthèse chimique d'un substratum, qui est la base physique de la vie, ou le protoplasma. La notion morphologique est donc, comme nous l'avons établi dans la leçon V, une complication de la notion vitale. A son degré le plus simple (réalisé isolément d'ailleurs dans la nature, ou non), dépouillée des accessoires qui la masquent dans la plupart des êtres, la vie, contrairement à la pensée d'Aristote, est indépendante de toute forme spécifique. Elle réside dans une substance définie par sa composition et non par sa figure, le *protoplasma*.

Après avoir indiqué les notions que l'on possédait sur cette substance, nous nous sommes occupé du problème de sa création ou synthèse formative.

C'est cette vie sans formes caractéristiques proprement dites, dont les mécanismes, les propriétés et les conditions sont communs à tous les êtres; c'est elle qui constitue le véritable domaine de la physiologie générale. Les rouages de tout organisme vivant nous représentent seulement les variétés d'aspect d'une substance unique, dépositaire de la vie, identique dans les animaux et les plantes, le protoplasma. — C'est là que sont localisés les deux types des manifestations vitales, la destruction d'une part, d'autre part l'organisation ou la synthèse créatrice. Dans la VIe leçon, nous avons tracé le tableau de nos connaissances, relativement au rôle synthétique du protoplasma, et par là nous avons terminé le conspectus rapide de la vie considérée dans ce qu'elle a d'universel, c'est-à-dire tracé le plan de la physiologie générale.

En résumé, le protoplasma est la base organique de la vie. C'est entre le monde extérieur et lui que se passe le conflit vital qui, pour nous, la caractérise et que nous devons étudier et maîtriser. Mais le protoplasma, si élémentaire qu'il soit, n'est pas encore une substance purement chimique, un simple principe immédiat de la chimie : il a une origine qui nous échappe ; il est la continuation du protoplasma d'un ancêtre.

Nous ne pouvons agir sur les manifestations de cette vie générale, attribut du protoplasma, qu'en réglant les agents physico-chimiques qui entrent en conflit avec le protoplasma préexistant. La détermination exacte de ces conditions matérielles est ce que nous avons appelé le *déterminisme physiologique*, qui est en réalité le seul principe absolu de la science physiologique expérimentale.

Telle est la conception qui nous permet de comprendre et d'analyser les phénomènes des êtres vivants, et nous donne la possibilité d'agir sur eux.

II. *Conception des organismes vivants.* — Nous avons distingué, dans l'être vivant, la *matière* et la *forme*. L'étude des êtres complexes nous montre que le conflit vital y est au fond toujours identique, aussi la physiologie comparée est en définitive l'étude des formes superficielles, en quelque sorte, de la vie, tandis que la physiologie générale comprend l'étude de ses conditions fondamentales.

La matière vivante, indépendante de toute forme, amorphe, ou plutôt *monomorphe*, c'est le *protoplasma*. En lui résident les propriétés essentielles, *l'irritabilité*, point de départ et forme rudimentaire de la sensibilité, et la faculté de *synthèse chimique* qui assimile les substances ambiantes et crée les produits organiques, en un mot tous les attributs dont les manifestations vitales, chez les êtres supérieurs, ne sont que des expressions diversifiées et des modalités particulières.

Toutefois, le protoplasma n'est pas encore un *être vivant :* il lui manque la forme qui caractérise l'être défini : il est la *matière* de l'être vivant idéal ou l'*agent de la vie ;* il nous présente la *vie à l'état de nudité* dans ce qu'elle a d'universel et de persistant à travers ses variétés de formes.

La *forme*, qui caractérise l'être, n'est pas une conséquence de la nature du protoplasma. Ce n'est point par une propriété de celui-ci que peut s'expliquer la morphologie de l'animal ou de la plante. La forme et la matière sont indépendantes, distinctes ; et il faut, ainsi que nous l'avons dit (1), séparer la synthèse chimique, qui crée le protoplasma, de la synthèse morphologique qui le façonne et le modèle.

Mais cette indépendance est dominée par les exigences du conflit vital, qui doivent toujours être respectées. Il y a, à ce point de vue, une relation nécessaire entre la *substance* et la *forme* des être vivants, et cette relation est exprimée par ce que nous appelons la *loi de construction des organismes*. La structure de ces édifices complexes, qui sont les espèces animales ou végétales, dépend d'une façon générale des conditions d'être de la matière vivante ou protoplasma. Ces conditions du fonctionnement protoplasmique entrent en ligne de compte dans la loi morphologique qui les respecte et les utilise, en sorte que, d'une certaine manière, la morphologie est subordonnée aux conditions vitales élémentaires du protoplasma, c'est-à-dire à la vie élémentaire. Cette subordination est précisément exprimée dans la loi de construction des organismes, qui s'énonce ainsi :

(1) Voy. leçon VIII.

L'organisme est construit en vue de la vie élémentaire. Ses fonctions correspondent fondamentalement à la réalisation en nature et en degré des quatre conditions de cette vie : humidité, chaleur, oxygène, réserves.

La plus simple des formes sous lesquelles la matière vivante se puisse présenter est la *cellule*.

La cellule est déjà un organisme : cet organisme peut être à lui seul un *être distinct* (1) ; elle peut être l'élément individuel dont l'animal ou la plante sont une société.

Qu'elle soit un *être indépendant*, ou un *élément anatomique* des êtres supérieurs, la cellule est donc la *forme* vivante la plus simple ; elle nous offre le premier degré de la complication morphologique, et l'on peut dire que c'est à cet état que le protoplasma est mis en œuvre pour constituer les êtres complexes.

Nous avons parlé longuement de l'origine de cette formation cellulaire, en traitant de la morphologie générale, dans la leçon précédente. On la trouve pourvue, à un degré plus élevé, de toutes les propriétés vitales qui se rencontraient déjà dans le protoplasma, à savoir : mouvement, sensibilité, nutrition, reproduction.

La *forme* lui constitue un caractère nouveau. La forme traduit une influence héréditaire ou atavique, dont l'existence, déjà appréciable pour le protoplasma, deviendra tout à fait éclatante dans les organismes supérieurs. Nous avons dit que le protoplasma lui-même est une *substance atavique*, que nous ne voyons pas naître, mais que nous voyons simplement continuer (leçon VI). — Dans la cellule se traduit encore plus

(1) Voy. leçon VIII.

cette influence héréditaire, et cependant elle y est moindre que nous n'allons la retrouver à mesure que nous envisagerons des animaux plus compliqués. En effet, la forme est moins fixée dans la descendance d'une cellule que la forme de l'être complexe dans la descendance de cet être : il y a un certain *polymorphisme cellulaire*, une certaine *variabilité des espèces cellulaires*, et l'histoire de l'histogénie et du développement embryogénique nous offre plus d'un exemple de ces transformations ou de ces passages des formes cellulaires les unes dans les autres. Les observations de Vöchting sur le bouturage des plantes fournissent encore un cas frappant de ce polymorphisme, en montrant qu'une cellule ou un groupe cellulaire de la zone génératrice peut, suivant des circonstances qui sont entièrement dans les mains de l'expérimentateur, fournir tantôt le tissu d'une racine, tantôt celui d'un bourgeon. L'empreinte héréditaire est d'autant plus profondément incrustée qu'elle s'applique à un être plus complexe, comme si cette complexité était la preuve d'une plus ancienne origine ou d'une série d'actes plus souvent répétés et ayant, par cela même, d'autant plus de tendance à se répéter de nouveau.

Voyons maintenant les êtres les plus élevés.

L'organisme complexe est un agrégat de cellules ou d'organismes élémentaires, dans lequel les conditions de la vie de chaque élément sont respectées et dans lequel le *fonctionnement* de chacun est cependant subordonné à l'ensemble. Il y a donc à la fois *autonomie des éléments anatomiques* et *subordination de ces éléments* à l'ensemble morphologique, ou, en d'autres termes, des vies partielles à la vie totale.

Nous devrons donc examiner successivement les mécanismes par lesquels sont réalisées ces deux conditions de l'autonomie des éléments anatomiques et de leur subordination à l'ensemble. — D'une façon générale, nous pouvons dire que l'élément est *autonome* en ce qu'il possède en lui-même et par suite de sa nature protoplasmique, les conditions essentielles de sa vie, qu'il n'emprunte et ne soutire point des voisins ou de l'ensemble ; il est, d'autre part, lié à l'ensemble par sa *fonction* ou le *produit* de cette fonction. Une comparaison fera mieux comprendre notre pensée. Représentons-nous l'être vivant complexe, l'animal ou la plante, comme une cité ayant son cachet spécial qui la distingue de tout autre, de même que la morphologie d'un animal le distingue de tout autre. Les habitants de cette cité y représentent les éléments anatomiques dans l'organisme ; tous ces habitants vivent de même, se nourrissent, respirent de la même façon et possèdent les mêmes facultés générales, celles de l'homme. Mais chacun a son métier, ou son industrie, ou ses aptitudes, ou ses talents, par lesquels il participe à la vie sociale et par lesquels il en dépend. Le maçon, le boulanger, le boucher, l'industriel, le manufacturier, fournissent des produits différents et d'autant plus variés, plus nombreux et plus nuancés que la société dont il s'agit est arrivée à un plus haut degré de développement. Tel est l'animal complexe. L'organisme, comme la société, est construit de telle façon que les conditions de la vie élémentaire ou individuelle y soient respectées, ces conditions étant les mêmes pour tous ; mais en même temps chaque membre dépend, dans une certaine mesure, par sa fonction et pour sa fonction, de *la place* qu'il occupe dans l'organisme, dans le groupe social.

La vie est donc commune à tous les membres, la fonction seule est distincte. Ce qui se rattache à la vie proprement dite, ce qui forme l'objet de la physiologie générale, est identique d'un bout à l'autre du règne organique, et toutes les fois qu'un fait de cet ordre a été découvert dans des conditions d'expérimentation particulières, il est légitime de l'étendre.

Jusqu'ici les lois générales de l'organisation n'ont pas été établies clairement. Deux tentatives ont été faites cependant pour expliquer la formation des êtres complexes ou supérieurs. Ces tentatives sont exprimées par la loi de *différenciation* et par la loi de la *division du travail*. Nous dirons tout à l'heure pourquoi le principe que nous proposons sous le nom de *loi de construction des organismes* nous paraît plus en rapport avec la véritable nature des choses.

Nous avons dit que l'organisme vivant est une association de cellules ou d'éléments plus ou moins modifiés et groupés en tissus, organes, appareils ou systèmes. C'est donc un vaste mécanisme qui résulte de l'assemblage de mécanismes secondaires. Depuis l'être cellule jusqu'à l'homme, on rencontre tous les degrés de complication dans ces groupements ; les organes s'ajoutent aux organes, et l'animal le plus perfectionné en possède un grand nombre qui forment le système circulatoire, le système respiratoire, le système nerveux, etc.

Longtemps l'on a cru que ces rouages surajoutés avaient en eux-mêmes leur raison d'être ou qu'ils étaient le résultat du caprice d'une nature artiste. Aujourd'hui nous devons y voir une complication croissante régie par une loi. L'anatomie s'en tenant à l'observation des formes n'avait pas réussi à la dégager. C'est la physiologie seule qui peut en rendre compte.

Les organes, les systèmes n'existent pas pour eux-mêmes ; ils existent pour les cellules, pour les éléments anatomiques innombrables qui forment l'édifice organique. Les vaisseaux, les nerfs, les organes respiratoires, se montrent à mesure que l'échafaudage histologique se complique, de manière à créer autour de chaque élément le milieu et les conditions qui sont nécessaires à cet élement, afin de lui dispenser, dans la mesure convenable, les matériaux dont il a besoin, eau, aliments, air, chaleur. Ces organes sont dans le corps vivant comme, dans une société avancée, les manufactures ou les établissements industriels qui fournissent aux différents membres de cette société les moyens de se vêtir, de se chauffer, de s'alimenter et de s'éclairer.

Ainsi la loi de *la construction des organismes* et *du perfectionnement organique* se confond avec les lois de *la vie cellulaire*. C'est pour permettre et régler plus rigoureusement la vie cellulaire que les organes s'ajoutent aux organes et les appareils aux systèmes. La tâche qui leur est imposée est de réunir qualitativement et quantitativement les conditions de la vie cellulaire.

Cette tâche est de rigueur absolue ; pour l'accomplir, ils s'y prennent différemment, ils se partagent la besogne, plus nombreux quand l'organisme est plus compliqué, moins nombreux s'il est plus simple ; mais le but est toujours le même. On pourrait exprimer cette condition du perfectionnement organique, en disant qu'il consiste *dans une différenciation de plus en plus marquée du travail préparatoire à la constitution du milieu intérieur*.

Ainsi différenciés et spécialisés, les éléments anatomiques vivent d'une vie propre dans le lieu où ils sont placés, chacun suivant sa nature. L'action des poisons, qui porte primitivement sur tel ou tel élément, en épargnant tel ou tel autre, comme je l'ai montré pour le curare et pour l'oxyde de carbone, est l'une des nombreuses preuves de cette autonomie. Les éléments anatomiques se *comportent dans l'association comme ils se comporteraient isolément* dans le même milieu. C'est en cela que consiste le *principe de l'autonomie des éléments anatomiques;* il affirme l'identité de la vie libre et associée sous la condition que le milieu soit identique. C'est par l'intermédiaire des liquides interstitiels, formant ce que j'ai appelé le *milieu intérieur*, que s'établit la solidarité des parties élémentaires et que chacune reçoit le contre-coup des phénomènes qui s'accomplissent dans les autres. Les éléments voisins créent à celui que l'on considère une certaine atmosphère ambiante dont celui-ci ressent les modifications qui règlent sa vie. Si l'on pouvait réaliser à chaque instant un milieu identique à celui que l'action des parties voisines crée continuellement à un organisme élémentaire donné, celui-ci *vivrait en liberté exactement comme en société.*

Subordination des éléments à l'ensemble. — Mais cette condition de l'identité du milieu est bien restrictive. Il serait, dans l'état actuel de nos connaissances, impossible de réaliser artificiellement le *milieu intérieur* dans lequel vit chaque cellule. Les conditions de ce milieu sont tellement délicates qu'elles nous échappent. Elles n'existent que dans la place naturelle que la réalisation du plan morphologique assigne à chaque élément. Les organismes élémentaires ne les rencontrent que dans leur place, à leur poste : si on les transporte ailleurs, si on les déplace, à plus forte raison si on les extrait de l'organisme, on modifie par cela même leur milieu, et, comme conséquence, on change leur vie ou bien même on la rend impossible.

C'est par l'infinie variété que présente le milieu intérieur d'un point à un autre et par sa constitution spéciale et constante dans un point donné que s'établit la surbordination des parties à l'ensemble.

Quelques exemples feront comprendre ces conditions de la vie associée, où chaque élément est à la fois libre et dépendant :

On sait aujourd'hui que les os se forment et se renouvellent grâce aux éléments cellulaires de la couche interne du périoste. Les chirurgiens ont utilisé dans la pratique cette notion.

Si l'on prend un lambeau de périoste et qu'on le déplace; si, l'enlevant de son milieu, on le transporte dans un autre territoire organique, on le verra se développer et donner dans ce lieu insolite un os nouveau.

Par exemple, chez le lapin, chez le cobaye, on a fait développer en diverses régions, sous la peau, des fragments d'os dont le périoste avait été emprunté à quelque partie du squelette. La propriété de sécréter la matière osseuse, de faire de l'os, ne réside donc pas dans telle ou telle région fixée de l'architecture de l'être vivant; elle réside dans la cellule périostale qui l'emporte avec elle et la conserve partout.

Mais on avait exagéré cette autonomie et méconnu les droits de l'organisme total en vue duquel sont harmonisées les activités cellulaires. En suivant l'évolution de cet os nouveau, on n'a pas tardé à s'apercevoir qu'il ne subsistait pas indéfiniment : il se résorbe et disparaît au bout d'un certain temps. Il n'a pas continué à vivre dans des conditions qui n'étaient point faites pour lui. Les cellules périostales déjà formées ont continué l'évolution commencée et abouti à la formation osseuse, mais il ne s'en est point formé de nouvelles. Le périoste transplanté a disparu.

On peut donner à cette expérience une forme plus saisissante encore. Chez un jeune lapin, on enlève un os tout entier de l'une des pattes, un métatarsien; on l'introduit sous la peau du dos et l'on referme la plaie. L'os déplacé continue à vivre, il poursuit même son évolution, il grossit un peu : l'ossification des portions cartilagineuses se continue; mais bientôt le développement s'arrête; la résorption commence à devenir manifeste et elle n'a d'autre terme que la disparition complète de l'os transplanté. Au contraire dans l'espace métatarsien qui avait été évidé, un os nouveau se produit et persiste, remplaçant l'os enlevé, parce que là se trouve le territoire convenable.

Les expériences sur la régénération des os qui ont été invoquées pour mettre en évidence l'autonomie absolue des éléments anatomiques ont donc abouti au résultat contraire en ce qu'elles nous ont fourni en même temps la preuve des restrictions que recevait cette autonomie. Elles ont révélé l'influence que la *place* de l'élément dans le plan total exerce sur son fonctionnement. Il y a donc une autre condition qui ne tient plus à l'élément lui-même, mais qui tient au plan morphologique, à l'organisme total. La cellule a son autonomie qui fait qu'elle vit, pour ce qui la concerne, toujours de la même façon en tous les lieux où se trouvent rassemblées les conditions convenables; mais d'autre part ces conditions convenables ne sont complètement réalisées que dans des lieux spéciaux, et la cellule fonctionne différemment, travaille différemment et subit une évolution différente suivant sa place dans l'organisme.

Rédintégrations. — La subordination, condition restrictive de l'autonomie des éléments, est plus ou moins marquée. Moins l'organisme est élevé, moins l'autonomie est grande, plus faible est le lien de subordination entre le tout et ses parties.

Dans les plantes, la subordination des parties à l'ensemble, qui exprime en quelque sorte les droits de l'organisme, est à son minimum. On peut enlever une partie d'un végétal et la transporter à distance de manière à faire développer un végétal nouveau. C'est sur ce fait qu'est fondée la pratique de la greffe et du bouturage. Une cellule de l'écorce, par exemple, peut devenir bourgeon et réparer une branche coupée. Ce changement se fait dans les cellules sous l'influence des sucs de la branche dont la composition a été modifiée par la section.

Chez les animaux la cicatrisation se fait également par des influences analogues.

C'est la subordination des parties à l'ensemble qui fait de l'être complexe un système lié, un tout, un individu. C'est par là que s'établit l'*unité* dans l'être vivant. L'unité, comme nous venons de le dire, est le moins marquée chez les plantes. Chez les animaux inférieurs également, les parties isolées peuvent vivre lorsqu'on les sépare du reste de l'organisme, comme cela arrive chez les hydres et les planaires.

Dugès et de Quatrefages ont fait d'intéressantes expériences sur les planaires (fig. 44 et 45). Ils coupaient un de ces vers en deux moitiés, l'une antérieure, l'autre postérieure ; chacune d'elles se complétait et reconstituait une planaire nouvelle. On peut sectionner un de ces animaux en quatre, en huit; il se forme autant d'individus nouveaux qu'il y a de segments.

On sait de même qu'en opérant sur des lézards et des salamandres on peut faire reparaître un membre ou la queue coupée. Un physiologiste italien a fait des observations intéressantes à cet égard ; il a remarqué que le poids de l'animal ne changeait pas sensiblement pendant cette rédintégration. M. Vulpian a vu des faits analogues sur le têtard. La même chose arrive quand on coupe une planaire en deux segments : chacune des planaires nouvelles est et reste très petite. La formation de l'être nouveau ne semble donc pas une véritable création organique nouvelle recommençant une œuvre troublée, mais simplement la continuation d'une évolution qui se poursuit par une sorte de vitesse acquise

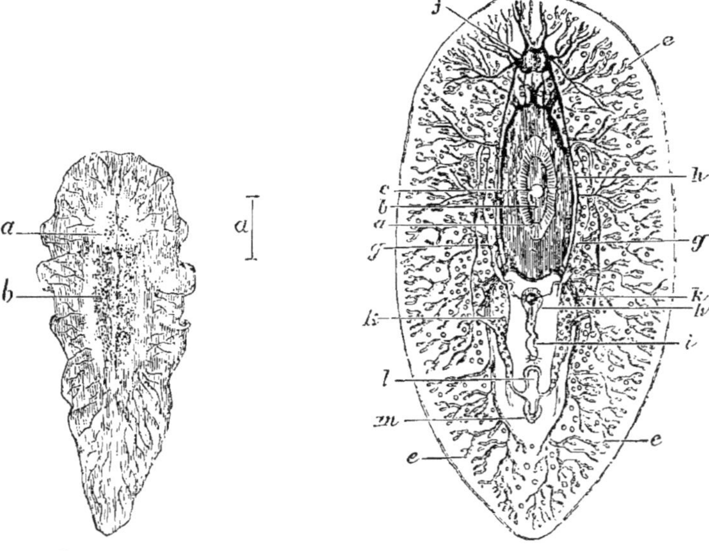

Fig. 44. — *Planaire unie.*
a] grandeur naturelle.

Fig. 45. — *Anatomie de la planaire unie.*

a, bouche ; *b*, trompe ; *c*, orifice *cardiaque ; d*, estomac ; *e*, *e*, *e*, ramifications gastrovasculaires ; *f*, cerveau et nerfs ; *g*, *g*, testicules ; *h*, vésicule séminale confondue avec la verge ; *i*, canal de la verge ; *k*, *k*, ovicules ; *l*, poche copulatrice ; *m*, orifice des organes générateurs répartis dans toutes les lacunes du corps. (Edwards, Quatrefages et Blanchard, *Recherches anatomiques et physiologiques faites pendant un voyage sur les côtes de la Sicile.* — Paris, 1849.)

Nous n'avons pas à multiplier ici les exemples de rédintégration ; nous rappellerons seulement celles de M. Philippeaux sur la reproduction des membres chez la salamandre. Une patte enlevée à l'animal se reproduit : l'évolution des cellules du moignon est dirigée de manière qu'elles refont le membre disparu. La néoformation qui tend à rétablir l'intégrité du plan organique manifeste bien évidemment l'influence de l'ensemble sur le développement des parties. Mais ce n'est même pas l'organisme tout entier qui étend sa puissance jusque-là. Si l'on enlève la base du membre, la reproduction ne se fait plus. La base est comme une sorte de collet, un germe, comparable au bourgeon, qui, pendant le développement embryonnaire, a précisément contribué à la production du membre.

Il ressort de tous ces exemples que chaque partie évolue de manière à réaliser le plan de l'animal tout entier. L'organisme, considéré comme ensemble ou unité, intervient donc et manifeste son rôle par cette puissance de rédintégration qui lui permet de se réparer et de se maintenir anatomiquement et physiologiquement.

Il importe de faire une remarque essentielle relativement à l'accomplissement des phénomènes par lesquels l'organisme se répare et se rétablit. Ces phénomènes ne semblent pouvoir se manifester que lorsque les parties sont dans leur place naturelle, lorsqu'elles n'ont pas été dissociées, comme si chacun d'eux résultait d'une conspiration universelle de toutes les parties. Quand nous opérons, grâce à la respiration et à la circulation artificielle, sur des organes ou des parties séparées de l'organisme, nous n'obtenons que des phénomènes partiels, de la nature des phénomènes de décomposition organique ; mais les *phénomènes* de *synthèse organique* ne peuvent plus être obtenus. Lorsque, par exemple, les physiologistes examinent un muscle isolé, ils peuvent observer tous les actes fonctionnels, la contraction du muscle et les phénomènes qui en sont la conséquence ; mais ce muscle ne se nourrit plus, ne se régénère plus, et ne peut désormais que s'user. La persistance de la vie fonctionnelle ne peut donc être que passagère.

Malgré toutes les réserves que nous venons d'indiquer, le principe de l'autonomie des éléments anatomiques doit être considéré comme l'un des plus féconds de la physiologie moderne. Ce principe ou, sous un autre nom, cette théorie cellulaire n'est pas un vain mot. On a le tort de l'oublier lorsque l'on s'occupe des organismes complexes. On parle alors des organes, des tissus, des appareils, et on met complètement de côté les idées qui se rattachent à la cellule.

Il ne faut cependant jamais perdre de vue les cellules, qui sont les matériaux premiers de tout organisme; leur vie, toujours identique au fond, résulte d'un conflit avec des conditions physico-chimiques dont l'expérimentateur est maître. C'est par là qu'il peut atteindre l'être total. Toute modification de l'organisme se résume toujours dans une action portée sur une cellule. C'est une loi qui a été formulée, pour la première fois, dans mes *Leçons sur les substances toxiques* (1) : tous les phénomènes physiologiques, pathologiques ou toxiques ne sont au fond que des actions cellulaires générales ou spéciales.

Les anesthésiques, par exemple, influencent tous les

(1) Cl. Bernard, *Leçons sur les effets des substances toxiques et médicamenteuses*. Paris, 1857.

éléments, parce qu'ils agissent sur le protoplasma, qui est commun à tous. La plupart des poisons n'influencent que des éléments spéciaux, parce qu'ils agissent sur des produits de cellules différenciées. Exemples : l'oxyde de carbone, qui agit sur l'hémoglobine, et le curare, qui agit sans doute sur quelque disposition organique à la terminaison du nerf dans le *muscle*.

En résumé, la vie réside dans chaque cellule, dans chaque élément organique, qui fonctionne pour son propre compte. Elle n'est centralisée nulle part dans aucun organe ou appareil du corps. Tous ces appareils sont eux-mêmes construits en vue de la vie cellulaire. Lorsqu'en les détruisant on détermine la mort de l'animal, c'est que la lésion ou la dislocation du mécanisme a retenti en définitive sur les éléments, qui ne reçoivent plus le milieu extérieur convenable à leur existence. Ce qui meurt, comme ce qui vit, c'est, en définitive, la cellule.

Tout est fait par l'élément anatomique et pour l'élément anatomique. L'appareil respiratoire apporte l'oxygène, l'appareil digestif introduit les aliments nécessaires à chacun ; l'appareil circulatoire, les appareils sécrétoires assurent le renouvellement du milieu et la continuité des échanges nutritifs. Le système nerveux lui-même règle tous ces rouages et les harmonise en vue de la vie cellulaire. Les appareils fondamentaux indispensables aux organismes supérieurs agissent donc tous, le système nerveux compris, pour procurer à la cellule les conditions physico-chimiques qui lui sont nécessaires et dont nous avons indiqué précédemment les plus générales.

Dans cette vie des cellules associées qui constituent les ensembles morphologiques ou êtres vivants, il y a à la fois autonomie et subordination des éléments anatomiques.

L'autonomie des éléments et leur différenciation nous expliquent la variété des manifestations vitales. Leur subordination et leur solidarité nous en font comprendre le concert et l'harmonie.

Formes diverses des manifestations vitales. Phénomènes vitaux. Fonctions. Propriétés. — La cellule est l'image virtuelle d'un organisme élevé. Elle possède une propriété générale, l'irritabilité. Par cette expression abstraite ou métaphysique, nous traduisons un *fait* concret objectif, à savoir, que les manifestations phénoménales dont elle est le théâtre, échange nutritif, motilité, etc., apparaissent comme une réaction provoquée par les excitants extérieurs.

Lorsque l'on considère des êtres élevés en organisation, leurs manifestations vitales résultent en dernière analyse de ces manifestations cellulaires, exagérées, développées et concertées les unes avec les autres. Dans ces phénomènes complexes que nous allons voir chez les êtres supérieurs, *actes*, *fonctions*, il y a donc deux choses : des *activités cellulaires* spécialisées, un *concert* entre ces activités cellulaires qui les dirige vers un résultat déterminé.

Examinons ces deux points.

A mesure que l'être vivant s'élève et se perfectionne, ses éléments cellulaires se différencient davantage : ils se spécialisent par exagération de l'une des propriétés au détriment des autres. La vie chez les animaux supérieurs est de plus en plus distincte dans ses manifestations ; elle est de plus en plus confuse chez les êtres inférieurs. Les manifestations vitales sont mieux isolées, plus nettes dans les degrés élevés de l'échelle que dans ses degrés inférieurs, et c'est pourquoi la physiologie des animaux supérieurs est la clef de la physiologie de tous les autres, contrairement à ce qui se dit généralement,

Les propriétés des éléments s'exagèrent dans les tissus, ainsi que nous venons de le dire, par une véritable spécialisation. Les cellules isolées, les êtres monocellulaires peuvent utiliser les aliments gras, féculents, albuminoïdes, qu'ils trouvent dans le milieu ambiant. Chez les animaux supérieurs, cette propriété de digérer (au moyen de ferments, de produits cellulaires) s'exagère dans certaines cellules réunies pour former la glande pancréatique, par exemple, et celles-ci travailleront pour l'organisme tout entier. En résumé, la spécialisation progressive se fait par exagération d'une propriété dans les cellules des tissus et organes.

La phénoménalité vitale comprend des faits de complexité croissante, à savoir, les propriétés, les actes et les fonctions. La propriété, comme nous l'avons dit, appartient, au moins à l'état rudimentaire, à la cellule ; elle est en germe dans le protoplasma : ainsi, la contractilité. Le nom de *propriété* n'est pas expérimental, il est déjà abstrait, métaphysique. Ainsi que nous l'avons déjà dit, il est impossible de parler autrement qu'en faisant des abstractions. Dans le cas actuel la forme de langage ne masque pas la réalité d'une manière profonde, et sous le nom nous pouvons toujours apercevoir le fait qu'il exprime. Sous le nom de contractilité, par exemple, nous apercevons ce fait que la matière protoplasmique modifie sa figure et sa forme sous l'influence d'un excitant extérieur. Et comme ce fait n'est pas *actuellement* au moins réductible à un autre plus simple, qu'il n'est explicable par aucun autre, nous le disons propre, spécial ou particulier, et nous l'appelons *propriété*.

Ainsi, en résumé, la propriété est le nom du *fait simple*, abstrait, comme le dit M. Chevreul, et actuellement irréductible ; la propriété appartient à la cellule, au protoplasma.

Les actes et les fonctions, au contraire, n'appartiennent qu'à des organes et à des appareils, c'est-à-dire à des ensembles de parties anatomiques.

La *fonction* est une série d'actes ou de phénomènes groupés, harmonisés, en vue d'un résultat déterminé. Pour l'exécution de la fonction interviennent les activités d'une multitude d'éléments anatomiques ; mais la fonction n'est pas la somme brutale des activités élémentaires de cellules juxtaposées ; ces activités composantes se continuent les unes par les autres ; elles sont harmonisées, concertées, de manière à concourir à un résultat commun. C'est ce résultat entrevu par l'esprit qui fait le lien et l'unité de ces phénomènes composants, qui fait la *fonction*.

Ce résultat supérieur, auquel semblent travailler les efforts cellulaires, est plus ou moins apparent. Il y a donc des fonctions que tous les naturalistes admettent et reconnaissent : la circulation, la respiration, la digestion. Il y en a d'autres sur lesquelles ils ne sont point d'accord.

Il ne peut manquer, en effet, d'y avoir un certain arbitraire dans une détermination où l'esprit intervient pour une si grande part : c'est l'esprit qui saisit le *lien fonctionnel* des activités élémentaires ; qui prête un plan, un but aux choses qu'il voit s'exécuter, qui aperçoit la réalisation d'un résultat dont il a conçu la nécessité. Or, l'accord ne peut être complet que sur *le fait matériel* bien déterminé, jamais *dans l'idée*. De là le désaccord et les divergences des physiologistes dans la classification des fonctions.

De phénomènes vitaux tout à fait objectifs, tout à fait réels, aussi indépendants que possible de l'esprit qui les observe, il n'y a que les *phénomènes élémentaires*. Dès que l'on s'élève à la conception d'une harmonie, d'un groupement, d'un ensemble, d'un but assigné à des efforts multiples, d'un résultat où tendraient les éléments en action, on sort de la réalité objective, et l'esprit intervient avec l'arbitraire de ses points de vue. — Il n'y a dans l'organisme, en dehors de l'intervention de l'esprit, et en tant que réalité objective, qu'une multitude d'actes, de phénomènes matériels, simultanés ou successifs éparpillés dans tous les éléments. C'est l'intelligence qui saisit ou établit leur lien et leurs rapports, c'est-à-dire la fonction.

La fonction est donc quelque chose d'abstrait, qui n'est matériellement représenté dans aucune des propriétés élémentaires. — Il y a une fonction respiratoire, une fonction circulatoire, mais il n'y a pas dans les éléments contractiles qui y concourent une propriété circulatoire. Il y a une fonction vocale dans le larynx, mais il n'y a pas de propriétés vocales dans ses muscles, etc.

La conclusion pratique de ces considérations, c'est qu'il importe surtout de connaître objectivement les propriétés élémentaires fixes, invariables, qui sont la base fondamentale de toutes les manifestations de la vie. C'est le but que se propose la *physiologie générale*.

La vie est véritablement dans les éléments organiques; c'est toujours là que nous devons placer le problème physiologique réel, qui se traduit par l'action du physiologiste sur les phénomènes de la vie. C'est par le déterminisme appliqué à la connaissance de ces éléments organiques que nous pouvons arriver à atteindre les phénomènes de la vie, mais jamais en agissant sur les propriétés, les fonctions, sur la vie elle-même, toutes conceptions métaphysiques. — Nous l'avons dit bien souvent, nous n'agissons directement que sur le physique, et sur le métaphysique que d'une façon médiate.

Nous avons dit plus haut que l'on a voulu rendre compte des conditions de la complication croissante des êtres organisés, depuis les formes simples jusqu'aux plus compliquées, au moyen de deux principes généraux, le principe de la différenciation et le principe de la division du travail physiologique. Nous-même proposons un troisième point de vue, que nous exprimerons dans notre loi de la construction des organismes.

La *différenciation* successive est un fait démontré, lorsque l'on suit le développement d'un être donné.

Les études embryogéniques, depuis C.-F. Wolff, ont établi que l'animal se formait par *épigenèse* (Leçon VIII), c'est-à-dire par addition et différenciation successive de parties.

Lorsqu'il s'agit de comparer entre eux des êtres divers, s'il s'agit d'organismes élémentaires, d'éléments, nous admettons la réalité de cette loi. Nous avons dit, en effet, que nous trouvions en germe dans la cellule et dans son protoplasma les propriétés générales qui s'exaltent ou se spécialisent progressivement dans des cellules différentes. Les éléments cellulaires, avons-nous dit plus haut, se différencient et se spécialisent par exagération de l'une de ces propriétés au détriment des autres, et nous en avons fourni des exemples.

Cette différenciation, cette spécialisation est, en somme, une division du travail physiologique ; division incomplète, puisque chaque élément, en manifestant avec exagération une propriété, possède naturellement les autres, sans lesquelles il ne vivrait pas.

Dans ces limites et avec cette restriction, le principe de la division du travail physiologique nous paraît exact : il est l'expression de la vérité.

Hors de là, il est le plus souvent appliqué d'une façon illégitime et erronée. En un mot, ce principe est vrai en physiologie générale; sujet à erreur en physiologie comparée. Il suppose, en effet, que tous les organismes accomplissent le même travail, avec plus d'instruments spéciaux et plus de perfection en haut, avec moins d'instruments et plus confusément en bas de l'échelle animale. Or cela n'est vrai que pour le *travail vital* véritablement commun à tous les êtres, c'est-à-dire pour les conditions essentielles de la vie élémentaire; cela n'est pas vrai pour les manifestations fonctionnelles, qui ne sont pas nécessairement communes à tous les êtres. Un organe de plus n'implique pas l'idée d'un outillage plus parfait au service d'une même besogne; il implique un nouveau travail, une nouvelle complication du travail. En passant de l'animal à sang blanc qui a une branchie à celui qui a une trachée ou un poumon, on ne comprendrait pas une application de la loi de division du travail, puisque ces organes sont des mécanismes distincts, ne faisant point le même travail.

Au contraire, toutes les fois qu'en physiologie générale on a nié le principe de la division du travail, ou bien lorsqu'on l'a affirmé trop rigoureusement, sans tenir compte de la restriction mentionnée plus haut, on est tombé dans l'erreur. Ainsi, la théorie dualistique (Leçon V) que nous avons repoussée est une émanation de cette doctrine. Le travail vital élémentaire, comprenant la création et la destruction organique, et qui appartient à tout être, la doctrine dualiste le partageait entre deux groupes d'êtres, les animaux d'une part, les végétaux de l'autre. Aux uns la synthèse organique des produits immédiats, aux autres la destruction de ces produits. Nous avons vu que cela était une erreur.

Le principe de la construction des organismes que nous venons d'exposer ne nous paraît pas sujet à ces réserves et à ces restrictions.

III. *Conception de la science physiologique.* — La

physiologie, avons-nous dit, est la science qui étudie les phénomènes propres à l'être vivant; mais, ainsi comprise, cette science est encore trop vaste et doit être subdivisée en physiologie générale et physiologie descriptive, soit spéciale, soit comparée.

La physiologie générale nous donne la connaissance des conditions générales de la vie qui sont communes à l'universalité des êtres vivants. Nous y étudions le conflit vital en lui-même, indépendamment des formes et des mécanismes à l'aide desquels il se manifeste. — La physiologie descriptive nous donne au contraire la connaissance de la forme et des mécanismes spéciaux que la vie emploie pour se manifester dans un être vivant déterminé. Si maintenant on veut comparer les formes de ces divers mécanismes, variés à l'infini chez les êtres vivants, afin d'en déduire les lois de ces phénomènes, c'est l'œuvre de la physiologie comparée. Elle nous offre un très haut intérêt, en ce qu'elle nous montre la variété infinie de la vie reposant sur l'unité de ses conditions; celle-ci nous est donnée par la physiologie générale, c'est à elle que nous sommes toujours obligés de remonter si nous voulons comprendre le moteur vital en lui-même.

Si l'on voulait nous permettre une comparaison, nous reporterions notre esprit sur les nombreuses applications de la vapeur à l'industrie et le nombre infini de machines diverses qu'elle anime. L'étude de ces machines comprend une partie générale et une partie spéciale. Il faut connaître les propriétés de la vapeur, les conditions de sa génération, de sa détente, de la puissance qu'elle développe, de sa condensation. Cette première étude correspond à la physiologie générale, lorsqu'il s'agit des machines animées. D'autre part, il faut connaître l'application particulière qui a en été faite dans la machine que l'on a sous les yeux. Il faut pour cela en saisir les rouages, en connaître les organes, en posséder l'anatomie, pour ainsi dire. Cette seconde étude correspond à la physiologie spéciale ou comparée, quand on considère l'ensemble des machines vivantes.

Il y a donc entre toutes ces machines quelque chose d'identique et quelque chose de différent. Le mécanicien pourra hardiment transporter les conclusions de l'une à l'autre s'il n'envisage que les propriétés générales; — il ne peut conclure légitimement s'il envisage les rouages particuliers, variables de l'une à l'autre.

Ainsi en est-il pour le physiologiste; il peut conclure des animaux à l'homme, des animaux entre eux et même aux plantes pour tout ce qui concerne les propriétés générales de la vie. — Il ne peut plus rien dire pour les mécanismes particuliers. Un exemple fixera notre pensée. Lorsque, chez un cheval, on coupe le nerf facial des deux côtés, l'animal meurt bientôt asphyxié. Si, transportant le résultat expérimental du cheval à l'homme, on disait que la paralysie du facial des deux côtés entraîne également la mort, on commettrait une erreur, car après cette paralysie l'homme a seulement perdu la mobilité des traits de la face, mais il continue à respirer et à remplir toutes ses fonctions vitales. Cependant les propriétés générales du nerf facial sont les mêmes chez le cheval que chez l'homme, mais le facial gouverne dans les deux cas des mécanismes différents. On ne peut plus conclure légitimement, quand il s'agit de comparer les troubles qui résultent de la rupture de ces mécanismes, mais on peut conclure, au contraire, à l'identité du nerf qui les anime.

En un mot, il faut bien distinguer les *propriétés* qui appartiennent aux *éléments* et qu'enseigne la physiologie générale, et les *fonctions* qui appartiennent aux *mécanismes* et qu'enseigne la physiologie descriptive et comparée. On peut généraliser pour ce qui tient aux propriétés, on ne le peut qu'après examen et conditionnellement pour ce qui concerne les fonctions.

La physiologie doit se proposer le même problème que toutes les sciences expérimentales.

La science a pour but définitif l'*action*.

Descartes l'a déjà dit : « Connaissant la force et les
» actions du feu, de l'eau, de l'air, des astres, des cieux
» et de tous les autres corps qui nous environnent...
» nous les pourrions employer à tous les usages aux-
» quels ils sont propres, et ainsi nous rendre maîtres
» et possesseurs de la nature. »

La conception cartésienne de l'organisation vitale permettait d'étendre cette domination jusque sur les phénomènes vitaux, puisque ceux-ci obéissaient aux forces physiques : « Je m'assure, dit Descartes, que (en
» connaissant mieux la médecine) on se pourrait
» exempter d'une infinité de maladies, tant du corps
» que de l'esprit, et même aussi peut-être de l'affai-
» blissement de la vieillesse. »

Le but de toute science, tant des êtres vivants que

des corps bruts peut se caractériser en deux mots : *prévoir* et *agir*. Voilà en définitive pourquoi l'homme s'acharne à la recherche pénible des vérités scientifiques. Quand il se trouve en présence de la nature, il obéit à la loi de son intelligence en cherchant à prévoir ou à maîtriser les phénomènes qui éclatent autour de lui. La *prévision* et l'*action*, voilà ce qui caractérise l'homme devant la nature.

Par les sciences physico-chimiques, l'homme marche à la conquête de la nature brute, de la nature morte : toutes les sciences terrestres dont l'objet peut être atteint ne sont pas autre chose que l'exercice rationnel de la domination de l'homme sur le monde.

En est-il de la physiologie comme de ces autres sciences? La science qui étudie les phénomènes de la vie peut-elle prétendre à les maîtriser? Se propose-t-elle de subjuguer la nature vivante comme a été soumise la nature morte? nous n'hésitons pas à répondre affirmativement (1).

La physiologie doit donc être une science active et conquérante à la manière de la physique et de la chimie.

Or, comment peut-on agir sur les phénomènes de la vie?

Arrivé au terme de notre étude, nous voici de nouveau en face du problème physiologique, tel que nous l'avons posé en commençant. Les phénomènes de la vie sont représentés par deux facteurs : les *lois prédéter-*

(1) Voy. mon *Rapport sur la physiologie générale*, 1867 ; et *les Problèmes de la Physiologie générale* in *la Science expérimentale*. Paris, 1878.

minées qui les fixent dans leur forme, les *conditions physico-chimiques* qui les font apparaître. En un mot, le phénomène vital est préétabli dans sa forme, non dans son apparition. Nous devons donc comprendre que ces phénomènes de la vie ne peuvent être atteints que dans les conditions matérielles qui les manifestent, mais qui n'en sont pas réellement la cause.

Nous n'avons pas à nous préocuper des causes finales, c'est-à-dire du but intentionnel de la nature. La nature est intentionnelle dans son but, mais aveugle dans l'exécution. — Nous agissons sur le côté exécutif des choses en nous adressant aux conditions matérielles : on pourrait dire que nous sommes simplement les metteurs en scène de la nature.

Quant aux lois, nous les pouvons connaître : l'observation nous les révèle; mais nous sommes impuissants à les modifier.

La *prévision* est rendue possible par la connaissance des lois; les sciences d'observation ne peuvent pas aller au delà.

L'*action*, qui appartient aux sciences expérimentales, est rendue possible par le déterminisme des conditions physico-chimiques qui font apparaître les phénomènes de la vie.

En résumé, le déterminisme reste le grand principe de la science physiologique. Il n'y a pas, sous ce rapport, de différence entre les sciences des corps bruts et les sciences des corps vivants.

FIN.

EXPLICATION DE LA PLANCHE.

FIG. 1. — A. *Stentor polymorphus*, rempli de granulations chlorophylliennes.

a, bouche.
a', noyaux.
a'', pédicule.

B. Grain de chlorophylle du *Stentor polymorphus* isolé.
b, grains entiers.
c, *c*, grains en voie de division.
d, *d*, division en trois ou quatre parties.

FIG. 2. — A. Cellule végétale renfermant de la chlorophylle.
a', noyau de la cellule.

B. Grains isolés de la cellule végétale.
b, grain entier.
c, grain en voie de division.
d, grain presque complètement divisé.

FIG. 3. — A. Amibes ayant englobé des corpuscules verts.

B. Corpuscule lymphatique du *Lumbricus agricola* ayant englobé les mêmes corpuscules verts.

FIG. 4. — *Zygnema*.

A. Zygospore provenant de la fusion du contenu de deux cellules : mâle ♂ et femelle ♀.

FIG. 5. — *Pandorina morum*.

1, zoospore isolé.
2, 3, 4, phases de la conjugaison de deux zoospores.
5, oospore.

FIG. 6. — *Spigogyra*.

Passage du protoplasma de la cellule mâle ♂ dans la cellule femelle ♀.

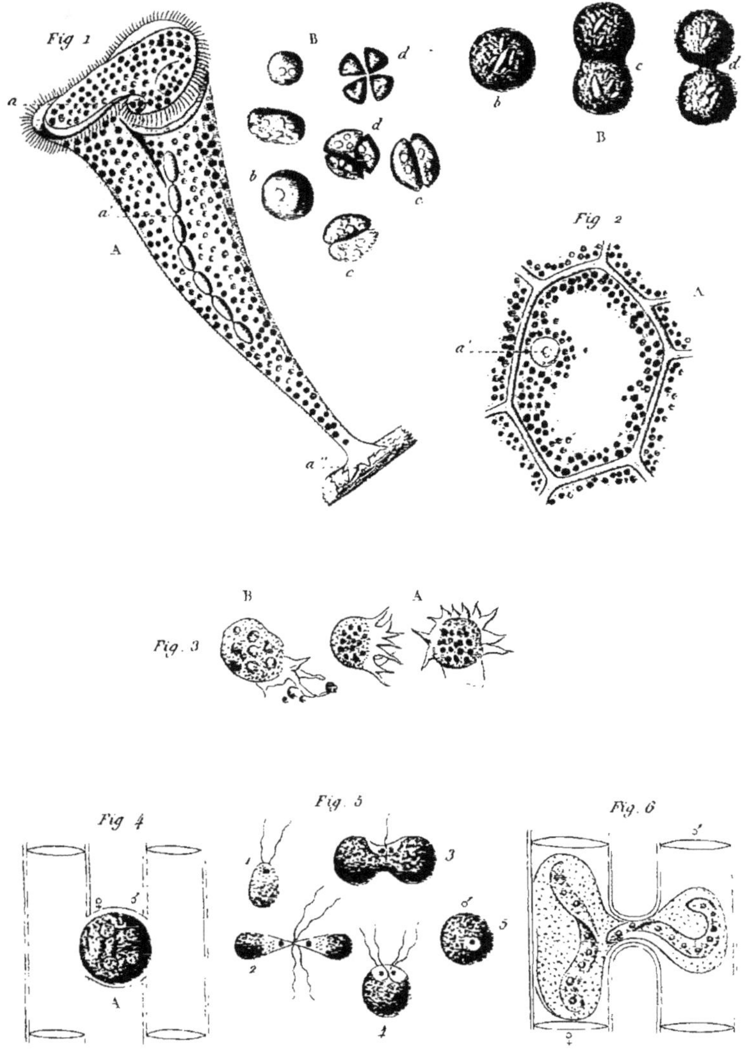

Lebrun sc

Librairie J. B. Baillière & Fils, Paris

APPENDICE

I (1)

La création des laboratoires caractérise une période nouvelle dans laquelle est entrée la culture de la physiologie ainsi que des autres sciences expérimentales.

L'installation de ces cabinets où se trouve rassemblé un outillage plus ou moins complet répond à une double nécessité : à la nécessité de l'enseignement et à la nécessité de la recherche.

L'enseignement n'a toute son efficacité qu'à la condition de montrer les objets et les phénomènes qui en forment la matière. Pour ce qui est des sciences physiques et de la zoologie elle-même, cette condition a été si bien sentie, que, même dans les établissements secondaires, on a introduit, dans la mesure du possible, les manipulations pour les élèves. L'enseignement purement *théorique* ou *mental* des sciences expérimentales et naturelles est un contre-sens et un reliquat de l'ancienne scholastique. — Ce qui est vrai pour l'instruction secondaire l'est plus encore pour l'instruction supérieure; et les cours de physiologie, en particulier, sont maintenant illustrés d'expériences et de démons-

(1) Leçon d'ouverture, p. 1.

trations que le professeur multiplie autant que son programme et ses ressources le lui permettent.

La nécessité des laboratoires pour la recherche est plus évidente encore, bien que quelques personnes, tournées vers le passé, opposent comme un argument à nos réclamations la grandeur des découvertes de nos prédécesseurs à l'exiguïté des moyens dont ils disposaient. Lavoisier, ni Ampère, ni Magendie n'avaient de laboratoires bien installés. Cela est vrai, mais c'étaient là des obstacles dont leur génie a triomphé, mais non profité. Une installation spéciale évite les pertes de temps et permet une bonne économie de l'emploi de nos facultés. Elle doit être telle, qu'une expérience étant conçue, elle puisse être réalisée facilement et rapidement.

Il y a trente ans, lorsque nous avions conçu l'idée d'une expérience, avec quelles difficultés, avec quelles pertes de temps nous arrivions à la réaliser ! Nous expérimentions dans des locaux mal appropriés, dans un cabinet, dans une chambre, sur des animaux conquis par surprise ; ou bien encore nous perdions des journées entières à courir après nos sujets d'expériences, à nous transporter dans les abattoirs, chez les équarrisseurs. On ne saurait transformer un pareil état de choses en un modèle de bonne administration scientifique.

Il faut que les laboratoires mettent à la portée de l'expérimentateur et sous sa main les sujets et les conditions instrumentales nécessaires, de façon qu'il ne soit pas arrêté par les difficultés de réaliser la recherche qu'il a conçue.

II (1)

L'ÉVOLUTION SE CONFOND AVEC LA NUTRITION.

Dans l'admirable introduction qui ouvre son *Histoire du règne animal*, Cuvier, entraîné à parler de l'origine des êtres vivants, s'exprime ainsi : « La naissance » des êtres organisés, dit-il, est le plus grand mystère » de l'économie organique et de toute la nature. »

En réalité le mystère de la naissance n'est pas plus obscur que tous les autres mystères de la vie, et il ne l'est pas moins. Depuis le temps où Cuvier écrivait les lignes qui précèdent, bien des efforts ont été tentés, dans le dessein de percer les ténèbres qui planent sur ces phénomènes. Le fruit de tant de travaux n'a point été, comme on le pense, d'expliquer ce qui est inexplicable, *mais seulement de prouver que les phénomènes de l'origine de la vie ne sont ni d'une autre essence ni d'une obscurité plus impénétrable que toutes les autres manifestations de « l'économie organique et de toute la nature. »*

Et cela est déjà un résultat considérable. Ramener au même principe des choses jusque-là considérées comme d'ordre différent, telles que la *naissance des êtres* et le *maintien* de leur existence, c'est accomplir un progrès comparable, à quelque degré, à celui qui a été réalisé dans une autre branche de nos connaissances, le jour où Newton a prouvé que la pesanteur était un cas particulier de l'attraction universelle.

(1) Note pour la page 33.

Une loi unique domine en effet les manifestations de la vie qui *débute* et de la vie qui se *maintient :* c'est la loi d'*évolution*.

Comme toutes les idées dont le sens s'est dégagé lentement, l'idée de l'*évolution* est énoncée partout et précisée nulle part. Elle n'a acquis sa signification et sa portée réelles que par les travaux des embryogénistes contemporains. Fondée sur des faits précis, il faut désormais la considérer, non plus comme une de ces généralités banales créées par l'esprit systématique, qui ont trop souvent cours dans les sciences, mais comme la conclusion la plus générale des découvertes accomplies depuis cinquante ans.

Pour mesurer le chemin parcouru, voyons le point de départ. Le phénomène de l'apparition d'un être nouveau, engendré ou créé de quelque façon que ce soit, avait toujours été isolé ; on l'avait séparé de toutes les autres manifestations vitales et considéré comme d'un ordre différent et supérieur. On ne voyait rien par delà ce premier moment où la vie individuelle s'allumait dans le germe. Il semblait y avoir en ce point discontinuité physiologique : « *Hic Natura facit saltum.* »

A la vérité cet hiatus était le seul, et l'être, une fois animé de l'étincelle, continuait à vivre et à se développer sans secousse en suivant la voie continue qui lui est assignée par des lois rigoureuses.

L'être vivant présentait donc deux mystères : celui de la naissance et celui de la continuation de la vie qui se développe et se maintient.

Voilà ce qui ne saurait plus subsister aujourd'hui. Le

principe de l'évolution consiste précisément dans cette affirmation que *rien ne naît*, *rien ne se crée*, *tout se continue*. La nature ne nous offre le spectacle d'aucune création ; elle est une éternelle continuation.

Avant d'être constitué à l'état d'être libre, indépendant et complet, d'individu en un mot, l'animal a passé par l'état de *cellule-œuf*, qui elle-même était un élément vivant, une cellule épithéliale de l'organisme maternel. L'échelle de sa filiation est infinie dans le passé; et dans cette longue série il n'y a point de discontinuité ; à aucun moment n'intervient une vie nouvelle; c'est toujours la même vie qui se continue. Une impulsion immanente renforcée par la fécondation conduit l'élément à travers toutes ses métamorphoses, à travers la jeunesse, l'adolescence, l'âge adulte, la décrépitude et la mort, le dirigeant ainsi vers l'accomplissement d'un plan marqué d'avance. Le caractère de tous les phénomènes qui s'accomplissent est d'être la suite ou la conséquence d'un état antérieur, d'être une continuation. Cette puissance évolutive immanente à la *cellule-œuf*, *puisée dans son origine* et communiquée à tout ce qui provient d'elle est le caractère intrinsèque le plus général de la vie et la seule chose qui nous paraisse mystérieuse en elle.

Ainsi, ce qui est essentiel, fondamental et caractéristique de l'activité vitale, c'est cette faculté d'*évolution* qui fait que l'être complet est contenu dans son point de départ. Par là se trouve établie l'unité nécessaire de tous les phénomènes vitaux, qui en eux-mêmes sont la conséquence de l'impulsion évolutive, qu'elle soit nutritive ou fécondatrice.

Les travaux des physiologistes ont eu précisément pour résultat de faire tomber les barrières qui séparaient l'œuf, l'embryon et l'adulte, et de faire apparaître dans ces trois états l'unité d'un organisme pris à trois moments différents de sa course, mais toujours soumis à la même impulsion et gouverné par la même loi.

II. Mais ce résultat n'est pas le seul, et le *principe d'évolution* n'est pas encore suffisamment caractérisé par l'idée *de la continuité.*

L'évolution ainsi définie n'est pas, en effet, une *propriété actuelle*, *un fait saisissable;* elle exprime simplement la loi qui règle la succession et l'enchaînement chronologique des *faits* vitaux dont l'être organisé est le théâtre.

Est-il possible de caractériser cette loi dans ses moyens d'exécution? c'est ce que nous allons voir.

La loi d'évolution s'applique non seulement à l'être total, à l'individu, mais encore à chacune de ses parties. C'est une *loi élémentaire.* Elle gouverne l'élément anatomique comme l'être tout entier, et cela était vraisemblable à priori, car il n'y a rien d'essentiel dans l'être tout entier qui ne soit dans ses parties composantes. L'individu zoologique, l'animal, n'est qu'une fédération d'êtres élémentaires, évoluant chacun pour leur propre compte. Il y a longtemps (1807) que cette idée a été exposée par un homme qui était un penseur autant qu'un grand poète et un naturaliste sagace; Gœthe, méditant les enseignements de Bichat, écrivait :

« Tout être vivant n'est pas une unité indivisible, » mais une pluralité : même alors qu'il nous apparaît » sous la forme d'un individu, il est une réunion d'êtres » vivants et existant par eux-mêmes. »

Ces organites élémentaires se comportent à la façon de l'individu ; leur existence se partage dans les mêmes périodes ; elle croît, s'élève et retombe ; elle décrit une trajectoire fixée dans sa forme.

Lorsque l'on a cherché à pénétrer ce qu'il y a d'essentiel dans la vie d'un être, on a vu que la *nutrition* en était le caractère le plus général et le plus constant. Mais la nutrition, c'est-à-dire la perpétuelle communication de l'élément anatomique avec le milieu qui l'entoure, cette continuelle relation d'échanges de liquides (nutrition proprement dite) et de gaz (respiration), la nutrition, disons-nous, est susceptible d'alternatives. La croissance, la période d'état, la décroissance correspondent aux variations relatives de cet échange, dans lequel le *milieu* reçoit moins, autant ou plus qu'il ne donne à l'élément. Il est donc impossible de séparer la propriété de nutrition des conditions de son exercice : il est impossible de séparer la nutrition de l'accroissement, du développement et de la succession des âges, c'est-à-dire de l'évolution. L'*évolution* c'est l'ensemble constant de ces alternatives de la nutrition ; c'est la nutrition considérée dans sa réalité, embrassée d'un coup d'œil à travers le temps. Cette évolution, ou loi des variations de la nutrition, est au point de vue des philosophes ce qu'il y a de plus caractéristique dans la vie. C'est quelque chose de comparable à la loi du mouvement de ce mobile qui est l'être vivant et qui exprime l'activité de cet être, comme la trajectoire exprime en mécanique les circonstances de l'activité d'un corps en mouvement. On peut donc imaginer que l'être élémentaire aussi bien que l'être complexe est ainsi engagé dans une sorte de trajectoire idéale qui lui impose son développement. L'idée de l'évolution, c'est l'idée de cette trajectoire, de cette loi qui gouverne l'être vivant : ce n'est pas un fait ou une propriété, c'est une idée. Le fait et la propriété, c'est la nutrition avec ses alternatives; l'idée, l'évolution, c'est la conception d'ensemble de toutes ces alternatives successives.

La génération ou la naissance de l'être ne fait pas une brèche ou une coupure dans cette voie continue. Il n'y a pas de raison pour imposer un commencement à l'évolution. Les recherches embryogéniques et ovogéniques ont bien mis en évidence ce point. L'être qui naît n'est pas une création nouvelle; dans son origine, dans les évulutions antérieures des êtres dont il sort et dont il est la continuation, il a puisé par une sorte d'habitude ou de ressouvenir physiologique, la nécessité de la voie qu'il doit suivre. En un mot, c'est *la même évolution* qui dure et qui se développe.

Mais, en réalité, le seul fait saisissable, actuel, réel, c'est la nutrition. C'est à tort que cette vue a été contestée et qu'on a voulu séparer « la nutrition, qui simplement maintient, d'avec le développement, qui accroît, augmente, ajoute ».

Les travaux contemporains ont eu précisément pour résultat de confondre « les phénomènes du développe-

» ment de la chose née avec ceux de la naissance de » cet objet ». Au temps où saint Thomas d'Aquin établissait la distinction de *l'âme* ou *faculté végétative*, en trois facultés différentes, la *nutritive*, l'*augmentative* et la *générative*, il donnait la preuve d'une sagacité philosophique profonde pour son époque. On peut en dire autant de Broussais lorsqu'il distinguait l'*irritation nutritive* et l'*irritation formative*. Mais aujourd'hui, les barrières établies entre la nutrition, le développement et la génération sont tombées sous les efforts des hommes qui ont suivi les premiers phénomènes de l'apparition des êtres.

Il a été dit (1) que l'évolution caractérise les êtres vivants et les distingue absolument des corps bruts.

De là une méthode différente dans les deux espèces de sciences, physico-chimique d'une part et biologique de l'autre. L'objet physico-chimique a une existence actuelle : il n'y a rien au delà de son état présent ; le physicien n'a à s'inquiéter ni de son origine ni de sa fin. Le corps manifeste toutes ses propriétés.

Au contraire, l'être vivant, outre ce qu'il manifeste, contient à l'état latent, en puissance, toutes les manifestations de l'avenir. Le prendre actuellement sur le fait, ce n'est point le prendre tout entier, car on a dit de lui avec raison qu'il était « un perpétuel devenir ». C'est un corps en marche ; ce qu'il faut saisir, c'est sa marche et non pas seulement les étapes de sa route.

La nécessité de ce point de vue s'est imposée à l'histoire naturelle proprement dite. Pour classer un être, il faut l'avoir suivi pendant toute son évolution ; il ne

(1) Page 35.

suffit pas seulement, comme l'avait dit Cuvier, de le prendre à un moment donné, fût-ce au moment de son développement le plus complet, à l'état adulte. Il n'est pas vrai que l'être porte « inscrit à tout moment dans » son organisation le caractère qui le classe ».

Nous voyons maintenant la nécessité de ce même point de vue dans la physiologie, étude de phénomènes de la vie qui se *développe*, aussi bien que de la vie qui se *maintient* (1).

III (2)

Les exemples de longévité des graines sont fort nombreux ; mais il y a une réserve à faire pour le cas particulier des prétendus *blés de momie*.

Voici ce que dit M. Berthelot (3) :

« Les allégations relatives au blé de momie qui aurait germé et fructifié sont aujourd'hui reconnues » erronées par les botanistes et les agriculteurs; les » personnes qui ont fait autrefois ces essais ont été » dupes des Arabes et des guides. Mais aucun échantillon récolté dans des conditions authentiques n'a » jamais germé. »

Il est clair que cette réserve sur le fait de la germination des graines des tombeaux égyptiens ne touche pas à tous les autres exemples bien constatés de conser-

(1) Cette note est le développement aussi fidèle que possible d'idées souvent exprimées par Claude Bernard dans ses conversations et qu'il se proposait de reproduire dans l'appendice. (Dastre.)

(2) Voy. p. 71.

(3) *Revue archéologique* de décembre 1877, p. 397.

vation des graines, et ne modifie en quoi que ce soit la conclusion que nous en avons tirée.

IV (1)

La première substance engendrée sous l'influence de la vie qui ait été reproduite artificiellement est l'*urée*. Wöhler l'obtint en maintenant pendant quelques instants en ébullition une solution de cyanate d'ammoniaque. La transformation de ce sel en urée se produit par un simple jeu d'isomérie.

On lui a plus tard donné naissance par l'action réciproque du gaz chloroxycarbonique et de l'ammoniaque. Cette dernière réaction établit la véritable constitution de l'urée, en démontrant que cette substance est l'amide de l'acide carbonique.

Piria reproduisit ensuite l'hydrure de salicyle (essence de reine des prés) par l'oxydation de la salicine.

Postérieurement, Perkins, en faisant réagir un mélange de chlorure d'acétyle et d'acétate de soude sur cet hydrure de salicyle, en a déterminé la conversion en *coumarine*, principe cristallisable que l'on rencontre dans les fèves de Tonka.

Piria a donné naissance à l'hydrure de benzoïle (essence d'amandes amères) par la distillation d'un mélange de benzoate et de formiate de chaux.

Cahours a formé un produit entièrement identique à l'huile de *Gaultheria procumbens*, essence douée d'une odeur très suave, élaborée par une plante de la

(1) Voy. VIe leçon, p. 205.

famille des Bruyères qui croît à la Nouvelle-Jersey ; cette essence n'est autre chose que le salicylate de méthyle.

L'acide salicylique a été reproduit en 1872 par Kolbe, en faisant réagir le gaz carbonique dans des conditions particulières de température sur le phénol sodique (phénate de soude) complètement sec. Dessaignes a refait de l'acide hippurique par l'action du chlorure de benzoïle sur le glycocolle zincique.

Berthelot a opéré la synthèse de l'acide formique ou, pour mieux dire, du formiate de potasse ou de soude, par l'union directe de l'oxyde de carbone et de ces alcalis. Il se produit, dans ces circonstances, un formiate dont on isole l'acide formique par l'intervention d'un acide minéral plus fixe.

Perkins et Duppa, d'un côté, Schmitt et Kekulé, d'autre part, ont reproduit les acides malique et tartrique qu'on rencontre dans un grand nombre de fruits acides en faisant agir la potasse sur les acides succiniques mono et di-bromés.

On n'a pu jusqu'à présent réaliser d'une manière directe la synthèse d'aucune substance organique au moyen de ses éléments constituants. On n'a pu produire jusqu'ici que des synthèses indirectes. C'est ainsi que le carbone et l'hydrogène libres, se combinant, comme l'a démontré Berthelot, sous l'influence de l'arc électrique, donnent de l'acétylène C^4H^2 : celui-ci, en fixant de l'hydrogène, engendre l'éthylène C^4H^4, lequel, en fixant de l'eau, donne naissance à l'alcool. La synthèse de l'alcool, produit organique, est donc un exemple de ces synthèses indirectes dont nous parlons.

V

FIXATION DE L'AZOTE SUR LES COMPOSÉS ORGANIQUES

Par M. Berthelot (1).

Les expériences de M. Berthelot (2) tendent à établir que, dans des conditions comparables aux conditions atmosphériques habituelles, il peut y avoir fixation de l'azote de l'air sur des composés organiques ternaires, tels que la cellulose et l'amidon. L'électricité atmosphérique agissant par les différences de tension qui se manifestent à une petite distance du sol, pourrait faire pénétrer l'azote dans des principes végétaux hydrocarbonés. L'induction (mais non encore vérifiée) que permettraient ces recherches, c'est que l'influence des agents cosmiques serait capable de transformer en combinaisons azotées les substances ternaires. Un tel phénomène projetterait une vive lumière sur le problème des synthèses organiques.

Quoi qu'il en soit de ces inductions lointaines, voici les résultats précis des remarquables expériences de M. Berthelot.

Pour provoquer des différences de tension électrique soutenues dans un espace déterminé, M. Berthelot emploie un appareil composé de deux cloches en verre mince, l'une recouvrant l'autre, de manière à laisser un intervalle ou chambre dans laquelle on place les substances que l'on veut étudier. La cloche intérieure

(1) Note relative à la page 205.
(2) *Annales de chimie et de physique.*

est recouverte à sa face interne d'une feuille d'étain, constituant l'armature positive du condensateur, la cloche extérieure est revêtue à sa face externe d'une autre feuille d'étain constituant l'armature négative. Le système repose sur une plaque de verre vernie à la gomme laque. On fait en sorte que les deux cloches soient d'ailleurs aussi rapprochées que possible.

La surface extérieure de la petite cloche est recouverte dans sa moitié supérieure d'une feuille de papier Berzélius, pesée à l'avance et mouillée avec de l'eau pure. L'autre moitié de la même surface a été enduite d'une couche d'une solution sirupeuse, titrée et pesée, de dextrine, dans des conditions qui permettaient de connaître exactement le poids de la dextrine sèche employée.

Le système tout entier des cloches a été mis à l'abri de la poussière sous un récipient de verre.

Les choses étant ainsi disposées, l'armature interne de la petite cloche est mise en communication avec le pôle positif d'une pile formée de cinq couples Léclanché disposés en tension ; l'armature externe de la grande cloche est mise en rapport avec le pôle négatif. Entre les deux armatures, la différence de tension était ainsi maintenue constante. Ces différences de tension sont absolument comparables à celles de l'électricité atmosphérique agissant à de petites distances du sol.

Avant l'expérience, l'azote a été dosé dans les deux substances. On a trouvé :

Papier..................	0.10
Dextrine...............	0.17

Après que l'expérience s'est prolongée sept mois, le dosage donne :

Papier..................	0.45
Dextrine................	1.92

Il y a fixation d'azote. L'intervalle des deux cylindres, et par conséquent la valeur du potentiel, a une influence sur le phénomène, car la distance des deux cloches étant triple, après sept mois, toutes choses égales d'ailleurs, M. Berthelot a trouvé, comme quantité d'azote :

Papier..................	0.30
Dextrine................	1.14

La fixation de l'azote sur les principes immédiats, cellulose, amidon, est ainsi mise hors de doute.

La lumière n'est pour rien dans le phénomène; les choses se passent de même dans l'obscurité absolue.

Les essais de M. Berthelot en vue de provoquer des réactions chimiques différentes de celles-là avec la même différence du potentiel n'ont pas réussi.

VI (1)

L'existence du *bathybius* a été constatée et a donné lieu, dans ces dernières années, à une controverse qui n'est pas terminée. Les naturalistes de la seconde expédition du *Challenger* ont considéré cette matière comme un précipité gélatineux de sulfate de chaux; des recherches plus récentes contestent cette opinion.

Nous n'avons pas à prendre parti dans cette querelle. En dehors du *bathybius*, il y a déjà assez d'êtres proto-

(1) Note pour la page 189 et la page 299.

plasmiques bien connus pour que l'existence ou la non-existence de celui-ci puisse apporter aucun changement dans nos conclusions.

VII

Après l'exposé qui précède, est-il possible de nous rattacher à un système philosophique? On pourrait être tenté de nous comprendre parmi les matérialistes ou physico-chimistes. Nous ne leur appartenons point. Car, envisageant l'état actuel des choses, nous admettons une *modalité spéciale* dans les phénomènes physico-chimiques de l'organisme. — Sommes-nous parmi les vitalistes? Non encore, car nous n'admettons aucune forme exécutive en dehors des forces physico-chimiques. — Sommes-nous donc enfin des expérimentateurs empiriques, qui croyons, avec Magendie, que le fait se suffit et que l'expérimentation n'a pas besoin d'une doctrine pour se diriger? Pas davantage; nous trouvons, au contraire, qu'il est nécessaire, surtout aujourd'hui, d'avoir un critérium pour juger et une doctrine pour réunir tous les faits de la science.

Quelle est donc cette doctrine? Le *déterminisme*. Il est illusoire de prétendre remonter aux causes des phénomènes par l'esprit ou par la matière. Ni l'esprit ni la matière ne sont des causes. Il n'y a pas de causes aux phénomènes ; et en particulier pour les phénomènes de la vie, et pour tous ceux qui ont une *évolution*, la notion de cause disparaît, puisque l'idée de succession constante n'entraîne pas ici l'idée de dépendance. Les phénomènes de l'évolution s'enchaînent dans un ordre rigoureux, et cependant nous savons que l'antécédent ne commande pas certainement le suivant. L'obscure notion de cause doit être reportée à l'origine des choses : elle n'a de sens que celui de cause première ou de cause finale; elle doit faire place, dans la science, à la notion de rapport ou de conditions. Le déterminisme fixe les conditions des phénomènes; il permet d'en prévoir l'apparition et de la provoquer lorsqu'ils sont à notre portée. — Il ne nous rend pas compte de la nature; ils nous en rend maîtres.

Le déterminisme est donc la seule philosophie scientifique possible.

Il nous interdit à la vérité la recherche du pourquoi; mais ce pourquoi est illusoire. En revanche, il nous dispense de faire comme Faust qui, après l'affirmation, se jette dans la négation. Comme ces religieux qui mortifient leur corps par les privations, nous sommes réduits, pour perfectionner notre esprit, à le mortifier par la privation de certaines questions et par l'aveu de notre impuissance. Tout en pensant, ou mieux, en sentant qu'il y a quelque chose au delà de notre prudence scientifique, il faut donc se jeter dans le déterminisme. Que si après cela nous laissons notre esprit se bercer au vent de l'inconnu et dans les sublimités de l'ignorance, nous aurons au moins fait la part de ce qui est la science et de ce qui ne l'est pas.

TABLE DES MATIÈRES

DEUXIÈME LEÇON

LES TROIS FORMES DE LA VIE.

TROISIÈME LEÇON

DIVISION DES PHÉNOMÈNES DE LA VIE

QUATRIÈME LEÇON

PHÉNOMÈNES DE DESTRUCTION ORGANIQUE

FERMENTATION. — COMBUSTION. — PUTRÉFACTION

CINQUIÈME LEÇON

PHÉNOMÈNES DE CRÉATION ORGANIQUE

THÉORIES ANATOMIQUE, CELLULAIRES, PROTOPLASMIQUE, PLASTIDULAIRE.

SIXIÈME LEÇON

THÉORIES CHIMIQUES. — SYNTHÈSES. — PROTOPLASMA INCOLORE ET PROTOPLASMA VERT OU CHLOROPHYLLIEN.

SEPTIÈME LEÇON

PROPRIÉTÉ DU PROTOPLASMA DANS LES DEUX RÈGNES. — IRRITABILITÉ, SENSIBILITÉ.

HUITIÈME LEÇON

SYNTHÈSE ORGANISÉE, MORPHOLOGIE.

NEUVIÈME LEÇON

RÉSUMÉ DU COURS.

FIN DE LA TABLE DES MATIÈRES.

2238-84. — Corbeil. Typ. et stér. Crété.

ANGER. **Nouveaux éléments d'anatomie chirurgicale**, par Benj. ANGER, chirurgien de l'hôpital Saint-Antoine, professeur agrégé de la Faculté. Paris, 1869, 1 vol. in-8, de 1055 pages, avec 1079 fig. et 1 atlas in-4 de 12 pl. col. 40 fr.
Séparément le texte, 1 vol. in-8. 20 fr. — L'atlas, 1 vol. in-4. 25 fr.

BIMAR (A.). **Structure des ganglions nerveux**. Anatomie et physiologie. Paris, 1878, in-8, 68 pages. 2 fr.

BOUCHUT. **La vie et ses attributs**, dans leurs rapports avec la philosophie et la médecine. 2e *édition*. Paris, 1876, in-18 jésus, 450 pages. 4 fr. 50

CADIAT (O.). **Cristallin**, anatomie et développement, usages et régénération. Paris, 1876, in-8 de 80 pages, avec 2 planches. 2 fr. 50

— **Étude sur l'anatomie normale et les tumeurs du sein** chez la femme. Paris, 1876, in-8 de 60 pages, avec 3 pl. et 20 fig. lithog. 2 fr. 50

CRUVEILHIER. **Anatomie pathologique du corps humain**, ou Descriptions, avec figures lithographiées et coloriées, des diverses altérations morbides dont le corps humain est susceptible. Paris, 1830-1842, 2 vol. in-folio, avec 230 planches coloriées. 456 fr.

— **Traité d'anatomie pathologique**. Paris, 1849-1864, 5 vol. in-8. 35 fr.

DALTON. **Physiologie et hygiène des écoles**, des collèges et des familles. Paris, 1870, 1 vol. in-18 jésus de 536 pages, avec 68 fig. 4 fr.

DEBROU. **La vie**; différentes manières de la concevoir et de l'expliquer. Orléans, 1869, in-18 jésus, 211 pages. 2 fr.

DEPIERRIS (A.). **Traité de physiologie générale**, ou Nouvelles Recherches sur la vie et la mort. Paris, 1842, in-8. 7 fr. 50

DONNÉ (A.). **Cours de microscopie** complémentaire des études médicales, anatomie microscopique et physiologique des fluides de l'économie, Paris, 1844, 1 vol. in-8 de 550 pages. 7 fr. 50

DONNÉ (A.) et FOUCAULT (L.). **Atlas du cours de microscopie**, exécuté d'après nature au microscope daguerréotype, par le docteur A. DONNÉ et L. FOUCAULT. Paris, 1846, 1 vol. in-folio de 20 planches gravées, avec un texte descriptif. 30 fr.

DUCLOS (F.). **La vie. Qu'es-tu? D'où viens-tu? Où vas-tu?** Paris, 1878, 1 vol. in-12 de 204 pages. 2 fr.

DURAND (A. P.). **Étude anatomique sur le segment cellulaire contractile** et le tissu connectif du muscle cardiaque. Paris, 1879, grand in-8, 115 pages, avec 3 planches. 3 fr. 50

DUTROCHET. **Mémoires pour servir à l'histoire anatomique et physiologique des végétaux et des animaux**. Paris, 1837, 2 vol. in-8, avec atlas de 30 planches. 6 fr.

ÉLOUI. **Recherches histologiques sur le tissu connectif de la cornée** des animaux vertébrés. Paris, 1881, 1 vol. in-8, avec 6 pl. col. 6 fr.

† **Encyclopédie anatomique**, comprenant l'Anatomie descriptive, l'Anatomie générale, l'Anatomie pathologique, l'histoire du Développement, par G.-T. BISCHOFF, HENLE, HUSCHKE, SOEMMERRING, F.-G. THEILE, G. VALENTIN, J. VOGEL, G. et E. WEBER, traduit de l'allemand, par A.-J.-L. JOURDAN, membre de l'Académie de médecine. Paris, 1843-1847, 8 forts vol. in-8, avec atlas in-4. L'ouvrage complet (75 fr.) 32 fr.

FLOURENS. **Mémoires d'anatomie et de physiologie comparées**, contenant des recherches sur : 1° les lois de la symétrie dans le Règne animal; 2° le mécanisme de la Rumination; 3° le mécanisme de la respiration des Poissons; 4° les rapports des extrémités antérieures et postérieures dans l'Homme, les Quadrupèdes et les Oiseaux. Paris, 1844, gr. in-4 avec 8 planches coloriées. 9 fr.

— **Recherches sur le développement des os et des dents**. 1841, in-4, 146 p. avec 12 pl. col. 10 fr.

— **Anatomie générale de la peau** et des membranes muqueuses. 1843, in-4, 104 p. avec 6 pl. col. 6 fr.

— **Théorie expérimentale de la formation des os**. 1847, in-8 avec 7 pl. 3 fr.

HALLER. **Elementa physiologiæ** corporis humani. 1757, 9 vol. in-4 (120 fr.) 50 fr.

† HENLE (J.) **Traité d'anatomie générale**, ou histoire des tissus et de la composition chimique du corps humain. Paris, 1843, 2 vol. in-8, avec 5 pl. (15 fr.) 8 fr.

HUGUENIN. **Anatomie des centres nerveux**, par HUGUENIN, professeur à l'Université de Zurich, traduit par Th. KELLER et annoté par le docteur Mathias DUVAL. Paris, 1879, in-8 de 368 pages avec 149 figures. 8 fr.

LEBERT. **Traité d'anatomie pathologique et générale spéciale**, ou Description et iconographie pathologique des affections morbides, tant liquides que solides, observées dans le corps humain. *Ouvrage complet*. Paris, 1855-1861, 2 vol. in-folio, comprenant 200 pl. dessinées d'après nature, grav. et col. 615 fr.

— **Physiologie pathologique**, ou Recherches cliniques, expérimentales et microscopiques sur l'inflammation, la tuberculisation, les tumeurs, la formation du cal, etc. Paris, 1845, 2 vol. in-8, avec atlas de 22 planches (23 fr.). 15 fr.

LEBLOIS (P.). **La vie et le moi.** Paris, 1878, in-18, 72 pages. 2 fr.
— **Études psychologiques.** Paris, 1880, in-8, 71 pages. 1 fr.
LEGROS. **Des nerfs vaso-moteurs.** Paris, 1873, 1 vol. in-8 de 112 pag.
MAGENDIE. **Phénomènes physiques de la vie.** 1842, 4 vol. in-8
MALGAIGNE (J.-F.). **Traité d'anatomie chirurgicale et expérimentale,** par J.-F. MALGAIGNE, professeur à la Faculté de médecine de Paris, membre de l'Académie de médecine. *Deuxième édition.* Paris, 1859, 2 forts vol. in-8, 18 fr.
MANDL (L.). **Anatomie microscopique,** par le docteur L. MANDL. Ouvrage complet. Paris, 1838-1857, 2 vol. in-folio avec 92 planches. 200 fr.
Le tome Ier comprenant l'HISTOLOGIE, est divisé en deux séries : *Tissus et organes, Liquides organiques,* est complet en 26 livraisons, avec 52 planches.
Le tome II comprend l'HISTOGENÈSE, ou Recherches sur le développement, l'accroissement et la reproduction des éléments microscopiques, des tissus et des liquides organiques dans l'œuf, l'embryon et les animaux adultes, est complet en 20 livraisons, avec 40 planches.
Séparément les livraisons 10 à 26 du tome Ier.
Prix de chaque livraison, composée de 6 feuilles de texte et 2 planches. Prix de la livraison. 5 fr.
MASSE. **Traité pratique d'anatomie descriptive,** mis en rapport avec l'atlas d'anatomie et lui servant de complément, par le docteur J.-N. MASSE, professeur d'anatomie. Paris, 1858, 1 vol. in-18 jésus de 700 pages, cartonné. 7 fr.
— **Anatomie synoptique,** ou Résumé complet d'anatomie descriptive du corps humain. Paris, 1867, in-18, 116 pages.
MOITESSIER (A.). **La photographie appliquée aux recherches micrographiques.** Paris, 1867, 1 vol. in-18 jésus, 340 pages, avec 30 figures et 3 planches photographiées. 7 fr.
MOREL. **Le cerveau,** sa topographie anatomique. Paris, 1880, in-4, v-50 pages et 17 planches en partie coloriées. 7 fr. 50
MULLER. **Manuel de physiologie,** par J. MULLER, traduit de l'allemand par A.-J.-L. JOURDAN, 2e édition, par E. LITTRÉ, Paris, 1851, 2 vol. gr. in-8 avec 320 figures et 4 planches. 20 fr.
PATRIGEON (G.). **Recherches sur le nombre des globules rouges et blancs du sang à l'état physiologique,** chez l'adulte, et dans un certain nombre de maladies chroniques, 1877, in-8, 100 pages, avec 20 pl. de tracés. 4 fr.
PLANTEAU. **Spermatogenèse et fécondation.** Paris, 1880, in-8 avec 2 pl. 3 fr.
POINCARÉ. **Le système nerveux** au point de vue normal et pathologique. Leçons de physiologie professées à Nancy. 2e édit. Paris, 1877, 3 vol. in-8 avec fig. 18 fr.
POUCHET (F.-A.). **Théorie de l'ovulation spontanée** et de la fécondation dans l'espèce humaine et les mammifères, basée sur l'observation de toute la série animale, par F.-A. POUCHET, professeur au Muséum d'histoire naturelle de Rouen. Paris. 1847, 1 vol in-8, 600 pag. avec atlas in-4 de 20 pl. coloriées. 36 fr.
REYNIER. **Les nerfs du cœur.** Paris, 1880, 1 vol. in-8. 4 fr.
SCHIFF. **De l'inflammation et de la circulation,** par le professeur M. SCHIFF, traduction de l'italien par le docteur R. GUICHARD DE CHOISITY, médecin adjoint des hôpitaux de Marseille. Paris, 1878, in-8 de 96 pages. 3 fr.
— **La pupille considérée comme esthésiomètre,** traduit de l'italien, par le docteur R. GUICHARD DE CHOISITY. Paris, 1875, in-8 de 34 pages. 1 fr. 25
SCHWARTZ (Ch. Ed.). **Recherches anatomiques et cliniques sur les gaînes synoviales** de la face palmaire de la main. Paris, 1878, gr. in-8 de 110 pages avec 3 planches. 3 fr. 50
SERRES (E.). **Anatomie comparée transcendante, principes d'embryogénie,** de zoogénie et de tératogénie. Paris, 1859, 1 vol. in-4 de 942 pages avec 3 planches. 16 fr.
— **Recherches d'anatomie transcendante et pathologique,** théorie des formations et des déformations organiques, appliquée à l'anatomie de la duplicité monstrueuse. Paris, 1832, in-4, avec atlas de 20 planches in-folio. 20 fr.
— **Des lois de l'embryogénie** ou des règles de formation des animaux et de l'homme, 1844, in-4 de 172 pages, avec 9 planches. 12 fr.
+ TIEDEMANN (F.). **Traité complet de physiologie** de l'homme, traduit de l'allemand par A.-J.-L. JOURDAN. Paris, 1831, 2 vol. in-8 (11 fr.). 3 fr. 50
TRUMET DE FONTARCE. **Pathologie clinique du grand sympathique.** Étude basée sur l'anatomie et la physiologie. Paris, 1880, 1 vol. in-8 de 375 pages, avec planches. 7 fr.
VIREY. **De la physiologie** dans ses rapports avec la philosophie. Paris, 1844, 1 vol. in-8 (7 fr.). 3 fr.
VOGEL (J.). **Traité d'anatomie pathologique générale.** 1847, in-8. 4 fr.
ZIÉGLER (Martin). **Atonicité et Zoïcité,** applications physiques, physiologiques et médicales. Paris, 1874, in-12, 172 pages. 3 fr. 50
— **Lutte pour l'existence** entre l'organisme animal et les algues microscopiques. Paris, 1878, in-8, 81 pages. 2 fr. 50

LE CORPS HUMAIN

STRUCTURE ET FONCTIONS

FORMES EXTÉRIEURES, RÉGIONS ANATOMIQUES, SITUATION, RAPPORTS ET USAGES DES APPAREILS ET ORGANES QUI CONCOURENT AU MÉCANISME DE LA VIE

Démontrés à l'aide de planches coloriées, découpées et superposées

Dessins d'après nature

Par Édouard CUYER

Lauréat de l'École des Beaux-Arts.

TEXTE

PAR G. A. KUHFF

Docteur en médecine, préparateur au laboratoire d'Anthropologie de l'École des Hautes Études.

Préface par M. Mathias DUVAL, professeur d'anatomie à l'École des Beaux-Arts.

Paris, 1879. 1 vol. grand in-8 de 500 p. de texte, avec Atlas de 27 *planches coloriées.*

Ouvrage complet cartonné, en deux volumes. — 75 fr.

Pl. I. Du corps humain en général.
II. Tronc et cavité thoracique (face antérieure).
III. Tronc (face postérieure).
IV. Tronc (face latérale).
V. Cavité abdominale.
VI. Tête.
Fig. 1. — *Face antérieure.*
Fig. 2. — *Face postérieure.*
VII. Tête.
Fig. 1. — *Face latérale.*
Fig. 2. — *Base du crâne.*
VIII. Cou (face antéro-externe).
IX. Membre thoracique.
Fig. 1. — *Bras.*
Fig. 2. — *Avant-bras.*
X. Membre thoracique (face postérieure).
Fig. 1. — *Bras.*
Fig 2. — *Avant-bras.*
XI. Membre thoracique (face interne).
Fig. 1. — *Bras.*
Fig. 2. — *Avant-bras.*
XII. Membre thoracique (face externe).
Fig. 1. — *Bras.*
Fig. 2. — *Avant-Bras.*
XIII. Main.
Fig. 1. — *Os du carpe* (face antérieure).
Fig. 2. — *Os du carpe* (face postérieure).
Fig. 3. — *Main* (face palmaire).
Fig. 4. — *Main* (face dorsale).
XIV. Membre abdominal (face antérieure).
Fig. 1. — *Cuisse.*
Fig. 2. — *Jambe.*
XV. Membre abdominal (face postérieure).
Fig. 1. — *Cuisse.*
Fig. 2. — *Jambe.*

Pl. XVI. Membre abdominal (face interne).
Fig. 1. — *Cuisse.*
Fig. 2. — *Jambe.*
XVII. Membre abdominal (face externe).
Fig. 1. — *Cuisse.*
Fig. 2. — *Jambe.*
XVIII. Pied.
Fig. 1. — *Os du tarse* (face supérieure).
Fig. 2. — *Os du tarse* (face inférieure).
Fig. 3. — *Pied* (face dorsale).
Fig. 4. — *Pied* (face plantaire).
XIX. Ensemble des vaisseaux et des nerfs.
XX. Encéphale (face supérieure).
XXI. Encéphale.
Fig. 1. — *Face latérale.*
Fig. 2. — *Cervelet.*
XXII. Appareil visuel (face latérale).
XXIII. Appareil visuel; paupières et voies lacrymales.
XXIV. Appareil auditif.
Fig. 1. — *Oreille externe et oreille moyenne vues par la face externe.*
Fig. 2. — *Oreille externe, oreille moyenne et oreille interne vues par la face antérieure.*
Fig. 3. — *Chaîne des osselets vue par sa face antérieure.*
Fig. 4. — *Chaîne des osselets vue par sa face externe.*
Fig. 5. — *Coupe du limaçon.*
XXV. Appareils de l'olfaction, du goût et de la voix.

Le corps humain (avec les *Organes génitaux de l'homme et de la femme*). 1 vol. gr. in-8 de 370 pages de texte, avec atlas de 27 planches coloriées. Ensemble 2 vol. gr. in-8, cartonnés.......... 75 fr.

Les organes génitaux de l'homme et de la femme, in-8, 56 pages, avec 56 figures et 2 planches coloriées.......... 7 fr. 50

ENVOI FRANCO CONTRE UN MANDAT SUR LA POSTE.

1934-84. — Corbeil. Typ. et stér. Crété,

BROWN-SÉQUARD (E.). **Propriétés et fonctions de la moelle épinière.** Rapport sur quelques expériences de M. Brown-Séquard, par M. Paul Broca. 1856, in-8 ... 1 fr.

BURLUREAUX (Ch.). **Considérations sur le siège, la nature, les causes de la folie paralytique.** 1874, in-8, 91 pages ... 2 fr.

CABANIS. Rapports du physique et du moral de l'homme, et Lettre sur les causes premières, avec une Table analytique, par Destutt de Tracy. 8e *édition*, augmentée des notes, et précédée d'une Notice historique et philosophique sur la vie, les travaux et les doctrines de Cabanis, par L. Peisse. 1844, 1 vol. in-8, 780 pages ... 6 fr.

CALMEIL. Traité des maladies inflammatoires du cerveau, ou Histoire anatomo-pathologique des congestions encéphaliques, du délire aigu, de la paralysie générale ou périencéphalite chronique diffuse à l'état simple ou compliqué, du ramollissement cérébro-local aigu et chronique, de l'hémorrhagie cérébrale localisée, récente ou non récente. 1859, 2 vol. in-8, ensemble 1418 pages. 17 fr.

— **De la folie,** considérée sous le point de vue pathologique, philosophique, historique et judiciaire, depuis la renaissance des sciences en Europe jusqu'au XIXe siècle. Description des grandes épidémies de délire simple ou compliqué qui ont atteint les populations d'autrefois et régné dans les monastères. Exposé des condamnations auxquelles la folie méconnue a souvent donné lieu. 1845, 2 vol. in-8 ... 14 fr.

— **De la paralysie considérée chez les aliénés.** 1823, in-8 ... 6 fr. 50

CASTEL. Exposition des attributs du système nerveux et explication des phénomènes de la paralysie. 2e *édition*. 1845, in-8. *Au lieu de* 5 fr ... 1 fr.

CERISE (L.). **Déterminer l'influence de l'éducation physique et morale sur la production de la surexcitation du système nerveux** et des maladies qui sont un effet consécutif de cette surexcitation. 1841, 1 vol. in-4, 170 pages ... 3 fr.

CHAIROU (E.). **Études cliniques sur l'hystérie.** 1870, in-8, 143 pages.. 3 fr.

CHENEAU (P.). **Traitement des maladies nerveuses** (épilepsie), 1845, in-8 ... 50 c.

COLLINEAU. Analyse physiologique de l'entendement humain. 1843, in-8. (7 fr.) ... 1 fr. 50

COSSY (J.). **Recherches sur le délire aigu des épileptiques** (manie intermittente, manie avec fureur). 1854, in-8, 96 pages ... 2 fr.

CROS (Antoine). **Les fonctions supérieures du système nerveux.** Recherche des conditions organiques et dynamiques de la pensée. 1875, 1 vol. gr. in-8, 540 pages ... 8 fr.

CULLERRE. De la démence paralytique dans ses rapports avec l'athérôme artérielle et le ramollissement jaune. 1882, in-8, 23 pages ... 1 fr.

— **Contribution à l'étude de la tuberculose chez les aliénés.** 1876, in-8, 32 pages ... 1 fr.

— **Emploi de la métallothérapie dans un cas d'hystérie** convulsive et vésanique. Paris, 1880, in-8, 15 pages ... 1 fr.

— **Du rôle des lésions cardiaques chez les aliénés.** Paris, 1880, in-8, 10 pages ... 1 fr.

DAGONNET. Asiles d'aliénés. 1874, in-8, 45 pages ... 2 fr.

— **Des impulsions dans la folie** et de la folie impulsive. 1870, in-8 74 p. 2 fr.

— **Conscience et aliénation mentale.** 1881, in-8, 43 pages ... 1 fr.

— **De l'alcoolisme** au point de vue de l'aliénation mentale. 1873, in-8, 111 pages ... 2 fr. 50

— **Folie morale et folie intellectuelle,** considérations générales et classification. 1877, in-8, 36 pages ... 1 fr.

DARDE. Du délire des actes dans la paralysie générale. 1874, gr. in-8, 41 pages ... 2 fr.

DECAISNE (G.). **Paralysies corticales du membre supérieur :** monoplégies brachiales. 1879, in-8, 74 pages ... 2 fr.

DECAISNE (P.). **Gangrène d'une partie de la base de l'encéphale.** 1867, in-4, 36 pages ... 1 fr. 50

DELISLE. Contributions à l'étude des déformations du crâne. 1880, in-8, 67 pages avec 8 fig ... 2 fr.

DEMARQUAY ET **GIRAUD-TEULON. Recherches sur l'hypnotisme** ou sommeil nerveux. 1860, in-8, 56 pages ... 1 fr. 50

DESMAISONS. Des asiles d'aliénés en Espagne. 1859, in-8, x-176 pages. 4 fr.

DUBOIS (d'Amiens). **Histoire philosophique de l'hypochondrie et de l'hystérie.** 1837, in-8. *Au lieu de* 7 fr. 50 ... 2 fr.

DUCHENNE (G.-B.) [de Boulogne]. **Anatomie microscopique du système nerveux.** 1865, gr. in-8, 14 p., avec 4 pl ... 3 fr.

EHRMANN (J.). **Effets produits sur l'encéphale** par l'oblitératio[illegible] seaux artériels. 1860, in-8, 82 p. 50
ESQUIROL. **Inauguration de sa statue.** 1862, in-8, 56 p. av. portra[illegible]
FAIVRE. **Étude sur l'histologie comparée du système nerv**[illegible] in-4, 106 p. avec 3 pl. .... [illegible] fr.
FALRET (J.-P.). **Des maladies mentales et des asiles d'aliénés**, leçons cliniques et considérations générales. 1864, 1 vol. in-8, LXX-796 pages avec un plan .... 11 fr.
FALRET (Jules). **De l'état mental des épileptiques.** 1861, in-8, 89 p. 50
— **Du bromure de potassium chez les épileptiques.** 1871, in-8. .... 1 fr.
— **De la responsabilité morale et légale des aliénés.** 1869, in-8. .... 1 fr.
— **De la séméiologie des affections cérébrales.** 1860, in-8. .... 1 fr.
— **Des principes à suivre dans la classification des maladies mentales.** 1861, in-8. .... 1 fr.
— **De l'enseignement clinique des maladies mentales.** 1850, in-8. .. 2 fr.
— **De l'asile médico-agricole de Leyme.** 1863, in-8. .... 1 fr.
— **La colonie d'aliénés de Gheel.** 1862, in-8, 49 pages .... 1 fr.
FERRIER (A.). **Introduction à l'étude philosophique et pratique de la phrénologie.** 1845, in-8, 73 pages et 1 pl. col. .... 2 fr.
FEUCHTERSLEBEN (E. de). **Hygiène de l'âme**, 3e *édition*. 1870, 1 vol. in-18, 284 pages .... 2 fr. 50
FLOURENS (P.). **Recherches sur les fonctions et les propriétés du système nerveux** dans les animaux vertébrés. 2e *édition*. 1842, in-8, 516 p. 3 fr.
FOISSAC (P.). **Hygiène philosophique de l'âme**, 2e édition revue et augmentée. 1863, 1 vol. in-8, 571 pages .... 7 fr. 50
— **Les localisations cérébrales.** 1878, gr. in-8 .... 1 fr.
— **Considérations pratiques sur le traitement des névralgies.** 1877, gr. in-8, 39 pages .... 2 fr.
FOVILLE fils (Ach.). **Les aliénés.** Étude pratique sur la législation et l'assistance qui leur sont applicables. 1870, in-8, 208 pages .... 3 fr.
— **Étude clinique de la folie** avec prédominance du délire des grandeurs. 1871, in-4, 120 pages .... [illegible] fr.
— **Historique du délire des grandeurs.** 1871, in-8, 55 pages .... 1 fr. 50
— **Les aliénés aux États-Unis.** 1873, in-8, 118 pages .... 2 fr. 50
— **Influence de l'alcoolisme chronique** sur la responsabilité cr[illegible] 1875, in-8, 28 pages .... 1 fr.
GALL ET SPURZHEIM. **Anatomie et physiologie du systèm[e] nerveux** en général et du cerveau en particulier. 1810-1819, 4 volumes in-f[olio] [illegible] atlas in-folio de 100 planches (800 fr.) .... [illegible] fr.
— Le même, 4 volumes in-4 et 1 atlas in-folio de 100 planches (400 [illegible]) .... 100 fr.
GALLARD. **Des dispositions législatives qu'il conviendrait de prendre contre les actes violents des aliénés** reconnus dangereux. 1878, in-8, 103 pages .... 2 fr. 50
GALLAVARDIN. **Les paralysies phosphoriques.** 186[illegible], gr. in-8 .... 2 fr.
GARIN. **Traitement de la chorée.** 1879, in-8, 93 pages .... 2 fr. 50
GINTRAC (E.). **Mémoire sur l'influence de l'hérédité, sur la production de la surexcitation nerveuse**, sur les maladies qui en résultent, et des moyens de les guérir. 1845, in-4, 189 pages .... 3 fr. 50
GINTRAC (H.). **De la pellagre dans la Gironde.** 1863, in-8, 43 p. a 1 fr. 50
GIRARD (H.). **Études pratiques sur les maladies nerveuses et mentales**, accompagnées de tableaux statistiques, suivies du Rapport à M. le préfet de la Seine sur les aliénés traités dans les asiles de Bicêtre et de la Salpêtrière, et des Considérations sur l'ensemble du service des aliénés. 1863, 1 vol. in-8, 423 pages .... 12 fr.
— **Compte administratif, statistique et moral sur le service des aliénés** du département de l'Yonne. 1846, in-8 ....
— **Fonctionnement médical et administratif du service des a[liénés]** de la Seine. 1878, gr. in-4 ....
GROS. **Contribution à l'histoire des névrites.** 1879, gr. in-8, 94 p.
GUARDIA (J.-M.). **De l'étude de la folie.** 1861, in-8, 32 pages ....
GUISLAIN (J.). **Leçons orales sur les phrénopathies**, ou Traité [illegible] et pratique des maladies mentales. Deuxième édition, publiée par les [illegible] docteur Ingels. 1880, 2 vol. in-8, ensemble 1040 pages, avec 54 figures ....
HALBRON. **Goitre aigu.** 1865, in-8, 22 pages .... 1 fr.
HAMON. **De la nature névrosique de l'albuminurie.** 1861, gr. in-8, 75 pages .... 1 fr. 50

107

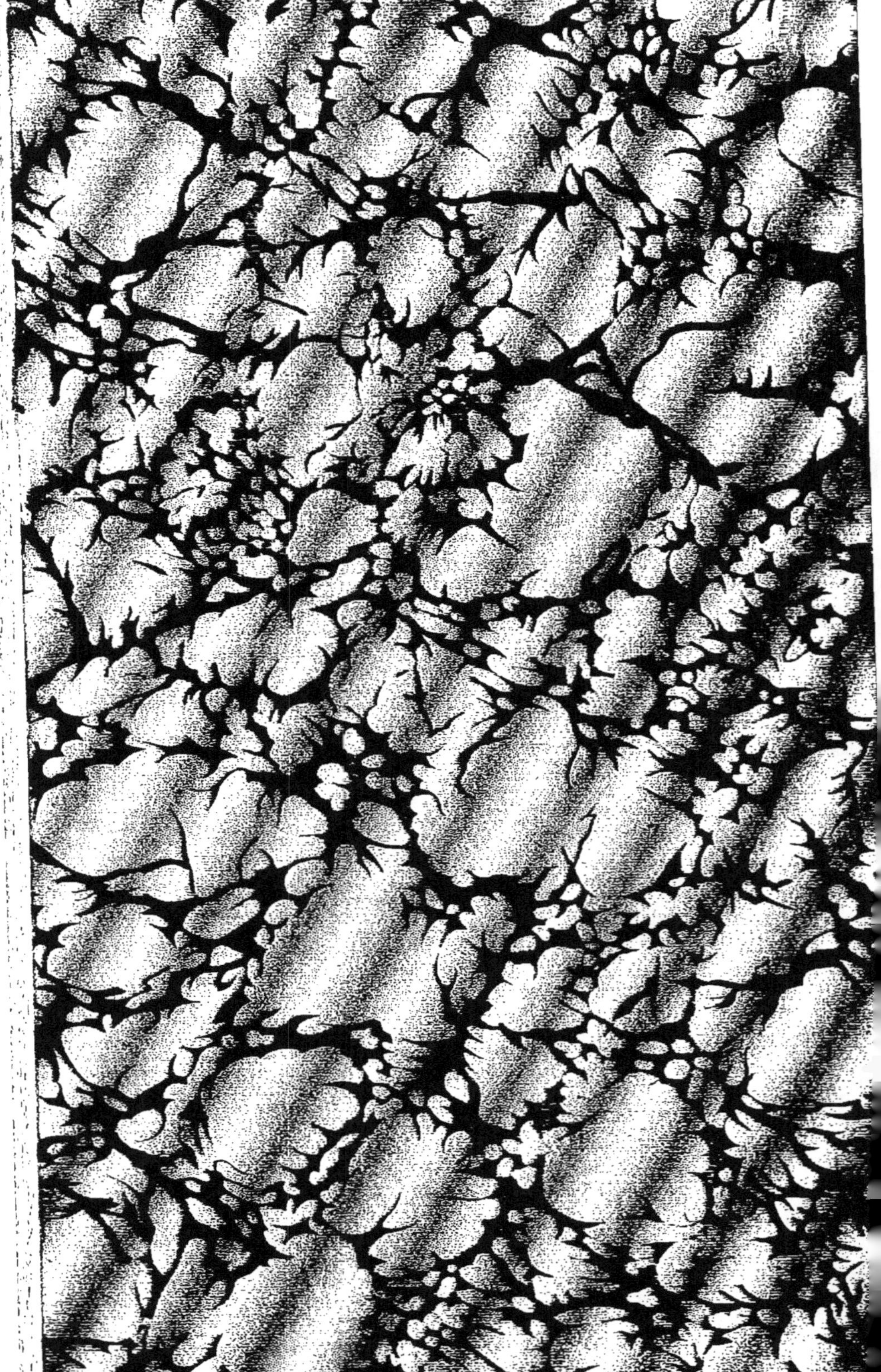

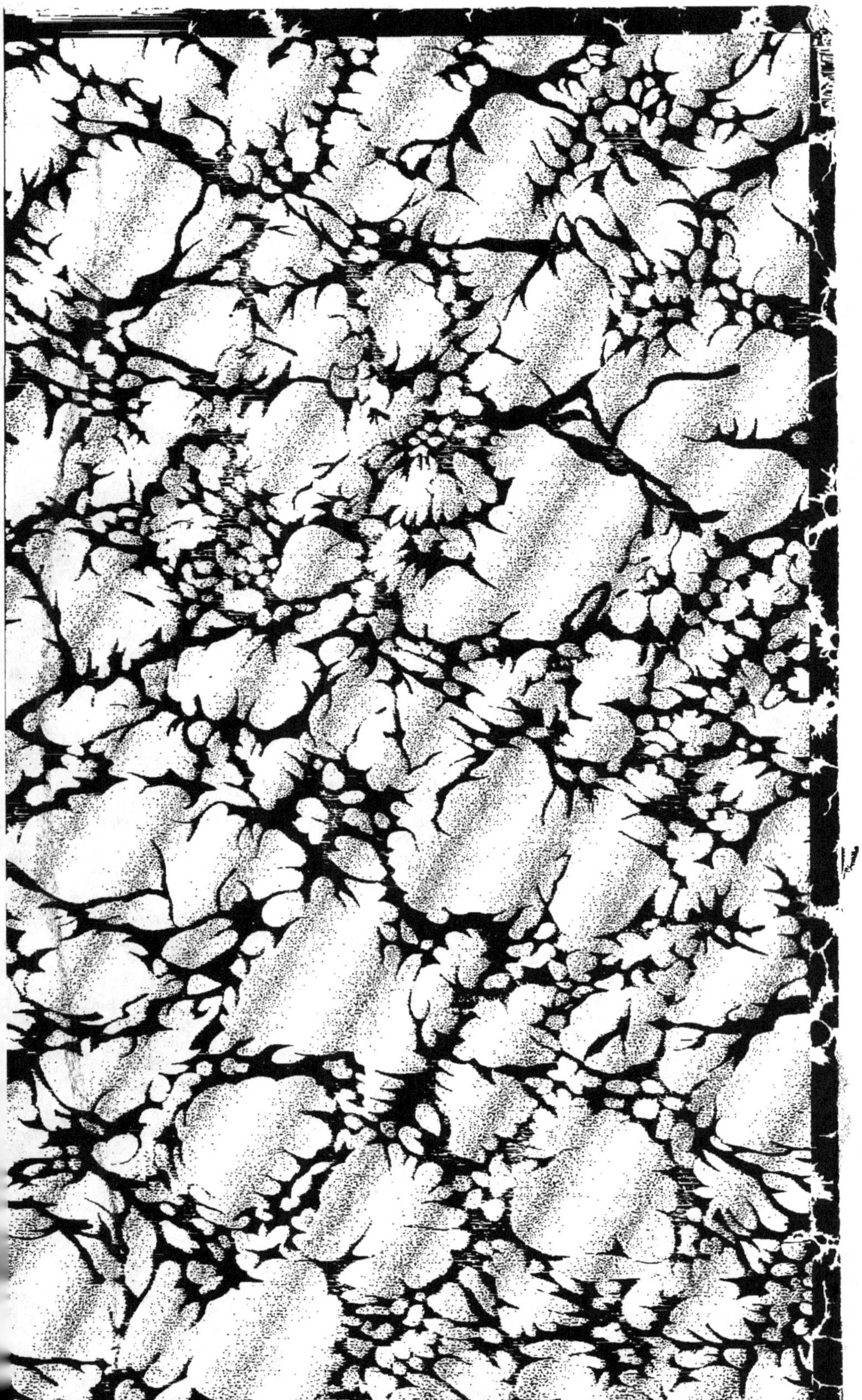

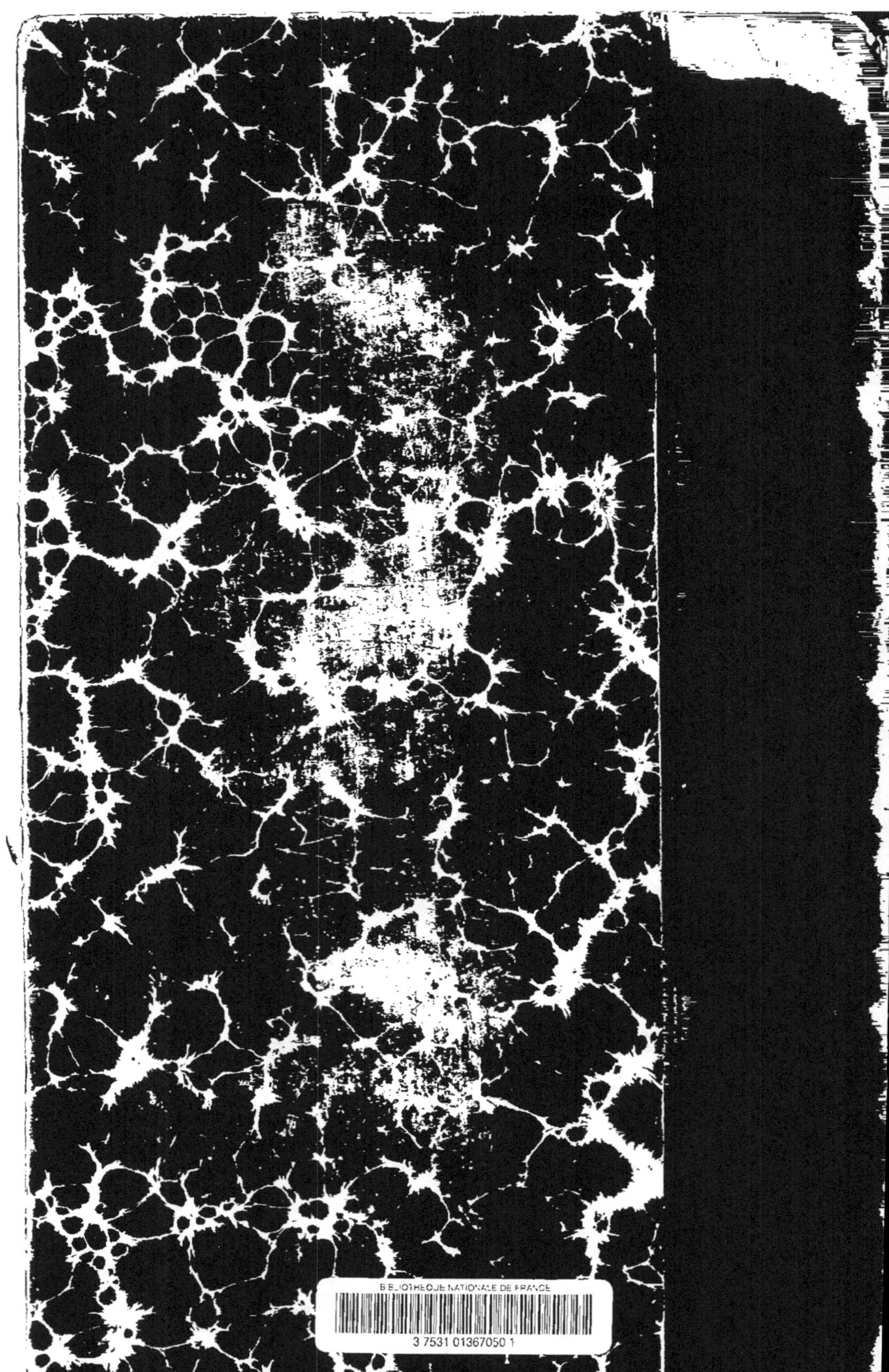
BIBLIOTHEQUE NATIONALE DE FRANCE
3 7531 01367050 1

www.ingramcontent.com/pod-product-compliance
Lightning Source LLC
Chambersburg PA
CBHW060522220326
41599CB00022B/3391